扬子陆块及周缘地质矿产调查工程丛书

武当—桐柏—大别成矿带
地质构造过程与成矿

彭练红　邓　新　徐大良　刘　浩　等　著

科 学 出 版 社

北　京

内 容 简 介

武当—桐柏—大别造山带既是我国重要的地理分界线，也是扬子和华北两大板块之间的分划（构造）带。本书以“板块理论”为指导，以 1∶25 万区域地质（矿产）调查总体认识与资料为基础，参考 1∶20 万、1∶5 万及相关科研成果等资料，首次从全新的角度解读和探讨武当—桐柏—大别成矿带基本地质构造过程，提出不同构造演化阶段的大地构造格局及构造单元动态划分；总结不同阶段各构造单元的沉积作用、岩浆作用、变形变质及成矿作用等基本地质特征及其相互关系。

本书可供从事地球科学研究、区域地质（矿产）调查和规划管理部门的相关人员参考阅读。

图书在版编目（CIP）数据

武当—桐柏—大别成矿带地质构造过程与成矿/彭练红等著.—北京：科学出版社，2023.5

（扬子陆块及周缘地质矿产调查工程丛书）

ISBN 978-7-03-075365-6

Ⅰ.① 武…　Ⅱ.① 彭…　Ⅲ. ①成矿带-地质构造-研究-中国　Ⅳ.①P617.2

中国国家版本馆 CIP 数据核字（2023）第 064651 号

责任编辑：孙寓明/责任校对：高　嵘

责任印制：彭　超/封面设计：耕者设计工作室

科学出版社 出版

北京东黄城根北街 16 号

邮政编码：100717

http://www.sciencep.com

武汉精一佳印刷有限公司印刷

科学出版社发行　各地新华书店经销

*

开本：787×1092　1/16

2023 年 5 月第　一　版　　印张：12

2023 年 5 月第一次印刷　　字数：282 000

定价：168.00 元

（如有印装质量问题，我社负责调换）

前　言

武当—桐柏—大别造山带是扬子和华北两大板块之间的分划（构造）带，历经了太古代以来漫长的地质构造演化过程。根据时间先后及研究程度的不同，武当—桐柏—大别造山带研究大致可分为 5 个阶段。

第一阶段：路线调查与小比例尺编图阶段（20 世纪 20～40 年代）。由于该区经济相对落后，交通条件差，地质工作处于起步阶段，仅有少数专家在武当、桐柏、大别山地区进行过路线地质调查，建立了该区最初的地层系统，编制了该区的地质简图。

第二阶段：槽台学说阶段（20 世纪 50～80 年代），1∶20 万区域地质调查阶段。1956 年，吴磊伯等完成了 1∶40 万豫、鄂、皖大别山地质图。1958 年，吴磊伯、宁崇质等在大别山地区进行地质调查，将大别山北麓变质地层自下而上划分为“大别山结晶变质岩系”和“佛子岭片岩系”；大别山南麓变质地层划分为“大别山结晶变质岩系”和“宿松含磷片岩系”，时代归于前震旦纪。1959 年，北京地质学院大别山区测队进行了 1∶20 万区域地质测量，将大别山南坡的片岩、片麻岩归于太古界。1960 年，河南省石油队完成了大别山北麓的地质调查，编制（写）该区的地质图及地质报告。1959～1961 年北京地质学院豫南区测队完成了 1∶20 万新县幅地质调查。1961 年，北京地质学院大别山专题队将含磷、锰片岩命名为“宿松群”，并将其划归元古界。其后，赵振等创名“大别群”，将桐柏山—大别山及其南麓应山北部—大悟—红安—蕲春一带的变质岩系统归于“大别群”。20 世纪 70～80 年代初，随着大别山地区地质矿产调查与研究工作广泛开展，该区相继完成了 1∶20 万罗田幅、黄陂幅、商城幅和新县（大悟）幅及少量 1∶5 万区域地质矿产调查工作（湖北省区测队、河南省区测队）。这些图幅对大别山地区变质地层做了较详细的划分，将京广线以东直至大别山区的混合岩化变质岩系统称“大别群”，由下而上划分为方家冲组、河铺组、包头河组、铁冶组、麻桥组与飞虎山组，时代归属为太古宙；“大别群”之上的片岩系创名“红安群”，由下而上划分为天台山组、七角山组、磨盘组和塔耳岗组，时代归属为元古宙。这一划分方案是后来地质调查与研究的基础。随着 1∶20 万区域地质矿产调查工作结束，湖北省地质矿产局及湖北省地质局区域地质测量队全面、系统地总结了武当—桐柏—大别地区地层、岩石、构造、变质和矿产等方面工作，编制了 1∶50 万湖北省地质图、湖北省矿产图，出版了《湖北省区域地质志》《湖北省岩石地层》等，奠定了武当—桐柏—大别造山带地质构造总体格局。

第三阶段：板块学说引入阶段（20 世纪 80 年代中期～90 年代末），1∶5 万区域地质调查阶段。这一时期，武当—桐柏—大别造山带区域地质调查及科研主要有以下几个方面进展。

（1）物质组成方面：把古老变质变形侵入体从变质地层中分离出来，狭义的“大别山岩群”仅指古老的变质表壳岩系；随着该区工作的深入，不断从大别山核部识别出盖层物质。

（2）通过对高压、超高压变质岩石的系统研究，确定秦岭—大别造山带最近的造山作用发生于印支—燕山期。

（3）对可圈定的与造山作用有关的中生代侵入岩的岩石学、矿物学及地球化学特征等进行了较系统的研究，并对各类花岗岩的成因类型、形成环境进行了综合研究。对变质侵入岩进行了初步的岩石学划分，并识别出两种不同演化趋势的岩浆组合。

（4）识别出造山带内部不同环境、不同层次的韧性剪切和脆性改造特点，并对其空间分布规律及演化特点进行了较系统的总结。

（5）系统的地球物理、地球化学及遥感地质解译工作，使大别造山带的深部地壳结构研究成果趋于合理。

（6）同位素年代学方面也取得了明显的进展，获得了一批与地质实际比较吻合的同位素年龄信息，它们揭示出大别山地区地壳经历了从太古宙到现代的演化过程。

尽管取得了许多突破性的成果，但限于诸多方面的原因，许多地质问题还没有得到有效的解决，主要有以下几方面。

（1）以往的研究多强调了造山期的改造作用，而忽略了对早期地壳物质建造与改造的综合研究，导致目前对大别山地区主造山期之前的地壳物质组成及演化特点的认识尚不太清晰。例如，“大别山岩群”“红安群”等的地层时代及层序问题，目前尽管对“大别山岩群”“红安群”的层序划分有多种方案，但多以局部的岩性组合差异进行对比划分，这必然会导致岩石组合类型的扩大化，同时也难以建立一个可供区域对比的地层序列，限制了古老变质地层及变质地质学研究的深入。

（2）虽然近年 1∶5 万区域地质调查工作对区内中生代侵入岩进行了构造-岩浆等级体制划分的尝试，但往往受 1∶5 万区域地质调查图幅范围及不同地质工作者认识水平差异等因素的制约，区域性的构造-岩浆等级体制划分对比工作尚为空白；同构造侵入岩与构造演化之间的关系尚处于探讨阶段，这就必然制约着岩浆成因及就位机制方面研究工作的深入。

（3）对变质变形侵入体虽进行了岩石学方面的研究，地质调查时也进行了有益的圈定，但这一工作尚处于较初始阶段，资料显得较凌乱，缺乏系统性的总结，地质图上没有反映出不同时代不同岩浆组合类型在空间上的展布规律，并且部分岩石单位的认识及划分误差比较大，因此无法讨论其与地质构造演化的关系。

（4）尽管高压、超高压变质作用的研究非常深入，但对造山带中高压-超高压变质地质体形成时代及折返机制等缺乏统一认识和合理解释。

（5）尽管多学科的综合研究工作给大别山地区许多地质问题的解决带来了较好的前景，但野外对变质变形较强的物质属性的准确识别仍是该区地质工作的一大难点，由此给地质填图及编图工作带来极大的困难，这也是到目前为止，大别山地区尚难以编制出一份能比较客观真实地反映其地质特点的地质图的主要原因。

总之，研究单位的不同、研究时间及研究范围的不同、科研与区域地质调查工作的脱节等原因也从不同程度上制约着大别山地区（乃至整个秦岭—大别造山带）地质研究工作的深入。

第四阶段：板块理论推广实践阶段（1998～2018 年），以“板块理论”为指导，全面开展区域地质调查及整个成矿带基础地质、矿产地质综合研究阶段。

前期（1998～2007 年），采用《湖北省大别山地区 1∶5 万区调片区总结》总体思路，开展的 1∶25 万麻城市幅、随州市幅、十堰市幅、襄樊市幅及枣阳市幅等区域地质调查及少量的 1∶5 万区域地质调查和专题研究等工作，重新划分与定义了“大别群”“随县群”“武当群”，解体了“红安群”，并重建了“红安群”分布区的地层序列。在此基础上，重新清理并厘定了武当—桐柏—大别造山带岩石地层系统，重塑了武当—桐柏—大别造山带的地质构造过程，编制了相关图件，为后来的区域地质调查与研究提供了新的基础图件与新的思路，也改变了武当—桐柏—大别成矿带的找矿思路。

后期（2008～2018 年），先后开展了整个成矿带基础地质、矿产地质综合研究及 2016～2018 年的二级项目“武当—桐柏—大别成矿带武当—随枣地区 1∶5 万地质矿产调查”等项目，丰富与完善了 1∶25 万区域地质调查对“武当—桐柏—大别成矿带”地质构造过程的总体认识，并编制了首张以板块理论为指导、以 1∶25 万区域地质调查资料为基础的《1∶50 万武当—桐柏—大别成矿带地质图》（尚未出版）。

第五阶段：板块理论深化与思考阶段（2019 年至今）。2019 年以来，二级项目“长江经济带中段红安—咸宁地区区域地质调查”新的进展总体支持了 1∶25 万区域地质调查的总体认识，但也提出了一些新的见解与认识，这些有待于地质工作的推进与深化。

本书共 6 章。第 1 章由彭练红、刘浩执笔；第 2 章由张维峰、魏运许执笔；第 3 章由邓新、魏运许执笔；第 4 章由徐大良、彭练红执笔；第 5 章由彭练红、朱江执笔；第 6 章由彭练红执笔。全书由彭练红统稿。

本书相关研究是由中国地质调查局国土资源大调查项目“武当—桐柏—大别成矿带武当—随枣地区地质矿产调查”（DD20160030）资助，该项目得到了中国地质调查局基础调查部、武汉地质调查中心各部门、湖北省地质调查院和中国地质科学院矿产资源研究所的关心与支持。湖北省第六地质大队、湖北省第八地质大队也给予了本项目大力的支持！书中所有数据资料截至 2018 年底。

项目实施过程得到了武汉地质调查中心领导刘同良主任、姚华舟主任（原）、张旺驰副主任（原）、鄢道平副主任，扬子陆块工程首席牛志军研究员，科技处李闫华处长，龚银杰教授，基础室主任徐德明研究员的支持。

湖北省地质调查院杨明银院长、祝敬明副院长、胡正祥副院长、田望学、何仁亮、汪国虎、刘成新、陈铁龙等，湖北省第六地质大队周文平队长、吴昌雄总工、刘兴平院长，中国地质科学院矿产资源研究所王宗起教授、武昱东、王刚博士等给予了支持与帮助；实习学生参与了部分野外和实验测试分析工作。杨金香教授、徐高教授等在岩石薄片鉴定方面给予了很大的帮助。特别鸣谢，湖北省地质科学研究院王建新总工，三十多年来一直关注与支持“武当—桐柏—大别造山带”各项工作，极大推进了“武当—桐柏—大别造山带”地质工作与人才培养。

自然资源部中南矿产资源监督检测中心、中国地质大学（武汉）地质过程与矿产资源国家重点实验室、西北大学、广州地球化学研究所、中国地质科学院、武汉上谱分析测试有限公司、南京宏创地质勘查技术服务有限公司、宇能岩石矿物分选技术有限公司等单位承担了样品的测试分析工作并给予技术支持。

本书是武当—桐柏—大别地区地质工作者共同努力的成果，是集体智慧的结晶，工作项目承担（参加）单位及参与人员付出了艰辛的努力。在此，向所有关心、支持本项工作的单位和专家、学者一并表示衷心的感谢！

书中难免有所疏漏，敬请读者批评指正！

彭练红

2022年10月

目　　录

▶▶▶ 第 1 章

地　　层

武当—桐柏—大别成矿带经历了新太古代以来的演化，地质构造过程极为复杂。本区研究经历了槽台学说阶段与板块学说阶段，这一时期的地质调查工作取得了丰硕的成果，奠定了武当—桐柏—大别成矿带的基础，其中也存在着一些争议。

本书通过对研究区 1∶20 万区域地质调查、1∶5 万区域地质调查、1∶25 万区域地质调查及科学研究等资料，以及近年来高精度分析测试数据的梳理与总结，提出武当—桐柏—大别成矿带经历了新太古代—古元古代陆壳形成、中元古代裂解、新元古代汇聚造山，随着造山作用结束及弧后盆地的关闭，武当—桐柏—大别成矿带总体表现为稳定陆台环境，出现震旦系陡山沱组的局部含磷、锰沉积和灯影组的碳酸盐岩台地沉积。早古生代，武当—桐柏—大别成矿带在新元古代“弧-盆体系”总体格局背景下，沿宣化店—高桥—永佳河—浠水发生裂解，发育大量基性-超基性岩；晚古生代—中生代，发生汇聚-碰撞造山运动。

根据不同时期属性块体的空间分布特点，将武当—桐柏—大别成矿带由北向南划分为不同地层区如表 1.1～表 1.2、图 1.1 所示。

表 1.1　武当—桐柏—大别成矿带地层区、分区及小区划分表

<table>
<tr><th>地层区</th><th>分区</th><th>小区</th></tr>
<tr><td>华北地层区（I）</td><td>华北陆块南缘地层分区（I-1）</td><td>—</td></tr>
<tr><td rowspan="7">武当—桐柏—大别地层区（II）</td><td>武当—桐柏—大别北侧地层分区（II-1）</td><td>北淮阳地层小区（II-1-1）</td></tr>
<tr><td rowspan="2">桐柏—大别地层分区（II-2）</td><td>桐柏（基底）地层小区（II-2-1）</td></tr>
<tr><td>大别（基底）地层小区（II-2-2）</td></tr>
<tr><td rowspan="4">武当—桐柏—大别南侧地层分区（II-3）</td><td>两郧地层小区（II-3-1）</td></tr>
<tr><td>武当地层小区（II-3-2）</td></tr>
<tr><td>随南地层小区（II-3-3）</td></tr>
<tr><td>兵房街地层小区（II-3-4）</td></tr>
<tr><td rowspan="2">扬子地层区（III）</td><td rowspan="2">中扬子地层分区（III-1）</td><td>中扬子北缘地层小区（III-1-1）</td></tr>
<tr><td>大洪山地层小区（III-1-2）</td></tr>
<tr><td>南襄盆地（IV）</td><td>—</td><td>—</td></tr>
</table>

1.1　武当—桐柏—大别地层区

1.1.1　武当—桐柏—大别北侧地层分区

武当—桐柏—大别北侧地层分区位于桐柏—商城（桐城）断裂以北地区，由一系列北西西向带状展布、不同时代变质地（岩）层组成，经历了强烈挤压、走滑切割及后期脆性改造之后，形成平面上网结状强变形变质带（剪切带），以及所挟的条块状、长透镜状岩片，共同组成空间上三维网结状剪切系统。

表 1.2 研究区地层划分对比表

代	纪	世	北淮阳地层小区	大别（基底）地层小区	桐柏（基底）地层小区	随南地层小区	两陨地层小区	武当地层小区	兵房街地层小区	中扬子北缘/大洪山地层小区
地质年代			武当—桐柏—大别地层区：武当—桐柏—大别北侧地层分区	武当—桐柏—大别地层区：桐柏—大别地层分区		武当—桐柏—大别地层区：武当—桐柏—大别南侧地层分区				扬子地层区：中扬子地层分区
	三叠纪	中—晚三叠世								
	三叠纪	早三叠世								嘉陵江组 大冶组
古生代	二叠纪	晚二叠世								吴家坪组 龙潭组
古生代	二叠纪	中二叠世								茅口组 栖霞组 梁山组
古生代	二叠纪	早二叠世						羊山组		（缺失）
古生代	石炭纪	晚石炭世	杨小庄岩组 胡油坊岩组				三关垭组	四峡口组		黄龙组 大埔组
古生代	石炭纪	早石炭世	（缺失）				梁沟组 下集组	袁家沟组		（缺失）
古生代	泥盆纪	晚泥盆世	南湾岩组		南湾组		胡芦山组 王冠沟组 白山沟组	铁山组 星红铺组		黄家磴组
古生代	泥盆纪	中泥盆世					（缺失）	古道岭组 大枫沟组 石家沟组		云台观组
古生代	泥盆纪	早泥盆世						公馆组 西岔河组		（缺失）
古生代	志留纪	顶志留世	歪庙岩组	余河片麻岩岩组	歪庙岩组			（缺失）		
古生代	志留纪	晚志留世							五峡河组	
古生代	志留纪	中志留世				雷公尖组				
古生代	志留纪	早志留世	石门冲岩组	新城基性火山岩岩组	石门冲岩组	金桥组 兰家畈群	张湾组	竹溪组 梅子垭组 大贵坪组	陡山沟组 白崖垭组 斑鸠关组	纱帽组 罗惹坪组 龙马溪组
古生代	奥陶纪	晚奥陶世	刘山岩岩组	（缺失） 马吼岭岩群	肖家庙岩组	古城畈群：高家湾组	蛮子营组	竹山组	（缺失）	五峰组 临湘组 宝塔组
古生代	奥陶纪	中奥陶世					蚱蜢组			牯牛潭组 大湾组
古生代	奥陶纪	早奥陶世	张家大庄岩组				石瓮子组		权河口组 高桥组	红花园组 南津关组 娄山关组
古生代	寒武纪	晚寒武世				古城畈群：立秋湾组	孟川组		黑水河组	
古生代	寒武纪	中寒武世	大栗树岩组				岳家坪组		八卦庙组	覃家庙组
古生代	寒武纪	早寒武世		乔店片岩—大理岩岩组		双尖山组 庄子沟组	庄子沟组	庄子沟组	毛坝关组 箭竹坝组 庄子沟组	石龙洞组 天河板组 石牌组
古生代	寒武纪	底寒武世				杨家堡组	杨家堡组	杨家堡组	杨家堡组	刘家坡组 / 牛蹄塘组
新元古代	震旦纪	晚震旦世	佛子岭岩群	灯影组	灯影组	灯影组	灯影组	霍河组	霍河组	灯影组
新元古代	震旦纪	早震旦世		陡山沱组	陡山沱组	陡山沱组	陡山沱组	江西沟组	江西沟组	陡山沱组
新元古代	南华纪	晚南华世	（缺失）	耀岭河岩组	耀岭河岩组	耀岭河岩组	耀岭河岩组	耀岭河岩组	耀岭河岩组	南沱组
新元古代	南华纪	中南华世								
新元古代	南华纪	早南华世								
新元古代	青白口纪	晚青白口世	浒湾岩群 / 卢镇关岩群	武当岩群：双台岩组、杨坪岩组	武当岩群：双台岩组、杨坪岩组	武当岩群：双台岩组、杨坪岩组	武当岩群：拦鱼河岩组、双台岩组、杨坪岩组	武当岩群：拦鱼河岩组、双台岩组、杨坪岩组	武当岩群：拦鱼河岩组、双台岩组、杨坪岩组	莲沱组
新元古代	青白口纪	早青白口世		（缺失）	（缺失）					洪山寺岩组 六房岩组 土门岩组 / 绿林寨岩组
中元古代	待建纪	晚蓟县世	龟山岩组	西张店基性火山岩岩组						打鼓石群：太阳寺岩组、罗汉岭岩组、洪山河岩组、当铺岭岩组、筱泉湾岩组、斋公岩岩组
中元古代	待建纪	早蓟县世								
中元古代	蓟县纪			福田河片麻岩岩组						
古元古代	长城纪		秦岭岩群	大别山岩群：骆驼坳岩组、鲍家岗岩组、贾庙岩组	桐柏岩群	陡岭岩群				
古元古代	滹沱纪									
新太古代				木子店岩组						

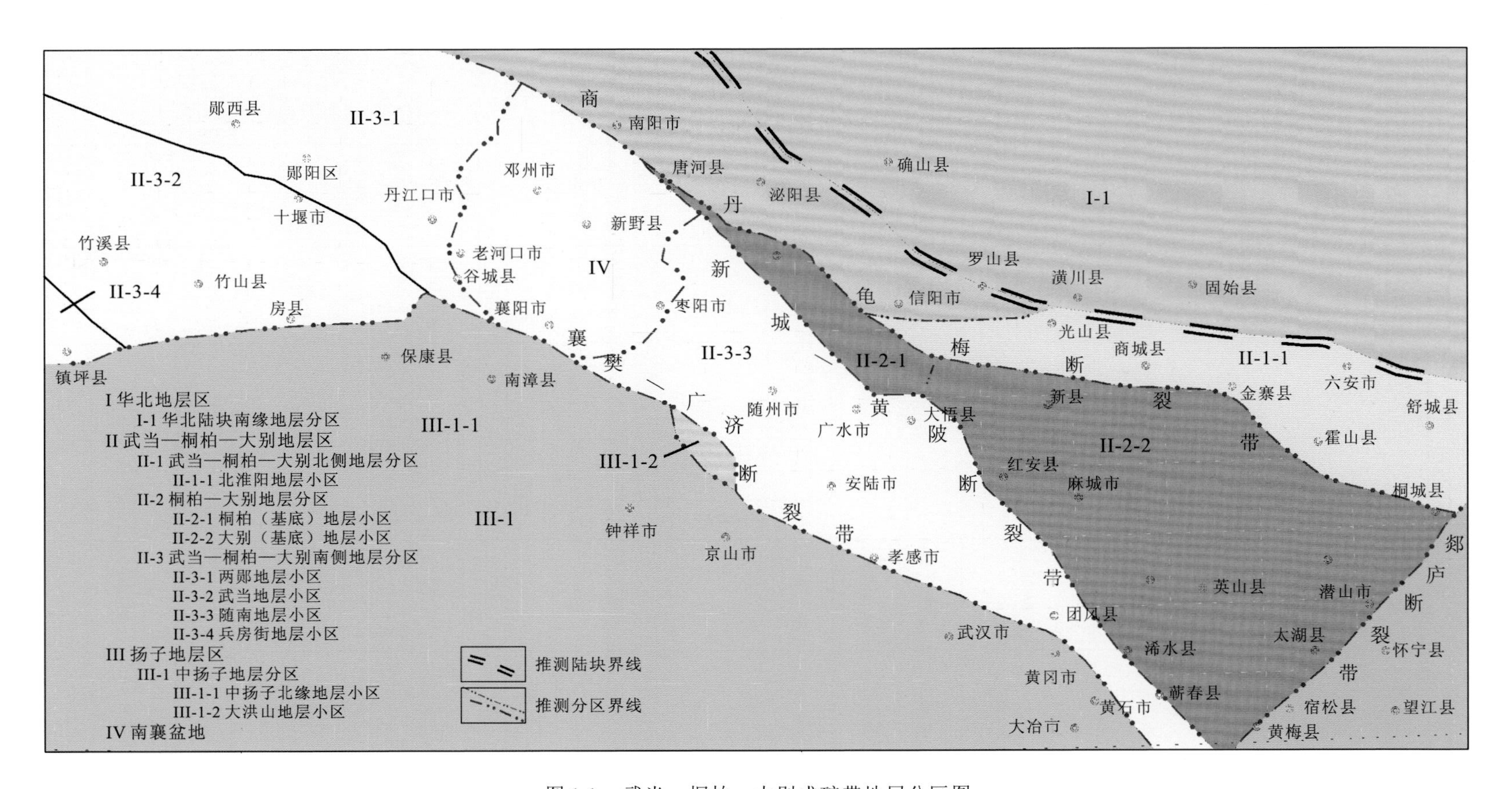

图 1.1　武当—桐柏—大别成矿带地层分区图

在该区，各岩组之间多为构造接触，岩片多数相当于该区 1∶5 万区域地质调查工作中划分的一个岩组，少数相当于多个岩组，在一定程度上反映了该区的构造特点。

出露岩石地层有新太古界、古元古界、中元古界、中—新元古界及古生界等。

1. 北淮阳地层小区

1）古元古界

北淮阳地层小区古元古界主要发育秦岭岩群。秦岭岩群主要岩性为含榴黑云斜长片麻岩、含榴黑云钾长石英片岩、蓝晶石墨石英片岩夹大理岩透镜体及辉石斜长角闪岩、含榴斜长角闪岩等。长英质岩石的原岩可能为泥砂质岩石，角闪质岩石的原岩可能为基性火山岩、侵入岩。

2）中元古界

北淮阳地层小区中元古界发育龟山岩组。龟山岩组主体岩性可分两个部分。一部分为含榴白（二）云石英片岩、二云斜长片岩夹斜长角闪片岩等，原岩以碎屑沉积岩为主，夹基性火山（侵入）岩；另一部分为斜长角闪片岩、条带状含榴斜长角闪片岩，局部夹大理岩或二云变粒岩，原岩为以基性火山岩（侵入）岩为主夹少量正常沉积的组合。

3）中—新元古界

中—新元古界发育两个岩组。第一岩组由含榴白云钠长片麻岩、白云石英片岩、白云斜长片麻岩及少量斜长角闪片岩、榴辉（闪）岩等组成，原岩为一套以中基性-酸性的火山岩为主，夹陆源碎屑沉积岩及碳酸盐岩的沉积，原岩建造特征反映为由大陆边缘弧到洋盆沉积；第二岩组由浅色的变酸性火山碎屑岩（以晶屑、岩屑凝灰岩为主）和深色的变基性火山熔岩组成多个喷发韵律，反映为一套双峰式偏碱性火山岩系。河南省地质矿产勘探开发局第三地质勘查院将第一岩组、第二岩组分别命名为浒湾岩组、定远岩组或肖家庙岩组。《麻城市幅 H50C001001 1∶25 万区域地质调查报告》（彭练红，2003）推测：这两套物质形成环境总体相当于弧前斜坡或弧前盆地环境（或相当于大别弧北缘，与南侧武当—随枣弧后盆地，共同组成弧前-弧-弧后盆地体系），故暂将其划归浒湾岩组，其形成时代相当于南侧的武当岩群。

4）下古生界

北淮阳地层小区下古生界包括大栗树岩组、张家大庄岩组、刘山岩岩组、石门冲岩组及歪庙岩组。

（1）大栗树岩组主要岩性为斜长角闪片岩，可见气孔、杏仁状构造，且发育斜长石斑晶。原岩为一套基性火山岩。

（2）张家大庄岩组主要岩性为角闪斜长变粒岩、黑云斜长变粒岩，顶部夹大理岩透镜体。原岩为一套基性火山岩、石英角斑质岩石（细碧-角斑质岩石）及碎屑建造。

（3）刘山岩岩组主要岩性为斜长角闪片岩夹黑云斜长变粒岩、黑云斜长片岩及多层大理岩，原岩为一套细碧-角斑岩组合及少量泥砂质岩石。一般认为，刘山岩带（暂定）主体物质［大栗树岩组、张家大庄岩组、刘山岩岩组］可与二郎坪群对比，均为裂解环境物质建造，由此推测该区是二郎坪群的东延部分。《麻城市幅 H50C001001 1∶25 万区域地质调查报告》（彭练红，2003）认为古生代大别地区经历了与中元古代大体相似的块体裂解演化过程，此次裂解沿宣化店—吕王—高桥—永佳河一线（中脊），西延可能与秦岭造山带的蛇绿混杂岩（二郎坪群）带相连，东延与浠水蛇绿混杂岩带相连。以此带为界，北侧总体属华北板块，而南侧应是扬子板块的一部分。刘山岩带只是“二郎坪（？）[①]—宣化店—吕王—高桥—永佳河带”的分支，构成空间上的“三叉裂谷系”。

（4）石门冲岩组主要出露于商城县上石桥、石门冲一带，呈透镜状、向北东凸出的弧形状产出。下部主要岩性为生物碎屑（珊瑚碎片）白云石大理岩、绢云白云片岩，化石有珊瑚、牙形石等；中部主要岩性为石英岩、硅质条带白云石大理岩、碳质绢云石英片岩、白云石英片岩、含钒矿；上部主要岩性为硅质条带白云石大理岩夹绢云石英片岩。

（5）歪庙岩组主要分布于商城县歪庙、何凤桥一带。下部主要岩性为斜长角闪片岩、黑云斜长片岩、角闪斜长变粒岩夹二云片岩；上部主要岩性为变英安质火山角砾岩、变安山岩、黑云绢云片岩（变中性火山岩）、绢云片岩、绢云石英片岩（变酸性火山岩）、绿帘斜长变粒岩、变含砾石英砂岩及碎裂岩透镜体。下部原岩为一套基性火山岩、角斑质岩石及泥砂质岩石；上部原岩为一套中-酸性火山岩夹泥砂质岩石。

5）上古生界

北淮阳地层小区上古生界包括南湾岩组、胡油坊岩组和杨小庄岩组。

（1）南湾岩组主要由绢云斜长片岩、斜长变粒岩、斑点状黑云斜长变粒岩、黑云斜长片岩（变粒岩）、绿帘（绿泥）斜长变粒岩（片岩）、夹角闪方柱石英岩、斜长角闪片岩薄层组成。总体上为一套快速沉积、成熟度低的被动大陆边缘环境下的深水复理石泥砂质碎屑岩沉积建造。

（2）胡油坊岩组主要分布于罗山县周党、光山县文殊寺、商城县上石桥及商城县一带，呈带状、楔状展布，东部出露宽，中部窄，向西部尖灭。在周党一带主要岩性为绢云片岩、碳质绢云片岩、千枚岩夹杂色泥（板）岩，含丰富的植物化石，底部为紫灰色变质含砾砂岩。上石桥一带主要岩性为灰褐色中厚层细粒长石砂岩、灰黄色薄板状泥质粉砂岩夹少量砾岩及灰岩透镜体。而在商城一带下部主要岩性为（变）长石砂岩与碳质泥质板岩呈不等厚互层夹薄层砾岩和含砾中粗粒长石砂岩；上部主要岩性为变长石砂岩和砾岩、砂岩和粉砂岩呈韵律性互层，二元结构明显，属河流相沉积。商城县上石桥一带岩组地层粉砂岩中产植物化石，地层内多为植物化石碎片，在汪桥一带产较多的淡水双壳类和丰富的原单脊叶肢介及植物化石，其时代为晚石炭世。

（3）杨小庄岩组主要出露于商城县上石桥、商城一带。上石桥一带主要岩性为（变）细粒石英砂岩、变粉砂岩、碳质粉砂岩，局部地段见劣质煤层及砾岩透镜体。商城一带主要岩性为含砂砾岩，中细粒长石砂岩夹高碳板岩及煤层。沉积环境为河流-湖沼相，沉积韵律明显：砾岩→含砾砂岩→砂岩→泥岩，由砾屑沉积变为黏土沉积，总体反映水体能量由强到弱。

---

① “？”表示①二郎坪群中的一部分可与宣化店—吕王—高桥—永佳河带对比；②目前研究不够充分，仅为推测，本书“？”多为此含义，不一一注明。

2. 六安地区

本小节简单介绍六安地区地层概况，为本书其他章节的论述做参考和对比，不在地层表中标注。

1）新太古界—古元古界

六安地区新太古界—古元古界发育霍邱岩群。霍邱岩群分布于安徽省西部霍邱县至寿县、肥西防虎山一带，岩性主要为黑云斜长片麻岩、二云二长片麻岩、云母片岩及石墨云母片岩。

2）新元古界卢镇关岩群

六安地区新元古界分布于大别山北缘，包括小溪河岩组、仙人冲岩组。

（1）小溪河岩组下部为灰白、灰黑色含砾云母石英片岩、变基性火山岩、变粒岩；上部为青灰、灰绿、灰黑色黑云斜长变粒岩、变碎斑状黑云石英片岩、石英片岩、白云石英片岩夹灰白色薄层大理岩及钙质片岩，普遍发育糜棱岩化。

（2）仙人冲岩组下部为灰白色厚层糜棱岩化黑云石英片岩、中部为灰白色中-厚层白云质大理岩夹绢云石英片岩及灰黑色含石墨白云石英片岩，常伴生有磷和石墨；上部为灰黄色白云片岩及含绿帘云母石英片岩。

3）震旦系—下古生界佛子岭岩群

六安地区震旦系—下古生界分布于大别地层区的北缘，又称佛子岭岩群，包括祥云寨岩组、黄龙岗岩组、诸佛庵岩组、八道尖岩组和潘家岭岩组。

（1）祥云寨岩组下部为灰黄、灰白色薄层石英岩夹少量灰黄色白云石英片岩；上部为土黄色薄-中层含云母石英岩与薄层白云石英片岩互层夹白云片岩。

（2）黄龙岗岩组下部为灰绿、绿色白云石英片岩与白云片岩互层夹灰黄色含云母斜长石英岩及少量石英岩；上部为灰绿色斑点状云母片岩、斜长绿泥白云片岩。

（3）诸佛庵岩组为一套灰黑-黑色条纹、条带至薄板状黑云石英片岩、厚-块状绿帘黑云变粒岩、斜长黑云石英片岩夹含榴石黑云片岩、黑云片岩及少量灰黄色中薄层石英岩和含云长石石英岩。

（4）八道尖岩组为一套灰、灰黄色薄-中薄层石英岩、长石石英岩夹石英片岩、白云（二云）石英片岩或呈互层，偏上部出现较多中厚层石英岩。

（5）潘家岭岩组下部为灰、灰绿、灰黑色含绿帘白云石英片岩与斜长白云石英片岩互层；上部为灰、灰绿、青灰色斜长白云石英片岩、二长白云石英片岩、斜长变粒岩、白云片岩及绿帘石英岩，未见顶。

1.1.2 桐柏—大别地层分区

1. 大别（基底）地层小区

大别（基底）地层小区包括东大别地区和西大别地区（新县—红安地区、大悟部分地区及黄陂部分地区）。

《麻城市幅 H50C001001 1∶25 万区域地质调查报告》（彭练红，2003）在《湖北省大别山地区 1∶5 万区调片区总结》（王建新，2001）的基础上，对卡房（新县）—大别地区的物质组成提出了如下划分方案。

（1）原大别群（1∶20 万区域地质调查划分方案）：由下而上分为方家冲组、河铺组、包头河组、铁冶组、麻桥组与飞虎山组，时代归属太古宙。现在划分方案：主体包括新太古代绿岩和 TTG①，以及古元古代、中元古代和新元古代物质。

（2）原红安群（1∶20 万区域地质调查划分方案）：由下而上分为天台山组、七角山组、磨盘组和塔耳岗组，时代归属元古宙。红安群解体后，分为岩石地层系统和二郎坪（？）—宣化店—吕王—高桥—永佳河蛇绿混杂岩带两个部分。岩石地层系统包括中元古界福田河片麻岩岩组、西张店基性火山岩岩组。二郎坪（？）—宣化店—吕王—高桥—永佳河蛇绿混杂岩带包括新元古界青白口系武当岩群、南华系耀岭河岩组、震旦系陡山沱组及灯影组，上古生界寒武系乔店片岩-大理岩岩组、奥陶系马吼岭岩群、志留系新城基性火山岩岩组及余河片麻岩岩组。

1）新太古代：绿岩-TTG 阶段

新太古界木子店岩组是原大别群的组成部分，根据《麻城市幅 H50C001001 1∶25 万区域地质调查报告》（彭练红，2003）将湖北省麻城市木子店一带出露的一套"绿岩组合"或相当"绿岩组合"划出，命名为木子店岩组，归于新太古代。

基本岩性为黑云斜长片麻岩、黑云角闪斜长片麻岩夹黑云二长片麻岩、黑云斜长变粒岩、黑云斜长浅粒岩、斜长角闪岩、含石墨（夕线石）黑云斜长片麻岩和绿帘辉石橄榄岩、（紫苏辉石）磁铁（角闪）石英岩、大理岩、透闪岩、角闪岩等透镜体及团块。

原岩性质主要为一套麻粒岩相变质的基性、超基性岩石，中、酸性火山沉积岩石，火山喷气化学沉淀的含铁岩石（阿尔戈马型 BIF）及少量钙质岩石。这些物质组合在一起，共同显示出太古宇绿岩带物质组合特点。

木子店岩组从下至上总体显示为：超基性、基性岩层→中、酸性火山岩层（间夹少量化学沉积）→正常以化学沉积为主的沉积岩层（间夹少量火山沉积物质）。反映从早到晚绿岩带形成环境的活动性逐渐减弱的特点。

2）古元古代：稳定沉积阶段

大别（基底）地层小区古元古界发育大别山岩群。古元古界大别山岩群可分为三个岩组：贾庙岩组、鲍家岗岩组和骆驼坳岩组。

（1）贾庙岩组主要岩性为黑云斜长片麻岩、黑云斜长变粒岩、浅粒岩及含铁变粒岩、浅粒岩、斜长角闪岩夹磁铁（角闪）石英岩、大理岩等。原岩可分为两大部分。①以片麻岩为主，夹变粒岩、浅粒岩，其原岩为火山-碎屑沉积岩；②以含铁岩石、大理岩为主，其原岩则为富铁、钙质的正常化学沉积岩。含铁岩石、大理岩类似于古元古代苏必利尔型 BIF 建造，反映其从典型的大陆碎屑沉积向台缘稳定的化学沉积环境转变的特征，它们可能是大别造山运动期后转入稳定地台构造环境的标志。

---

① TTG 指奥长花岗岩（trondhjemite）、英云闪长岩（tonalite）、花岗闪长岩（granodiorite）。

（2）鲍家岗岩组主要岩性为（含榴）黑云斜长片麻岩、黑云斜长变粒岩、二长浅粒岩，含夕线石石榴黑云（二云）片岩、大理岩、透镜状石墨片岩，局部可见（含榴）斜长角闪岩。原岩为一套正常泥砂质-钙质、碳质沉积，具古元古代孔兹岩系特征，该套物质反映稳定的（大陆）沉积环境。

（3）骆驼坳岩组主要岩性由下至上分为三个岩性段，一段为黑云（角闪）斜长片麻岩、变粒岩，含透镜状斜长角闪岩包体；二段以黑云斜长变粒岩为主，局部为黑云角闪斜长变粒岩、黑云二长变粒岩，偶尔可见透镜状斜长角闪岩包体；三段以黑云二长浅粒岩、斜长浅粒岩为主，局部为黑云斜长变粒岩。原岩为一套陆缘碎屑-碳酸盐岩建造夹双峰式火山建造。其物质组合显示，这一时期（古元古代）总体为稳定的陆缘沉积环境，晚期（古元古代末）向初始裂谷环境转化，主要表现为在碎屑-碳酸盐岩组合中夹双峰式火山-沉积组合。

3）中元古代：裂解阶段

大别（基底）地层小区中元古界包括福田河片麻岩岩组和西张店基性火山岩岩组。

（1）福田河片麻岩岩组主要岩性为黑（二）云斜长片麻岩、（角闪）黑云斜长变粒岩、黑云二长变粒岩、（黑云）角闪斜长变粒岩、斜长角闪岩、黑云二长变粒岩夹二长浅粒岩、斜长浅粒岩、白云钠长变粒岩、钠长浅粒岩、榴闪岩、片状绿帘（角闪）石英岩、钠长白云片岩、白云（钠长）石英片岩等。原岩为一套陆源碎屑沉积岩夹基性火山（侵入）岩。

（2）西张店基性火山岩岩组主要岩性为（绿帘、黑云）斜长角闪（片）岩、石榴斜长角闪岩、榴闪岩、黑（二）云斜长变粒岩夹条带状石英绿帘石岩、白（二）云钠长片麻岩、白（二）云石英片岩。原岩为以一套基性火山岩为主，夹少量碎屑沉积组合的岩石。

中元古代的福田河片麻岩岩组继承了古元古代稳定环境的沉积特点，但因发育较多的基性火山岩而不同于骆驼坳岩组，总体反映了该区从古元古代稳定沉积环境向中元古代裂解环境的转变；西张店基性火山岩岩组为一套裂解环境物质组合。

4）新元古代：汇聚阶段

新元古代时期，武当—桐柏—大别地区经历了一次巨大的造山运动（晋宁运动），表现出典型板块构造的演化特点。现有的资料表明：板块俯冲的缝合线可能在大别山北坡，桐柏—大别地区相当于岛弧（或大陆火山弧）。在其南北两侧，青白口系—南华系火山-沉积组合（湖北省地质调查院，2007a；雷健，2003；彭练红，2003）。武当—桐柏及大别山南坡地区，总体相当于弧后盆地环境（青白口系—南华系物质组合具体描述见 1.2.3 小节）。随着造山作用的结束及弧后盆地的关闭，武当—桐柏—大别地区转化为稳定陆台环境，出现陡山沱组的普遍含磷、锰沉积和灯影组的碳酸盐台地沉积。

由于露头零星，各岩石地层单位具体岩性描述见其他部分。

5）古生代：伸展转为挤压阶段

早古生代，武当—桐柏—大别地区总体处于伸展背景，形成一系列裂谷系及为之分割的块体，不同区段形成不同的沉积组合；晚古生代，由早古生代伸展背景转为挤压环境，发生俯冲汇聚。

大别（基底）地层小区古生界包括乔店片岩-大理岩岩组、马吼岭岩群、新城基性火山岩岩组、余河片麻岩岩组，现分述如下。

（1）下寒武系。

乔店片岩-大理岩岩组岩性在大悟县徐家咀处为（含榴）白云钠长片麻岩、（含榴）白云石英片岩、磷灰石石英岩、长石石英岩、钠长白云石英片岩、方解石大理岩、石墨片岩组合，其间见少量斜长角闪片岩（侵入岩）。总体看来，为一套碎屑-碳酸盐岩建造，变形变质较弱，产状平缓，呈舒缓波状产出，但局部变形强烈，可见大理岩、石墨片岩呈透镜状、串珠状产出。在大磊山处岩性为白云钠长片麻岩、白云钠长微斜石英岩、含榴白云钠长片麻岩；而在大悟县乔店北部则发育二云斜长变粒岩、石英岩、石墨片岩、大理岩组合，其间见少量夹含榴黑云斜长角闪岩（侵入岩）；在大悟吕王处岩性为条带状方解石大理岩、石墨大理岩、含碳石榴石英白云母片岩、石榴白云石英片岩、石英岩组合，发育少量含榴斜长角闪岩（侵入岩）。由大磊山向东至吕王，碳质、钙质含量增加。总之，该组岩性变化不大，受构造影响，厚度变化较大，因含方解石大理岩、石墨片岩及石英岩等特殊岩性而易于识别，而石英岩则多呈薄层状产出，与白云石英片岩呈渐变过渡关系。

乔店片岩-大理岩岩组的岩性组合特征明显，其原岩为一套稳定台缘碎屑、碳酸盐岩及硅质建造，总体反映了海水振荡升降、多相沉积特征。

1∶25 万麻城市区域地质调查在大悟县徐家咀大理岩中采集到藻类化石，镜下可见暗色藻斑点成堆分布，可见藻管体（单个管体直径在 30 μm 左右，个体可达 100 μm）零星分布，管壁有机质不均匀（湖北省地质调查院 1∶25 万麻城幅项目组，2001），该生物屑见有似“丝状”管体及椭圆形截面，属层管藻类（附图 1）。在大悟县门口岭本组大理岩中发现海百合茎类生物化石碎片（附图 2），在大悟县双峰尖地区袁集一带本组大理岩中发现腕足类生物化石碎片（附图 3～附图 4）。

综上所述，将乔店片岩-大理岩岩组形成时代定为早寒武世为宜（彭练红，2003）。

（2）中寒武系—奥陶系。

马吼岭岩群主要岩性为白（二）云钠长变粒岩、白云钠长浅粒岩、白云钠长片麻岩、白（二）云微斜钠长浅粒岩（变粒岩）、绿帘二云钠长变粒岩（片麻岩）、含榴白云钠长石英片麻岩（夹层）、含磁铁微斜钠（二）长浅粒岩、黑云角闪斜长片麻岩、绿帘斜长角闪片岩。原岩为浅变质的碎屑沉积组合夹基性火山岩，其间发育少量基性侵入岩；向上基性火山（侵入）岩有逐渐增多的趋势，反映了这一时期大悟—红安地区由稳定环境向活动（裂解）环境转化的演化特点。

马吼岭岩群与随州地区的中寒武统—奥陶系古城畈群的岩石组合之原岩特征及与下伏、上覆地层的接触关系相似，可以对比。中国地质调查局宜昌地质矿产研究所的专题研究于随南古城畈群下部灰岩中采集到牙形石、三叶虫类、甲壳类、腕足类、正形贝类碎片及众多的胡桃虾化石（雷健，2003）。以上化石组合多属早—中奥陶世，结合下伏地层为寒武系及上覆地层为志留系，该群时代暂归于中寒武世—奥陶纪（彭练红，2003）。

（3）志留系。

新城基性火山岩岩组主要岩性为钠长石英角闪绿帘片岩、含榴钠长绿泥角闪片岩、绿帘钠长角闪片岩夹绿帘绿泥二云钠长片岩、白（二）云钠长片麻岩（浅粒岩）、绿帘钠长变粒岩及薄层白云石英片岩、榴云片岩。其原岩主要为一套基性火山岩、少量角斑质岩及少量深水沉积的泥质、硅质岩石。区域上，该岩组岩性及地层特点可与随南地层小区下志留统的兰家畈群对比。

余河片麻岩岩组主要岩性为白（二）云钠长片麻岩、白云（钠长）石英片岩、白（二）云钠长浅粒岩（变粒岩），局部发育基性岩包体。原岩为一套碎屑沉积岩（彭练红，2003）。

2. 桐柏（基底）地层小区

大别山岩群是一套遭受角闪岩相区域变质和强烈韧性剪切变形的表壳岩组合，它构成了桐柏区最古老的结晶基底。

前人划分的桐柏群包括片麻岩和花岗质岩石，1967 年，河南省区域地质测量队将其命名为“桐柏山群”；1982 年，1∶20 万宜城幅、随县幅区域地质调查（金经炜，1982）将桐柏山群自下而上划分为关门山组、黄土寨组、新店组；20 世纪 80 年代以来，开展 1∶5 万区域地质调查，从“桐柏山群”中解体出大量燕山期花岗岩和红安群浅变质地层。总体认为桐柏山群包括了片麻岩与花岗质岩石，并称之为“桐柏山杂岩”，与大别山地区的“大别山杂岩”相对应。

总之，前人所称的“桐柏山群”由非常复杂的物质组成，其中燕山期和新元古代花岗岩占据大部分面积，而真正构成本区最古老结晶基底的岩石分布极少，多残留于花岗质岩石之中。

1∶25 万随州市幅区域地质调查工作（雷健，2003）通过加强对大别山岩群（原桐柏群）的物质组成、原岩恢复及花岗质岩石的组合特征、接触关系、同位素年龄学等的研究，特别是在黑虎庙一带原桐柏群地层中发现了古生代生物化石碎片，包括三叶虫类、腕足类（附图 5、附图 6）、海百合类等，为重新认识桐柏群提供了新的资料与思路。

从区域上看，构成桐柏山区的一套岩石组合是大别山区的“大别山岩群”的西沿部分，其物质组成及变形变质可以与“大别山岩群”上部对比。

大别山岩群仅出露一套变质表壳岩组合，岩石组合主要为黑云（角闪）斜长片麻岩夹斜长角闪（片）岩、变（浅）粒岩，局部夹薄层状-透镜状大理岩、石英岩和磁铁石英岩、石榴石云母石英片岩。

空间上，大别山岩群呈北西向不连续的带状展布。不同的地段，岩石组合存在一定的差异。在浆溪店、关门山等地常见黑云斜长片麻岩与斜长角闪岩、角闪黑云斜长片麻岩呈互层状产出；在模香沟、龙卧寨、黄土关等地以黑云片麻岩为主，夹斜长角闪岩，上部夹条纹大理岩及石英岩透镜体或薄层，且它们之间常被花岗岩所分割。

前人对大别山岩群浅粒岩进行定年，利用锆石铀-铅（U-Pb）定年法同位素测年数据获得上交点年龄为 2 413 Ma，同一样品利用 Pb-Pb 定年法同位素测年数据获得等时线年龄为 2 322 Ma，结合两种方法测得的年龄及区域对比，时代暂定为（新太古代？—）古元古代。

3. 宣化店—吕王—高桥—永佳河古生代蛇绿混杂岩带

吕王—高桥—浠水古生代蛇绿混杂岩带是区域上二郎坪—高桥—浠水蛇绿混杂岩带的一部分，沿宣化店—吕王—高桥—永佳河一线展布。根据其岩性特征，构造样式及彼此接触关系，可将该蛇绿混杂岩带划分为 5 个主要岩片：碳酸盐岩岩片（*ca*）、裂解（变质）岩片（*sl*）、超镁铁质岩岩片（Σ）、基性火山岩岩片（β）及硅质岩、泥质岩岩片（*rs*）（雷健，

2003）。

2013～2015 年，“武当—桐柏—大别成矿带关键地区地质调查”项目对区域上二郎坪—高桥—浠水蛇绿混杂岩带湖北省红安县高桥镇康家湾段中物质组成（变沉积类岩石及变基性类岩石）、地球化学特征及其年代学特征进行研究，探讨构造混杂岩带中变基性岩成因、形成时代、构造背景及变沉积岩的地质归属、物质来源、源区构造背景、沉积时代，并对构造混杂岩带是否具有蛇绿混杂岩物质组成特征进行分析，进一步分析其地质构造意义，得出以下结论。

（1）康家湾段构造混杂岩带中主要包含超基性岩、沉积岩、基性岩。其中超基性岩为蛇纹石片岩。沉积岩分两部分：一为（含榴）白云（钠长）石英片岩、石英岩；二为白云钠长片麻岩、墨片岩等。基性岩主要为基性火山岩和榴闪（辉）岩。榴闪（辉）岩可分为呈层状产出的榴闪（辉）岩及呈透镜状产出的榴闪（辉）岩两类。初步认定该构造混杂岩带具有蛇绿混杂岩残片的特征。

（2）康家湾段构造混杂岩带中两类榴闪（辉）岩具有相似的地球化学特征，属于 C 类榴辉岩，均属于板内亚碱性拉斑玄武岩，产生于大陆裂谷环境。第一类变基性岩[包括榴闪（辉）岩]原岩可能来自同碰撞下局部伸展的环境，第二类变基性岩原岩可能来自初始弧后盆地玄武岩。

（3）康家湾段构造混杂岩带中第一类呈层状产出的榴闪（辉）岩原岩年龄为（229±3.3）Ma，具有 215～220 Ma 的变质年龄，说明其产生于扬子板块向华北板块深俯冲时期，其成因一方面可能与快速深俯冲过程中地壳减薄有关，另一方面可能与板片断离、下地壳拆层作用有关。第二类呈透镜状产出的榴闪（辉）岩显示出三期变质锆石的信息，分别为早古生代、早中生代、晚中生代，对应三期构造事件。推测其原岩为新元古代晚期约 730 Ma 的基性火山岩。

（4）康家湾段构造混杂岩带中第一类呈层状产出的榴闪（辉）岩与变沉积岩属于后期构造混杂堆积的无序岩片，并不是同一时期的产物，变沉积岩应当属于原红安群下部的一套低绿片岩相物质，其物源区为长英质火山岩区，构造环境为被动大陆边缘，与新元古代时期弧后盆地裂解环境相对应，其碎屑锆石年龄显示其沉积时间应该在（703±5.4）Ma 之后，说明红安群沉积时代开始于新元古代中晚期。

2014～2016 年，1∶5 万大悟县等 4 幅区域地质调查取得的主要认识是红安地区主体为一套裂谷环境建造，可进一步划分为三个岩性段。

（1）粒岩岩段。岩性为白云钠长变粒岩、白云钠长浅粒岩、白云钠长片麻岩、白云微斜钠长浅粒岩（变粒岩）、绿帘二云钠长变粒岩（片麻岩）、含榴白云钠长石英片麻岩（夹层）、白云石英片岩及少量绿帘斜长角闪片岩等，岩石变形变质作用较强。总体来看，该岩段主要以变粒岩（浅粒岩）为主，夹少量片麻岩、石英片岩和基性斜长角闪岩。原岩以碎屑沉积岩为主，其次为基性火山岩。

（2）片麻岩岩段。岩性为白云钠长片麻岩、微斜钠长片麻岩、微斜钠长浅粒岩或变粒岩、白云石英片岩等，夹多层阳起钠长片岩、钠长角闪片岩、绿帘角闪片岩、角闪钠长片麻岩。原岩可能为一套酸性火山岩夹少量陆源碎屑岩及基性火山岩的组合。

（3）绿片岩岩段。该岩组主要岩性为钠长石英角闪绿帘片岩、含榴钠长绿泥角闪片岩、绿帘钠长角闪片岩夹绿帘绿泥二云钠长片岩、白（二）云钠长片麻岩（浅粒岩）、绿帘钠长变粒岩及薄层白云石英片岩、榴云片岩。原岩主要为一套基性火山岩夹少量酸性火山岩和碎屑岩。

原岩建造：粒岩岩段、片麻岩岩段原岩恢复主要为一套陆源碎屑组合；绿片岩岩段及少量粒岩、片麻岩类岩石原岩恢复为一套双峰式火山-沉积建造，总体为一套陆源碎屑组合和一套双峰式火山-沉积建造。

2003 年，《麻城市幅 H50C001001 1∶25 万区域地质调查报告》（彭练红，2003）强调了古生代时期地质构造过程在该区域的表现，而弱化了该区域新元古代物质的认定。2014～2016 年，1∶5 万大悟县等 4 幅区域地质调查，在认定红安地区广泛存在新元古代双峰式火山-沉积组合的同时，没有对该区域古生代及古生代以来的物质开展充分的调查研究。

综上所述，红安地区物质主体应该是新元古代的一套双峰式火山-沉积建造，是伸展背景下的产物；震旦纪时期，以碎屑-碳酸盐沉积为特征，反映稳定的沉积环境；早古生代再次转入裂解，发育一套基性-超基性火山岩及沉积岩组合（雷健，2003）；晚古生代，则表现为汇聚环境。在裂解、汇聚过程中，外来地质体（或块体）的带入（或混入），导致该带物质组成的多样化与复杂化。

因此，红安地区基本地质构造过程：以新元古代定型构造格局（弧-盆体系）为背景，经历了震旦纪时期稳定阶段、早古生代裂解阶段及晚古生代汇聚阶段，宣化店－高桥－永佳河古生代蛇绿混杂岩带是这一时期的残存。

1.1.3　武当—桐柏—大别南侧地层分区

1. 下中元古界

前中元古代（>1 600 Ma）主要发育陡岭岩群，其建造特征表现为：下部以石榴角闪斜长片麻岩、黑云斜长片麻岩、石榴二云钠长片麻岩与石榴白云石英片岩、二云石英片岩、白云钠长石英片岩为主，夹白云钠长片岩及薄层石墨大理岩、变粒岩等；上部为含石墨蛇纹石化斑状大理岩、白云质大理岩夹变粒岩。原岩为成熟度不高的富铝陆源碎屑岩-中酸性火山岩-碳酸盐岩-滨浅海陆源碎屑岩沉积建造。

2. 青白口系—南华系

青白口系—南华系主要处于弧后盆地环境。青白口系武当岩群包括杨坪岩组、双台岩组和拦鱼河岩组。南华系有耀岭河岩组。

（1）杨坪岩组为一套变质厚层块状砂岩、杂砂岩-中薄层粉砂岩，发育泥岩韵律，以变质陆源碎屑岩为主，偶夹少量变质火山岩的岩石组合。该组主要分布于武当隆起中心地带，多出露于深切沟谷中，常构成复式背斜核部。主要岩性：含榴二云斜长变粒岩、含榴二云钠长变粒岩、白云钠长变粒岩、含砾二云二长变粒岩、含砾二长浅粒岩、含榴钠长石英二云片岩、石英白云母片岩、白云钠长石英片岩夹含碳白云绿泥白云石石英片岩、含方解二云钠长变粒岩和薄层条带状浅粒岩、含方解黑云白云母石英片岩、含砾含绿泥白云石英钠长片岩等，偶夹灰绿色钠长绿帘透闪-阳起绿泥片岩，局部地段尚见块状石英岩、厚层长石石英岩。原岩恢复：主要为变质含砾粉砂质长石杂砂岩、变中细粒长石石英砂岩、中-

细粒杂砂岩；含砾变质泥粉砂质杂砂岩、变黏土岩、变粉砂岩、粉砂质黏土岩、含钙细粉砂岩、泥质细砂岩、变含碳泥质白云质砂岩和少量基性火山岩、酸性火山凝灰岩。宏观上表现为厚层、巨厚层状杂砂岩与中-薄层状细粉砂岩、黏土岩构成的韵律。综上所述，初步认为杨坪岩组是在拉张构造活动背景下形成的一套近源浊流快速堆积产物，垂向上变化可能显示盆地是在早期稳定的滨浅海背景下快速裂解沉降过渡到半深海滞流盆地环境。

（2）双台岩组为一套以变火山岩为主，夹少量变沉积岩的组合。主要岩性：白云钠长石英片岩、绿帘绿泥钠长片岩、石英钠长绿帘绿泥片岩、方解斜长黑云母片岩、绢（白）云钠长变粒岩、白云钠长变粒岩、含黑云钠长浅粒岩夹变余火山角砾岩。原岩恢复：主要为酸性火山碎屑岩、变酸性晶屑凝灰岩、石英角斑岩、基性火山岩、基性火山凝灰岩和少量长石石英杂砂岩、黏土质粉砂岩。总体以火山喷发、喷溢沉积为主，间夹杂砂岩-粉砂岩-含碳、硅质泥岩沉积，为海相盆地火山喷发沉积夹陆源碎屑沉积。

（3）拦鱼河岩组为一套以细粒陆缘碎屑岩为主体，夹少量变酸性火山岩的组合。主要岩性：含榴白云钠长石英片岩、白云钠长变粒岩、含榴白云钠长变粒岩、含榴二云钠长变粒岩、白云二长变粒岩、钠长浅粒岩、白（绢）云石英片岩夹绿帘二云石英二长片岩。原岩恢复：细粒长石杂砂岩、含粉砂长石石英杂砂岩、粉砂岩、粉砂质黏土岩夹少量酸性火山凝灰岩。该组宏观上具复理石特征，可能为半深水相浊流沉积。垂向上及向南北两侧，变杂砂岩减少，泥、粉砂岩增多，色调变浅，沉积水体逐渐变浅，解释为裂谷盆地间歇期充填沉积。

（4）耀岭河岩组为一套以变基性火山岩为主夹部分变沉积岩和少量变酸性火山岩的岩石组合。主要岩性：下部为钠长绿泥阳起片岩，钠长绿帘绿泥片岩偶夹含砾绢（白）云长石石英片岩，含砾屑晶屑钠长绿泥片岩；上部为含砾钠长绿帘绢云千枚岩，含磁铁石英绿泥绢云片岩、绿泥钠长片岩和少量变石英角斑岩、绢云钠长石英片岩。沉积特征与环境：汉江以北，该组下部为中厚层变质砾岩、条带状变质砾岩、含砾含碳绢云石英片岩、含碳绢云千枚岩不规则互层，砾石成分复杂，大小不一，呈次圆状、扁圆状。其沉积环境解释为冰海相沉积，砾岩、含砾岩石可能为冰筏冰碛沉积，碳泥质岩为冰海细粒悬浮物沉积；中下部为海盆地火山喷发沉积；顶部变泥质岩与底部环境相似。

（5）青白口纪—南华纪，以武当地区为代表，总体处于弧后盆地环境。在此背景下，其演化又可大致分为前后两个阶段，并相应形成两套火山沉积岩石组合。早期盆地沉积阶段，以杨坪岩组—双台岩组—拦鱼河岩组（原武当岩群）为代表，晚期盆地裂解演化阶段，以耀岭河岩组为代表。不同地段因所处盆地的部位不同，导致各岩石组合的沉积特征和空间变化极为复杂，体现出裂谷盆地沉积演化的复杂性。早期，在弧后盆地滨浅海背景下沉积杨坪岩组底部石英砂岩的同时，一方面岛弧火山岩（中酸性火山岩）向盆地充填沉积，另一方面随着弧后盆地的裂解，发育一系列北北西向断裂，形成地垒、地堑相间格局，发育一套双峰式火山-沉积组合。此后，裂谷活动进入间歇期，在双台岩组之上形成拦鱼河岩组，以陆缘碎屑岩充填沉积为主，夹少量火山岩（图 1.2）。耀岭河岩组时期（晚期），裂谷再次活动，形成以碱性基性火山为主体的双峰式火山喷发沉积组合。在十堰—白河断裂以北，下部沉积一套冰海相含砾泥粉砂岩与碳泥质岩组合；中部为基性火山岩夹少量酸性火山岩喷发沉积；上部为含砾泥粉砂岩和泥粉砂岩组合。地层发育齐全，以凉水河—高庙—郧西一线为中心，地层厚度最大，向两侧减薄。同时顶、底部岩石中砾石成分由南向北逐

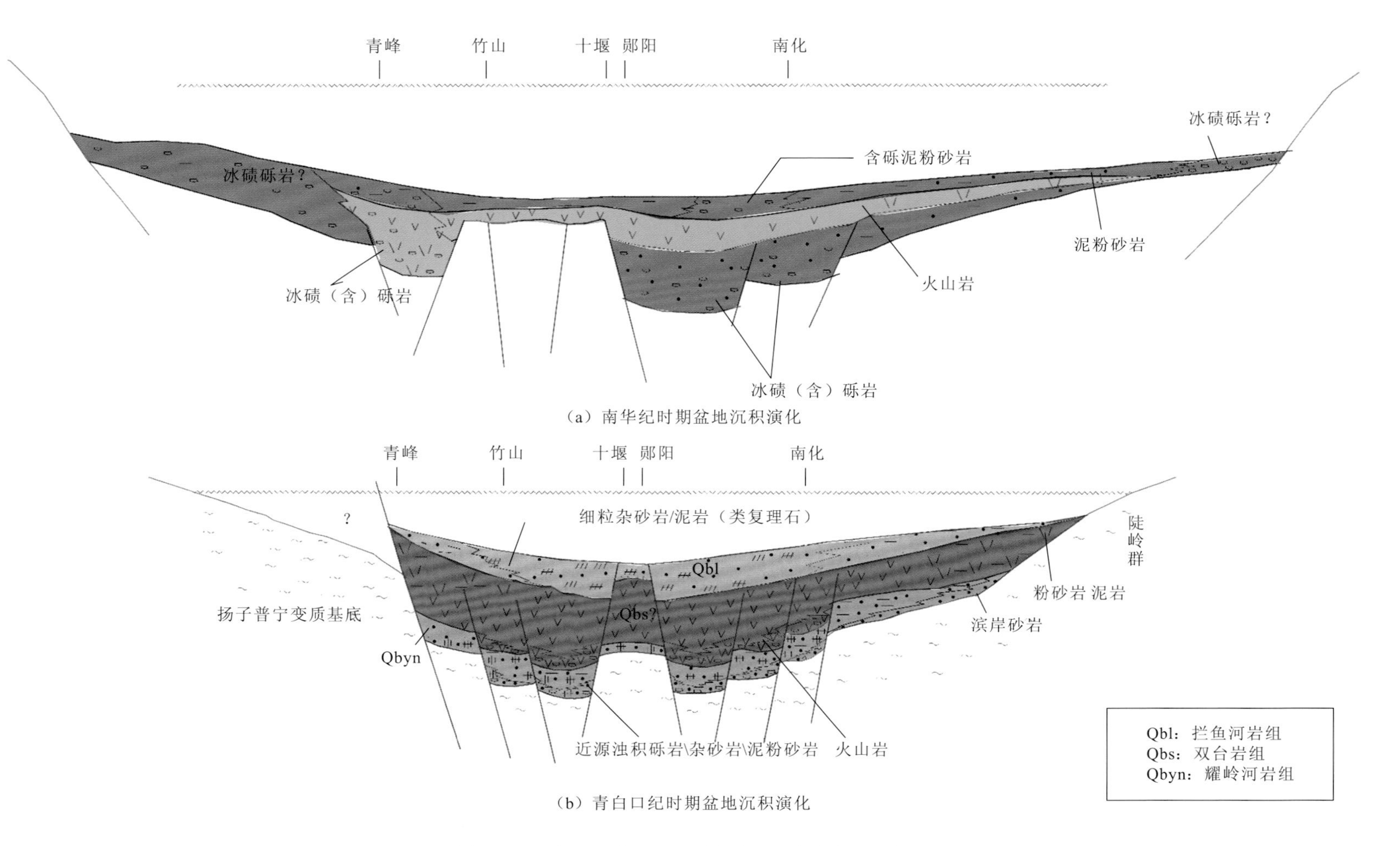

（a）南华纪时期盆地沉积演化

（b）青白口纪时期盆地沉积演化

图 1.2　武当地区前震旦纪裂陷盆地沉积演化示意图

渐复杂，厚度变小。而十堰断裂以南区域，耀岭河岩组主要为基性火山岩夹少量泥粉砂岩，仅在武当地区南西部邻区镇坪、城口一带，耀岭河岩组为一套含砾沉凝灰岩，且厚度较大。初步认为，这是随着裂谷进一步活动，盆地范围扩大，这一时期，冰碛砾岩只沉积在盆地边缘滨浅海区。上述变化特征，在一定程度上，反映原武当岩群与耀岭河岩组是同一裂谷盆地持续发展的产物，不同沉积组合的接触只是因其所处盆地中的位置及沉积作用的差异所致。冰碛砾岩只沉积在盆地边缘滨浅海区。上述变化特征，可能也显示出原武当岩群与耀岭河岩组是同一裂谷盆地持续发展的产物。

3. 震旦系

1）大悟县大磊山地区

大悟县大磊山地区震旦系可分为陡山沱组和灯影组。

（1）陡山沱组主要岩性为白云钠长片麻岩（变粒岩）、（含铁质碳质磷灰石）石墨片岩、磷块岩（磷矿层）、含磷灰石白云母大理岩、白云石英片岩、含铁质碳质白云石英片岩，底部为含铁锰（钠长）微斜变粒岩；在大悟县乔店处岩性为白云钠长石英片岩、白云钠长片麻岩、含榴白云钠长片麻岩、含榴白云石英片岩；在大悟县石灰店处则见其缺失，只发育灯影组；至大悟县仙居顶岩性为白云钠长片麻岩、含榴白云钠长片麻岩、白云微斜钠（奥）长片麻岩、绿帘白云钠（奥）长片麻岩、白云石英片岩、含榴白云石英片岩；至东部红安县罗家湾岩性则为白云石英片岩。由西向东，磷矿层由发育到尖灭，而碎屑沉积岩则由不发育到十分发育。原岩性质、成岩环境及时代讨论：原岩为一套含磷碎屑-碳酸盐岩沉积，反映了稳定的台缘沉积环境。在大磊山及双峰尖地区震旦系陡山沱组不整合覆于青白口纪武当岩群二岩组（火山-沉积组合，相当于双台岩组）之上，其间缺失耀岭河岩组。而在其他地区陡山沱组则与下伏耀岭河岩组呈整合接触（彭练红，2003）。

（2）灯影组总体为一套台地相的碳酸盐岩沉积，但在不同地区尚存在一定差异。

在大磊山一带，主要岩性为厚层状白云石大理岩、硅质条带白云石大理岩，向东至桥店一带，逐渐过渡为一套中厚层石英岩、白云石英片岩；在桥店东乳山（石灰店）一带，主要为一套方解石大理岩、含碳方解石大理岩夹白云石方解石大理岩、含磷含石英大理岩；而在其东侧的仙居顶一带，则为一套白云石英片岩、薄层石英岩及透镜状白云石大理岩组合，与下伏陡山沱组呈整合接触。原岩性质、成岩环境及时代讨论：原岩也为一套稳定的台缘钙、镁质碳酸盐岩沉积，与下伏陡山沱组呈整合接触，与上覆早寒武系乔店片岩-大理岩岩组呈整合接触。前已述及，该套白云石大理岩可与扬子区灯影组厚层状白云石大理岩对比，其时代为晚震旦纪—早寒武世（彭练红，2003）。

2）武当—随枣地区

武当—随枣地区震旦系出现了沉积相的分异。以郧县—郧西断裂带为界：西部为深水盆地，地层序列自下而上为江西沟组、霍河组；东部为碳酸盐岩台地区，地层序列自下而上为陡山沱组、灯影组。

（1）深水盆地区。

江西沟组主要岩性为黑色碳质板岩夹含碳钙质板岩、含碳薄层灰岩、含碳白云岩和少量薄层含碳硅质岩、碳质硅质板岩，为浅海滞流盆地环境沉积。该组以深灰-黑色色调及碳质板岩为划分识别标志，以大量灰岩出现为结束标志。该组在区内变化较大，表现为在其分布区的南侧（竹溪—门古寺一线以南），主要为黑色碳质板岩、碳质硅质板岩夹薄层状、条带状含碳细晶灰岩和薄层碳质硅质岩；中部鲍峡、白河一带（十堰—白河断裂南侧），主要为碳质板岩、碳质硅质岩夹少量基性火山碎屑岩；向北至两郧一线，向东至房县、十堰一带，含碳灰岩、白云岩逐渐增多，呈渐变过渡到丹江小区陡山沱组（湖北省地质调查院，2007a）。

霍河组岩性较简单，为灰黑色中厚层状含碳细晶灰岩夹薄层含碳泥质板岩、碳质板岩，为浅海盆地（外陆棚）环境沉积。该组以灰黑色中厚层灰岩为识别标志，以黑色硅质岩出现为结束标志。其与上覆杨家堡组呈层理平行整合接触；霍河组在区内较稳定，各地岩性基本上一致，仅厚度有所变化（湖北省地质调查院，2007a）。

（2）碳酸盐岩台地区。

陡山沱组在随州地区主要岩性为灰黄色、灰白色、深灰色含黄铁矿泥质粉砂质板岩（千枚岩）、变质粉砂岩、石英绢云千枚岩、含碳绢云千枚岩，常夹薄层泥质（微晶）灰岩和含铁锰质大理岩透镜体。一般在下部以碎屑岩沉积为主，向上钙质含量升高。在余店、高城一带发育蓝闪石（青铝闪石）。陡山沱组地层中广泛发育的微古植物可与扬子地层区的陡山沱组中的微古植物对比。显示陡山沱组可能为扬子台缘环境的沉积物（雷健，2003）。

灯影组下部为深灰色中厚层微晶灰岩、含碳微晶灰岩、含硅质结核或条带白云岩，具藻纹层；上部为微-细晶白云岩、白云质大理岩夹透镜状硅质岩。岩石具绿片岩相变质。在白兆山一带白云岩中含叠层石和藻类。以洛阳店一带发育较好，向北东及南西侧，下部发育不完全，以白云岩或白云质大理岩为主，显示当时水体相对较浅。而在广水市一带，岩石变质较深，多为透闪石化大理岩、滑石化白云石大理岩，其中常夹磷块岩，属局限台地-潮坪环境沉积（湖北省地质调查院，2007b）。

4. 古生界

1）随南地区

（1）寒武系—奥陶系。区内寒武系为硅泥质、碳质-碳酸盐岩建造，主要岩性为硅质岩、碳质板岩、泥质板岩、灰岩。根据岩石组合特征、层序关系及古生物化石资料，寒武系—奥陶系自下而上划分为下寒武统杨家堡组、庄子沟组、双尖山组、古城畈群下部地层。

杨家堡组主要岩性为黑色中厚层状硅质岩夹薄层状硅质岩，隐晶质结构，微层状构造；底部有机质含量较高；与下伏灯影组呈整合接触。

庄子沟组下部为含磷硅质岩系，由黑色薄层硅质岩、硅质页岩夹重晶石、磷块岩（磷结核）及铀、钴、镍等稀有元素的多元素层，为区内重要的重晶石、磷及钒矿层；上部为黑色含碳质板岩、黄色钙质板岩夹微晶灰岩透镜体。本组化石丰富，含微古植物、原始海绵骨针、三叶虫类等化石。区域上厚度变化较大，似有由南东向北西减薄的趋势。与下伏杨家堡组呈整合接触。

双尖山组主要岩性为灰色厚层条带状灰岩、碳质灰岩、碳质泥灰岩，局部夹少量钙质板岩、泥质板岩。总体显示中部厚、东部及西部较薄的变化规律。

湖北省地质矿产局（1996）出版的《湖北省岩石地层》一书将古城畈群定义为灰、灰黄色石英绢云千枚岩、泥质钙质板岩（千枚岩）夹透镜状、薄板状灰岩及玄武岩，向上灰岩减少，玄武岩增多，并将古城畈群分为立秋湾组和高家湾组。

（2）志留系。志留系为基性（超基性）火山岩-碎屑岩建造，主要岩性为辉斑玄武岩、粉砂岩、粉砂质千枚岩、砂岩。根据岩石组合特征、层序关系及古生物化石资料，志留系自下而上划分为兰家畈组、金桥组和雷公尖组。

兰家畈组是以基性熔岩为主的火山岩地层，可划分为 3 或 4 个沉积旋回，每个旋回以变玄武质角砾熔岩开始，紧接为变辉斑玄武岩，最后以变气孔杏仁状玄武岩夹硅泥质板岩、大理岩结束。洛阳店一带见有黄绿色超基性变橄榄辉斑玄武岩，响水台一带底部为灰色硅泥质板岩夹薄层状硅质岩，在荞麦冲一带形成了氧化型金矿，为区内重要的含矿层。

金桥组主要岩性为灰、黄绿色含黄铁矿石英绢云千枚岩、含粉砂质（细砂质）黑云绢云千枚岩、泥质粉砂岩、黑云绢云石英粉砂岩夹中薄层条带状石英细砂岩、杂砂岩及透镜状、薄层状灰岩，中上部夹一层厚约 5 cm 的含磷、褐铁矿石英砂岩，下部偶见一层铁质石英砂岩。金桥组从下而上，泥质成分减少，砂质成分增加，矿物颗粒逐渐变粗，且砂粒多呈次棱角状，分选性差，表现为快速充填堆积的特点；上部岩石单层变厚，石英含量增加，见冲刷现象，显示出高能环境下的沉积特点。总之，金桥组具进积型层序特征。

雷公尖组主要岩性为灰、灰白色中厚层状变细粒石英砂岩、含铁石英砂岩夹粉砂质千枚岩、杂砂岩。以出现厚层石英（岩状）砂岩为特征，岩石中铁质含量高，局部含砾。石英砂岩成熟度较高，砂粒磨圆度及分选性均较好，多呈次圆状，显示出动荡高能环境下的沉积特点。由下而上，粒度变细，泥质成分增加，具退积型沉积结构。

2）两郧地区

（1）寒武系，自下而上为杨家堡组、庄子沟组、岳家坪组。

杨家堡组主要为灰黑色中厚层状硅质岩夹少量薄层含碳硅质岩。总体表现出由南向北地层厚度递减的变化特征。

庄子沟组主要为黑色碳质板岩、碳质硅质板岩夹泥质板岩和透镜状泥灰岩。

岳家坪组主要为深灰色、灰色薄-厚层状灰岩、含泥质粉砂质灰岩、白云岩夹杂色粉砂岩、泥页岩、钙质页岩。以灰岩出现为标志与下伏庄子沟组区分，以灰岩、白云岩与泥粉砂岩、页岩不规则互层为划分识别标志，以碎屑岩的结束和大套白云岩、灰岩组合的出现为结束标志与石瓮子组区分。

（2）奥陶系，自下而上为石瓮子组、蚱蛐组和蛮子营组。

石瓮子组主要岩性为一大套中厚层-块状白云岩、白云质灰岩夹条带状灰岩、白云岩组合，局部夹少量薄层泥灰岩和燧石结核、团块。东部岩性主要为灰岩、泥质条带灰岩；向西则出现白云质灰岩、白云岩；东南侧蒿坪一带，地层中普遍含燧石结核和条带。

蚱蛐组仅见于瓦亭、师岗一带，主要岩性为灰绿色玄武玢岩、灰白色结晶灰岩、泥质条带灰岩、凝灰质砂岩、砂砾岩。

蛮子营组主要岩性为泥灰岩、灰岩与泥质页（千枚）岩、钙质页（千枚）岩、粉砂岩、砾状灰岩不规则互层。垂向上，该组下部以灰岩居多，向上泥质岩、粉砂岩增多；横向上，东部砂质成分较多，并有大量的礁灰岩；向西则主要为泥灰岩和细晶灰岩，碎屑岩则以泥、粉砂成分为主。

（3）志留系，主要发育张湾组。

张湾组主要为土黄色泥岩、粉砂质泥岩、粉砂岩夹少量灰泥岩、粉晶白云岩。以泥岩、粉砂岩组合为特征，底以蛮子营组长石石英砂岩或灰岩、白云岩结束为起始划分标志，以砾岩出现为结束标志。

（4）泥盆系，自下而上划分为白山沟组、王冠沟组和葫芦山组。

白山沟组底部为紫黑色砾岩，向上为紫色薄层长石石英砂岩、土黄色黏土岩夹砂岩和砂质页岩，顶部为灰白色白云质石英砂岩。该组在出露范围内岩性组合稳定，垂向上砂岩减少，砂质页岩增多，总体表现出海侵沉积序列的特点。上部砂岩具波痕，为滨岸海滩环境沉积。

王冠沟组下部为中粒石英砂岩与泥灰岩互层，中部为钙质砂岩、中薄层灰岩夹灰绿色页岩，上部为页岩、砂岩、条带状灰岩夹礁灰岩。该组以灰岩的出现和结束为划分标志。

葫芦山组下部为中细粒砂岩、岩屑石英砂岩与黏土岩互层，中部为厚层泥质粉砂岩夹厚层中细粒石英砂岩，上部为厚层石英砂岩夹铁泥质粉砂岩、页岩及赤铁矿层。

（5）石炭系，自下而上划分为下集组、梁沟组和三关垭组。

下集组主要岩性为灰色厚层泥晶白云质灰岩、细晶泥晶白云岩、亮晶砂屑灰岩和黑色泥晶灰岩，为开阔台地-台缘浅滩环境沉积。

梁沟组底为灰色厚层角砾状白云质灰岩；下部为厚-巨厚层泥晶灰岩夹白云质灰岩；上部为厚层亮晶砂屑、生物屑灰岩，夹燧石条带、团块，总体为台缘高能浅滩环境。

三关垭组下部为灰白色杂色黏土岩、黏土质页岩夹灰-深灰色厚层泥细晶生物灰岩、硅质团块生物屑灰岩；中部为灰色厚层生物屑灰岩、泥晶灰岩夹钙质泥岩、泥质粉砂岩；上部为厚层生物屑灰岩、泥灰岩。沉积相为开阔台地-滨海相沉积。

3）武当地区

武当地区古生界自下而上为寒武系杨家堡组、庄子沟组，寒武系—奥陶系竹山组，志留系大贵坪组、梅子垭组、竹溪组。

（1）寒武系。

杨家堡组岩性单一，主要为灰黑色中厚层状硅质岩夹少量薄层含碳硅质岩。在南秦岭地层区内分布稳定。

庄子沟组岩性为黑色碳质板岩、碳质硅质板岩夹泥质板岩和透镜状泥灰岩。

（2）寒武系—奥陶系。

竹山组主要为深灰色碳质、钙质、泥质千枚岩与薄-厚层状细晶灰岩、灰泥岩互层，夹少量泥质粉砂岩、硅质灰岩和含钙质碳质硅质岩。该组在区内变化较明显，东部，该组下部以灰岩为主，夹少量泥钙质页岩，上部则以泥页岩、粉砂岩为主；向西，该组下部碳泥质页岩较多，灰岩（相对）较少，上部则灰岩增多，页岩减少，页岩中碳质变少、泥质增多。以曾家坝断裂北侧厚度最大，向北、向东呈递减趋势。

（3）志留系。

大贵坪组主要为黑色碳质板岩、碳质硅质板岩夹含碳泥质板岩、粉砂质板岩。以黑色碳硅质和泥质岩组合为划分识别标志。

梅子垭组主要为泥质粉砂质板岩夹薄-中层（粉）砂岩，顶部夹少量钙质板岩。局部地段底部为变玄武质岩屑凝灰岩、变钙质基性火山砾岩、基性凝灰质灰岩夹少量碳泥质板岩。以泥粉砂质岩石组合为特征，底以碳质板岩结束和泥粉砂板岩或基性火山岩出现为划分标志，顶以（生物）灰岩出现为其结束标志。下部的火山岩不稳定，横向上延伸不连续，厚度变化大。分布上，火山岩段仅见于竹溪—平利一线以南地区。上部岩石组合在区内较一致，但各地厚度变化很大，平利—竹溪一线北侧厚度最大，向南北两侧呈变薄趋势，同时由西向东厚度变小。

竹溪组主要为薄-中厚层生物屑灰岩夹深灰色泥质粉砂岩、中厚层钙质细粒石英砂岩及少量砂屑灰岩，区内未见顶。

4）兵房街地区

兵房街地区自下而上分别为寒武系鲁家坪组、箭竹坝组、毛坝关组、八卦庙组、黑水河组，奥陶系高桥组、权河口组，志留系斑鸠关组、白崖垭组、陡山沟组、五峡河组。

（1）寒武系。

鲁家坪组岩性分为 4 部分，底部为黑色碳质板岩夹薄层灰岩、白云质泥质灰岩；下部为条带状灰岩、白云质灰岩夹白云岩；中部为薄-厚层状硅质岩，偶夹少量碳质板岩；上部为黑色碳质板岩、含碳硅质岩夹薄层灰岩，新的研究表明：该组部分地层分别对应于江西沟组、霍河组、杨家堡组和庄子沟组。

箭竹坝组岩性为灰-深灰色薄层细晶灰岩夹少量泥质条带灰岩和碳质板岩。

毛坝关组下部为灰色厚层含碳细晶灰岩夹碳质板岩、泥质板岩；中部为碳泥质板岩、粉砂质板岩、中薄层灰岩夹石煤层；上部为深灰色不等厚灰岩夹碳泥质板岩，为陆棚环境沉积。

八卦庙组为深灰色薄层（页状）细晶灰岩夹少量碳泥质板岩。

黑水河组以深灰色中-厚层状砾屑灰岩为主，夹中薄层灰岩、白云质灰岩和碳泥质板岩。

（2）奥陶系。

高桥组下部为纹层状串珠状泥质条带灰岩夹少量含碳泥、硅质板岩，上部为含碳板岩、泥质板岩夹钙质板岩（泥质灰岩）。

权河口组主要岩性为粉砂质板岩、碳泥质板岩夹变泥质砂岩，未见顶。

（3）志留系。

斑鸠关组岩性为灰-黑色碳质板（页）岩、粉砂质板岩为主，间夹粉砂岩、砂岩，下部多夹硅质岩，富含笔石，局部间夹粗面质火山岩。

白崖垭组岩性为灰岩、生物碎屑灰岩，局部地区夹数层辉石玢岩质砂砾岩。

陡山沟组岩性为灰-绿灰色粉砂岩、砂岩间夹泥（板）岩，陡山沟一带上部为灰绿色火山碎屑岩。

五峡河组主要岩性为灰绿至深灰色砂质板岩、板岩夹粉砂岩、砂岩，富含笔石。原岩为滨海-浅海相，时代为中志留世。

1.2 扬子地层

研究区仅涵盖扬子地层区中扬子地层分区部分，本书主要介绍大洪山弧盆体系地层及中扬子北缘京山—钟祥地区地层。

1.2.1 中元古界

中元古界打鼓石岩群自下而上划分为斋公岩岩组、筱泉湾岩组、当铺岭岩组、洪山河岩组、罗汉岭岩组、太阳寺岩组6个岩组，其中斋公岩岩组、筱泉湾岩组、太阳寺岩组可分为两个岩性段。各地层单位特征叙述如下。

（1）斋公岩岩组可分为两个岩性段，一段以紫红色和灰绿色泥质白云岩、含砂含细砾泥质白云岩为主，夹灰白色薄层白云岩、含凝灰质绢云板岩，顶部发育白云岩质砾岩，以含较多的碎屑（岩）为特征。二段为灰色厚层块状硅质条带白云岩、层纹状藻白云岩、含角砾白云岩（内碎屑）。

（2）筱泉湾岩组可分为两个岩性段，一段为硅化白云岩、叠层石砂屑白云岩夹少量泥质白云质板岩。岩石以发育大量叠层石、藻砂屑为特征。叠层石以层状和球状叠层石为主，属简单类型的叠层石类，是比较原始的叠层石种类。二段为薄层纹层状含泥粉晶白云岩、白云质板岩夹硅质条带、结核，灰白色微晶白云岩夹灰绿色含粉砂黏土岩等。

（3）当铺岭岩组主要岩性为灰白色粗粒长石石英砂岩、细粒长石石英砂岩、藻砾屑藻砂屑灰岩，含磁铁矿石英细粉砂岩、粉砂岩夹灰岩、灰泥岩、基性火山凝灰岩等。

（4）洪山河岩组下部为暗红色藻迹白云岩、暗红色锥状叠层石白云岩夹少量红色泥质板岩、砂岩，下部未见底；上部主要为紫红色含磁铁石英砂岩、粉砂岩夹少量砾岩和泥质板岩，岩石含铁质成分，面貌多呈暗红色，局部呈灰绿色。

（5）罗汉岭岩组相当于原罗汉岭组、陈家冲组及其他组中的叠层石白云岩、硅化白云岩。主要岩性为灰色、灰白色厚层纹层状藻白云岩、浅灰色厚层硅化白云岩、硅质条带白云岩、叠层石白云岩、鲕粒白云岩、中薄层藻砂屑白云岩，少量白云岩呈肉红色。夹少量凝灰质、粉砂质绢云母板岩，含丰富的藻类、叠层石，叠层石类型以相对高级的锥形叠层石为主。

（6）太阳寺岩组可分为两个岩性段，扇根砾岩相和扇端泥岩粉砂岩相。扇根砾岩相主要岩性为变质砾岩夹砂岩、含砾砂岩、粉砂岩、泥岩，具正反递变层理、平行层理。砂岩透镜体中可见发育有大型交错层理，常发育负载构造，砂体呈透镜状分布，侧向易尖灭，代表水下扇中（根）水道沉积，受限于扇根（中）水道；扇端泥岩粉砂岩相以含粉砂质泥质板岩为主，发育水平层理和小型砂纹交错层理，偶见包卷褶皱等扰动构造。层劈置换发育，板劈理与原始层理相交之处可见褶皱，见不完整的鲍马序列（D、E段），偶夹钙质条纹状板岩、灰色厚层变质含粉砂质砾岩透镜体、薄层变细粒长石石英砂岩透镜体。

1.2.2 新元古界

2016～2018年，二级地质调查项目“武当—桐柏—大别成矿带武当—随枣地区地质矿产调查”下设的1∶5万长岗店等幅区域地质调查（杨成 等，2019）推测原“花山群”是一个主体为青白口系的弧-盆体系，包括土门岩组/绿林寨岩组、六房岩组和洪山寺岩组。

1. 青白口纪岛弧火山岩建造

青白口纪岛弧火山岩建造主要为土门岩组。北部长岗一带主要岩性为变（枕状）玄武岩、变气孔-杏仁玄武岩、变安山玄武岩、变玄武岩夹变酸性火山凝灰岩、夹绢云板岩、绢云板岩夹变玄武岩、变岩屑砂岩夹变凝灰岩；土门一带主要岩性组合以变质的玄武岩为主，夹酸性凝灰岩、安山岩、英安岩、安山质火山碎屑岩、变流纹岩等；在小阜一带以玄武岩为主，夹少量含砂灰岩、硅质岩；在仓头垭一带下部以紫红色（含砾）岩屑石英砂岩、玄武安山岩、安山岩、豆状凝灰岩为主，偶见夹有砾岩，上部以基性火山岩夹酸性凝灰岩为主。在南部石人山村、老关坡一带下部为玄武岩，上部为碎屑岩夹安山岩，偶见砾岩、灰岩夹层。区域上土门岩组岩性表现为北部以火山岩为主，且火山岩类型齐全，基性-酸性均有出现；中部到小阜一带岩性则以玄武岩夹少量凝灰岩为主，可见夹薄层灰岩、硅质岩，钙屑、砂屑碎屑流形成的斜层理；南部到仓头垭、老关坡带碎屑岩占比增加，火山岩以基性岩为主，包括变玄武岩、变安山玄武岩、变基性凝灰岩等。同位素研究表明，土门岩组形成于新元古代青白口纪。

2. 青白口纪弧后盆地建造

青白口纪弧后盆地建造包括六房岩组和洪山寺岩组。六房岩组是长英质的冲积扇扇体，位于下部，洪山寺岩组是钙屑冲积扇扇体，位于上部，两者岩性渐变过渡。

（1）六房岩组的扇中（根）部分主要岩性为砂板岩、砂砾岩，粒度较粗，砾石成分复杂，属水下冲积扇体扇中（根）水道砾岩，与下伏的泥质板岩呈截切接触关系；扇端部分则分布于绿林—六房一线，岩性单一，主要岩性为（含粉砂质）泥质板岩，水平层理发育，发育黄铁矿结核，见包卷层理，鲍马序列发育不完全，多以 D、E 段为主。同位素研究表明，六房岩组底部的玄武岩夹层形成时代属青白口纪晚期。

（2）洪山寺岩组主要包括扇中（根）相和扇端相，发育砾岩。洪山寺扇中（根）相砾岩砾石成分以白云岩为主，另含少量黑色硅质、砂岩砾石，不同区域砾石成分略有变化；扇端相主要分布于南风垭、洪山寺、石和尚冲、牛角尖一线的山脊两侧，岩性为以钙屑、长英质碎屑为主的粉砂质、泥质、白云质板岩，夹砂岩透镜体。

3. 青白口纪弧后盆地绿林寨岩组

青白口纪弧后盆地绿林寨岩组弧后盆地玄武岩以（杏仁）玄武岩为主，发育枕状玄武岩、气孔（杏仁）玄武岩、粗玄岩、熔结角砾岩、基性火山碎屑岩、凝灰岩等，以宁静溢流相或次火山岩相产出，其中次火山岩相也较为常见。岩石中裹挟有各类白云岩捕虏体，有叠层石白云岩、硅化白云岩、硅质条带白云岩、砂屑白云岩等，白云岩边部可见有热烘烤现象，存在大理石化和滑石化，受后期构造改造，边部有片理化现象。同位素及地球化学研究表明，该套玄武岩形成于新元古代晚期青白口纪弧后的拉张环境。

1.2.3 南华系

（1）莲沱组主要分布于大洪山南部的自生城—天宝寨—绿林一带，呈北北西向展布，常构成较陡峭的山脊。与下伏青白口纪大洪山构造杂岩呈角度不整合接触。根据岩石粒度变化特征，全组可分为两个岩性段。

第一段：主要为紫红色厚层-巨厚层砂质砾岩及粗粒岩屑长石砂岩。砂质砾岩具砂质砾状结构，层状构造，块状构造。砾石成分质量分数为 55%～68%，由黏土岩，硅质岩、基性火山岩、花岗岩及砂岩组成；砂屑质量分数为 28%～40%，由长石、石英、黏土岩、少量黏土质硅质岩、绿帘石、磁铁矿等组成；胶结物为铁质、泥质等。砾石粗大，最大达数十厘米，多呈不规则的椭圆状、浑圆状、次圆状，分选性较差。砂质砾岩中常夹有中层粗砂岩，局部夹细砂岩。粗粒岩屑长石砂岩具砂状结构、层状构造，成分为石英、长石、硅质岩、铁质黏土岩及少量白云母、基性火山岩、酸性火山岩、褐铁矿等，由绢云母铁质黏土胶结。

第二段：由紫红色巨厚层砂岩、含砾长石岩屑粗砂岩、粗粒岩屑长石砂岩及含粉砂质泥岩组成。该段粒度一般较细。碎屑物一般由石英、长石、硅质岩、黏土岩、基性火山岩，以及白云母、玻屑凝灰岩等组成。钙质及铁质胶结。岩石具有较好的层理，并且见有明显的交错层及波痕。

综上所述，莲沱组为磨拉石建造。底部粗，以砾岩为主；上部细，以砂岩为主。具有较发育的沉积韵律，并且见有交错层和波痕，为山前河流-湖泊相沉积。岩石均呈紫红色、紫灰色，反映当时潮湿炎热的气候特点。

（2）南沱组主要岩性为灰绿色厚层水云母泥岩夹冰碛砾岩。水云母泥岩由水云母和高岭石及少量褐铁矿组成。具显微鳞片结构，定向构造。冰碛砾岩主要为灰色、褐色，风化后呈紫灰色。砾石由泥灰岩、硅质岩、粉砂岩及少量辉绿岩组成，多为次棱角状，次圆状，少数为扁圆状。偶见“丁”字形擦痕，属冰川堆积的产物。

1.2.4 震旦系—寒武系

1. 震旦系

（1）陡山沱组主要由灰黑色含碳质泥质页岩、浅灰色泥质页岩及含磷硅质岩，条带状泥质磷块岩等组成，局部夹有硅质条带白云岩、豆状白云岩。底部常见一层黑色铁锰黏土或铁锰层，蜂窝状褐铁矿硅质岩层。

（2）灯影组由下向上可划分三个岩性段：一段（相当于蛤蟆井段）为灰色-浅灰色厚层状细晶白云岩、白云质灰岩、藻迹白云岩、含藻砂屑藻球泡白云岩夹纹层状白云岩、鲕粒白云岩；二段（相当于石板滩段）为灰、深灰色中厚层状藻纹层细晶灰岩、白云质条带或泥质条带灰岩、角砾状灰岩、薄层状灰质白云岩等；三段（相当于白马沱段）以白云岩为主，岩性为灰色、浅灰色厚层-中厚层微晶白云岩、碎裂白云岩、条带状含硅化白云岩及核形石白云岩、藻微晶白云岩、含硅质碎裂鲕状白云岩、砂状白云岩等。

2. 寒武系

寒武系自下而上分为牛蹄塘组/刘家坡组、石牌组、天河板组、石龙洞组、覃家庙组和娄山关组。

（1）牛蹄塘组以黑色岩系为特征。下部一般为黑色碳质页岩夹黑色薄层状硅质岩、含磷硅质岩，有丰富的小壳类化石；上部岩性较稳定，为黑色页岩、碳质页岩夹黑色薄层状灰岩、含丰富的三叶虫类化石。牛蹄塘组为具有还原环境的闭塞海盆沉积。

（2）刘家坡组岩性为深灰色薄-中厚层状含泥质白云岩微粒灰岩、条带状白云岩，底部为褐黄色白云质页岩、泥质粉砂岩夹薄层状泥质白云岩透镜体。

（3）石牌组主要由黏土岩、页岩、砂质页岩、粉砂岩、砂岩夹薄层鲕状灰岩、生物碎屑灰岩所组成。

（4）天河板组由灰-深灰色薄层状泥质条带灰岩夹鲕粒灰岩及少许黄绿色页岩组成，含丰富古杯类及三叶虫类化石。

（5）石龙洞组为浅灰-深灰色中-厚层状白云岩、块状白云岩，上部含少量钙质及少量燧石团块的地层。

（6）覃家庙组为灰-浅灰色薄层状白云岩、薄层状泥质白云岩夹中厚层状白云岩、灰质白云岩及页岩。中部有一层厚 1～4 m 的灰白色长石石英砂岩。

（7）娄山关组以白云岩为主。下部多为薄层；中部以中厚层为主，夹较多的角砾状白云岩；上部以中厚层为主，局部含燧石团块。本组常含石膏、盐类和叠层石。为一套海水盐度高，潮间、潮上、潮下环境交替的局限碳酸盐台地相至台地边缘斜坡相的沉积组合。

1.2.5　奥陶系

奥陶系自下而上为娄山关组、南津关组、红花园组、大湾组、牯牛潭组、宝塔组、临湘组和五峰组。

（1）娄山关组岩性以白云岩为主，下部多为薄层；中部以中厚层为主，夹较多的角砾状白云岩；上部以中厚层为主，局部含燧石团块。

（2）南津关组岩性以浅灰、灰色中-厚层状碳酸盐岩为主。底部为生屑灰岩、灰岩，含三叶虫类、腕足类等；下部为白云岩；中部为含燧石灰岩、鲕状灰岩、生屑灰岩，含三叶虫类化石；上部为生屑灰岩夹黄绿色页岩，富含三叶虫类、腕足类等化石。

（3）红花园组为灰、深灰色中-厚层夹薄层微-粗晶生物碎屑灰岩与波状泥质条带生物碎屑灰岩组成的韵律式沉积。

（4）大湾组以紫红、灰绿、黄绿色的不纯灰岩夹黏土岩及粉砂岩，富含头足类、三叶虫类及笔石类为特征。大湾组自下而上分为三个岩性段：下段为黄绿色页岩夹灰色中厚层泥质条带灰岩、紫红及杂色泥灰岩、含云母砂质页岩等；中段为紫红夹黄绿色中厚层泥质条带灰岩、泥灰岩，层间夹钙质页岩，富产头足类、腕足类及三叶虫类化石；上段为黄绿色泥质粉砂岩、粉砂质泥岩间夹页岩、钙质粉砂岩；顶部常夹灰岩凸镜体，产笔石类、三叶虫类及腕足类等化石。本组属碳酸盐台地至潮坪-浅滩相沉积。

（5）牯牛潭组以厚层瘤状生物碎屑灰岩为特征，一般为青灰色、灰紫及黄绿色薄至中厚层状泥晶灰岩，常具瘤状构造，富含头足类化石。

（6）宝塔组以灰色中厚层状“龟裂纹”泥晶灰岩夹薄层状瘤状泥晶灰岩为特色，产丰富的头足类、腕足类化石，以震旦角石为特点。在张家界、桑植、石门等地为瘤状灰岩夹页岩、钙质页岩或泥岩。本组为灰岩沉积于正常浪基面以下、风暴浪基面之上的陆棚或台盆环境。时代归为中—晚奥陶世，具有明显的穿时性。

（7）临湘组为浅灰色、灰色中厚层状瘤状泥晶灰岩夹薄层状瘤状灰岩，底部层间偶夹有少量灰色龟裂纹灰岩及泥岩，顶部见薄层泥质粉砂岩。泥质条带发育，呈网状或波状。

（8）五峰组以黑色页岩、粉砂岩为主，夹大量薄层状硅质岩，厚仅数米。与下伏临湘组和上覆志留系龙马溪组均呈整合接触。扬子地层区五峰组由下部的笔石页岩段与上部的观音桥段组成，二者紧密共生，为连续沉积。

1.2.6 志留系

志留系自下而上为龙马溪组、罗惹坪组和纱帽组。

（1）龙马溪组下部为黑色深灰色薄层粉砂质泥岩与深灰色、黑色页片状泥岩韵律层，夹少量透镜-薄层状泥质粉砂岩、粉砂岩，偶含黄铁矿颗粒，笔石较丰富，水平层理发育，为次深海沉积产物。上部（原新滩组）以灰绿、灰、灰绿色页岩（泥岩）粉砂质页岩为主，夹粉砂岩、泥质粉砂岩、细砂岩，局部夹钙质砂岩、钙质页岩或泥灰岩，含笔石类化石，自下而上笔石丰度逐渐降低，为陆棚-浅海沉积物。

（2）罗惹坪组可分为两段：下段以黄绿色和黄灰色泥岩、钙质泥岩、粉砂质泥岩为主，夹泥灰岩、生物灰岩、礁灰岩或其透镜体，有时也夹少量细砂岩、石英细砂岩，富含腕足类、珊瑚类、三叶虫类、海百合类、笔石类、苔藓虫类及双壳类化石；上段为黄绿、灰绿色含紫红色页岩、泥岩、粉砂质泥岩夹少量细砂岩或粉砂岩，化石相对逊色单调，也有腕足类、三叶虫类及少量笔石类化石等。

（3）纱帽组下部为黄绿色页岩、泥质粉砂岩、粉砂岩夹砂岩或紫红色细砂岩；上部为灰绿色夹紫红色中厚层状细粒石英砂岩夹中至薄层状粉砂岩、砂质页岩。产腕足类、三叶虫、双壳类等化石。

1.2.7 中—新生界

（1）大冶组在京山、南漳等地，该组第一段为页岩夹薄层状灰岩、泥灰岩，或薄层灰岩、泥灰岩夹页岩，富含菊石和双壳类化石；第二段为中厚层状灰岩夹薄层状灰岩，或薄层状灰岩夹中厚层状灰岩；第三段为以厚层、中厚层状灰岩为主，常具纹带状、鲕状构造，有时具角砾和白云石化灰岩，白云质灰岩。

（2）嘉陵江组京山、荆门等地为厚层状白云岩与白云质灰岩互层夹角砾状白云质灰岩，南漳和竹山一带是厚层状白云岩夹鲕状白云岩及鲕状灰岩。

1.3 南襄盆地

南襄盆地中生界—新生界自下而上分为上白垩统寺沟组、古近系玉皇顶组、大仓房组、核桃园组和上寺组，新近系沙坪组。该地区非本书研究重点，地层岩性不再赘述，读者可自行查阅相关文献资料。

第 2 章

岩浆岩

武当—桐柏—大别成矿带岩浆活动广泛，岩石类型齐全，成因类型复杂。

本书通过对该区岩浆岩对比研究，认为武当—桐柏—大别成矿带主要发育以下岩性。

（1）新太古代 TTG 系列（当然，早期即在进入经典板块演化阶段之前，应存在微板块的裂解与汇聚，因此，发育基性-超基性组合、中酸性火山组合及相匹配的碎屑组合也是合理的。这一点从木子店（岩）组的岩性组合可以看出，也就是木子店岩组实具“岩群”的意义）。

（2）中元古代裂解，发育基性-超基性岩浆岩及碎屑组合。

（3）新元古代汇聚造山，发育岛弧岩浆岩及弧前与弧后盆地火山-沉积组合。

（4）早古生代，武当—桐柏—大别地区发生裂解，发育大量基性-超基性岩。

（5）晚古生代—中生代汇聚-碰撞造山，发育岛弧或大陆火山弧岩浆岩。

（6）晚中生代主要发育花岗岩。

以下从侵入岩和火山岩两个方面介绍武当—桐柏—大别造山带的岩浆岩。

2.1 侵 入 岩

根据侵位时代侵入岩可划分为新太古代侵入岩、中元古代侵入岩、新元古代侵入岩、古生代侵入岩和中生代侵入岩。

2.1.1 新太古代侵入岩

该时期侵入岩主要见于大别地区麻城市木子店镇—罗田县（英山县）北部地区，以基性-超基性岩及中性岩为特征。根据《麻城市幅 H50C001001 1∶25 万区域地质调查报告》（彭练红，2003），麻城市木子店镇—罗田县（英山县）北部地区新太古代侵入岩常因后期岩浆作用及构造作用的改造和影响，出露不完整，结合全球早前寒武纪地壳演化特点和区内侵入岩的具体情况，可以划分为洗马河岩体、炉子岗片麻岩及 TTG 系列（表 2.1）。上述侵入岩（包括同期火山岩）与绿岩组合共同组成了本区的最早陆核，是中新太古代中国古陆造陆阶段（大别运动）的产物。

表 2.1　武当—桐柏—大别地区新太古代侵入岩划分

单元		代号	岩性
TTG系列	沈家山片麻岩	$Ar_3S\gamma\delta$	花岗闪长质片麻岩
	严家坳片麻岩	$Ar_3Y\gamma o$	奥长花岗质片麻岩
	方家冲片麻岩	$Ar_3F\gamma\delta o$	英云闪长质片麻岩
炉子岗片麻岩		$Ar_3Lv\sigma$	辉长-斜长质片麻岩
洗马河岩体		$Ar_3\Sigma$	超基性岩

1. 洗马河岩体

洗马河岩体集中发育在麻城市的洗马河、花娘寨、水口及胜挂尖等地区。呈角砾状、透镜状、豆荚状或似脉状产出，表现出大小不等、形态各异的岩浆岩捕虏体特征，个体规模较小。

1）岩石学特征

洗马河岩体主要为超基性岩石，多见纯橄岩、辉橄岩，其次为橄榄岩、橄辉岩、辉石岩及辉石角闪岩。岩石普遍呈黄绿-墨绿色，具交代残余结构、网状结构、块状构造。岩石蚀变强烈，常见蛇纹石化、金云母化、滑石透闪石化等。

2）岩石化学特征

洗马河岩体侵入岩化学成分复杂，各种氧化物含量变化较大，其中：二氧化硅（SiO_2）质量分数为 29.67%～52.39%，氧化铝（Al_2O_3）质量分数为 1.63%～19.02%，氧化铁（FeO^T）质量分数为 6.94%～19.84%，氧化镁（MgO）质量分数为 11.54%～39.30%（彭练红，2003）。岩石化学参数表明，碱铝指数[$(K_2O+Na_2O)/Al_2O_3$，NKA]为 0.35，小于 0.6，为钙性岩石；铝饱和指数［$Al_2O_3/(CaO+Na_2O+K_2O)$，A/CNK］为 0.63，显示偏铝质特征；氧化系数（oxidation，OX）为 0.78，说明岩石已遭受相对较强的剥蚀风化；镁/铁（Mg/Fe）质量比值为 6.55，属镁质超基性岩。

2. 炉子岗片麻岩

炉子岗片麻岩主要分布于麻城市张家畈镇炉子岗一带，产出于造山带隆起核部绿岩-花岗岩区。呈不规则长条状、似层状、透镜状等形态出露。

1）岩石学特征

炉子岗片麻岩主要岩性有（变质）角闪斜长岩、透辉石斜长岩、石榴透辉石斜长岩、角闪岩、斜长角闪岩、辉石岩等。岩石类型复杂，以层状、似层状为特征，具岩浆结晶分异作用所特有的韵律结构、堆晶结构。其韵律结构由浅色细粒斜长石薄层（宽 0.5～1 cm）和深色角闪石、辉石互层显示，层间界线较清晰，成分渐变；堆晶结构由含量较多的角闪石、辉石大晶体间充填斜长石晶体所构成的集合体显示；岩石中的长石为钙长石（An=80～100），部分发生退变使其牌号降低，角闪石多为钙质角闪石类，而辉石均属钠质普通辉石，为单斜辉石类。

2）岩石化学特征

炉子岗片麻岩 SiO_2 质量分数为 44.89%～51.97%，表明此类岩石为基性-偏基性岩石，少量具超基性岩特点；其碱铝指数介于 0.07～0.41，为钙性岩石特征；铝饱和指数变化于 0.60～0.77，表明该类岩石具偏铝质特点；氧化系数为 0.40～0.78，指示此类岩石已遭受强烈的剥蚀氧化。炉子岗片麻岩原岩为辉石岩、斜长岩（彭练红，2003）。

稀土元素含量表明，其总量一般较低（43.0×10^{-6}～109.9×10^{-6}）轻稀土略显富集，分馏特征不明显具弱正铕异常（δEu=0.96～1.27），而铕/钐（Eu/Sm）质量比值为 0.33～0.43；镧/镱（La/Yb）质量比值也较小（2.90～7.57），稀土配分模式呈舒缓的右倾型，铕、铥（Tm）

出现缓峰形态，呈明显的层状辉长岩配分模式特征。微量元素特征反映锶（Sr）元素相对较富集，铷/锶（Rb/Sr）的质量比值（0.01～0.12）、铌/钽（Nb/Ta）的质量比值（5.41～11.33）均较小。

根据《麻城市幅 H50C001001 1∶25 万区域地质调查报告》（彭练红，2003），炉子岗片麻岩化学成分在 Al_2O_3-CaO-MgO 三角图解中，投影于镁铁堆晶岩区，属于镁铁堆晶成因。其形成的构造环境为拉张环境，岩浆来源于上地幔部分熔融。

3. TTG 系列

TTG 系列主要分布于麻城市张家畈镇一带，呈条带状、孤岛状出露，北西向展布。该系列岩石可划分为三个填图单位，即方家冲片麻岩、严家坳片麻岩、沈家山片麻岩。

1）岩石学特征

方家冲片麻岩是区内 TTG 系列的主体。内部常见斜长角闪岩、石榴斜长角闪岩包体，与严家坳片麻岩呈渐变过渡关系。方家冲片麻岩主体岩性为英云闪长质片麻岩，野外常见黑云角闪斜长片麻岩及角闪黑云斜长片麻岩，鳞片粒状变晶结构，片麻状、条带构造。主要矿物成分为斜长石（40%～50%）、石英（15%～25%）、黑云母（5%～10%）、角闪石（5%～8%）、钾长石（3%～8%）；常见副矿物为锆石、磷灰石、榍石等。偶见半自形板柱状斜长石、聚片双晶、卡钠复合双晶等典型岩浆结构，普遍具石英波状消光。

严家坳片麻岩主要分布于麻城市严家坳、丁家山、三斗湾、袁家山一带。多呈小规模脉状、透镜状分布于方家冲片麻岩中，两者渐变过渡接触，内部常见较多斜长角闪岩包体。严家坳片麻岩岩性较单一，主体为奥长花岗质片麻岩，野外所见为含黑云斜长片麻岩，呈浅灰色，具鳞片粒状变晶结构，片麻状构造，局部近似块状构造；主要矿物为奥长石（60%～66%，An=25～26）、石英（15%～25%）、黑云母（5%～10%），常见副矿物为锆石、褐铁矿、石榴子石等。

沈家山片麻岩呈北西向分布于麻城市沈家山一带。岩体形态常不规则侵入于方家冲片麻岩中，也被胜利单元侵入，常与方家冲片麻岩、严家坳片麻岩相共生。沈家山片麻岩主体岩性为花岗闪长质片麻岩，野外所见为含角闪黑云斜长片麻岩，呈灰色、浅灰色，鳞片它形粒状变晶结构，片麻状构造。主要矿物成分为斜长石（40%～55%）、钾长石（15%～25%）、石英（20%～25%）、黑云母（5%～10%）、角闪石（5%）；常见副矿物为锆石、榍石、磷灰石、磁铁矿等。斜长石可见少量半自形板柱状晶体，石英多具不均匀波状消光。

2）岩石化学特征

方家冲片麻岩的 SiO_2 质量分数为 57.18%～69.19%，且多数大于 65%。氧化钾/氧化钠（K_2O/Na_2O）质量比值介于 0.26～0.69，为富钠型；碱铝指数为 0.57～0.74，多数大于 0.6，具 TTG 系列岩石化学特征；铝饱和指数为 0.83～1.03，主体岩石呈准铝质特点，个别岩石属于弱过铝质型；氧化系数为 0.81～1.14，主体大于或近于 1。稀土元素特征表明，该类岩石为重稀土富集、轻稀土亏损型，显示较弱的负铕异常（δEu=0.74～0.98）。稀土配分型式为右倾较平滑曲线，少量样品的 Tm 具缓峰形态。微量元素含量显示 Sr、钡（Ba）强烈富集，钛（Ti）、Nb 亏损明显，Rb/Sr 的质量比值为 0.05～0.28。

严家坳片麻岩的 SiO_2 的质量分数为 68.20%～75.02%，属酸性岩范畴，FeO+MgO 的质量分数为 3.37%（小于 3.4%），Fe/Mg 质量比值为 2.75，氧化钙（CaO）的质量分数为 2.56%，Na_2O 的质量分数为 4.72%，K_2O 的质量分数为 2.25%，Al_2O_3 的质量分数为 14.5%，这些数值与奥长花岗岩岩石化学特征一致；Na_2O/K_2O 的质量比值为 1～2，属富钠型；碱铝指数为 0.64～0.71，具 TTG 系列岩石化学特征；铝饱和指数变化于 0.89～1.02，显示岩石具准铝质-弱过铝质特征；氧化系数变化于 0.89～1.07。稀土元素含量及特征值说明岩石轻稀土中等富集且分馏较为明显，重稀土分馏程度相对较低，具负 Eu 异常或无 Eu 异常，无 Ce 异常或弱正 Ce 异常；稀土配分模式呈左陡右平缓的右倾平滑型，少量样品显示 Eu 呈 V 形谷。微量元素含量特征显示岩石中大离子亲石元素 Ba、Sr 弱富集，碱金属元素锂（Li）、Rb 偏低，而亲铁元素钴（Co）、镍（Ni）略偏高，其铀/钍（U/Th）质量比值为 0.1～0.64，Rb/Sr 质量比值为 0.02～0.26。

沈家山片麻岩的 SiO_2 的质量分数为 66.23%～71.04%，属中酸性岩类；碱铝指数 0.70～0.81，具 TTG 系列岩石化学特征；铝饱和指数为 0.88～0.92，属于准铝质岩石；氧化系数为 0.98～1.19。

稀土元素含量及有关特征值表明，岩石轻稀土较富集，重稀土相对亏损；δEu=0.51～0.92，显示负铕异常或弱负铕异常；δCe=0.97～1.01，说明岩石基本无铈异常；稀土配分模式表现为右倾的平滑曲线，Tm 常具缓峰状，少量样品 Eu 呈尖 V 形谷。微量元素含量显示 Ba、Sr 富集，Li、Rb 偏低，Co 偏高，Ni 略偏低。

区域内 TTG 系列岩石与西格陵兰努克片麻岩具有十分相似的特点，均具钙碱性系列岩石，具有相似的演化曲线，从稀土元素和微量元素特征来看，均与古老玄武质岩石有相似性，而其内部所含的斜长角闪岩包体即为拉斑玄武岩，在 La/Sm-La 图解中显示部分熔融特点。

陈能松等（1996）在湖北省罗田县黄土岭中性麻粒岩（紫榴黑云二长片麻岩）中获得 7 个锆石 U-Pb 分析数据，其不一致上、下交点年龄分别为（2 663±82）Ma 和（1 690±82）Ma，结合岩相学研究认为，（1 690±82）Ma 的下交点年龄可作为主期麻粒岩区域变质作用的年代，而（2 663±82）Ma 则代表了 TTG 系列的形成年代。王江海（1991）也在同一地点获得锆石 U-Pb 年龄为 2 668 Ma，由美国加利福尼亚大学测定的凤凰关水库英云闪长岩的锆石同位素年龄为 2 660 Ma，方家冲片麻岩的锆石 U-Pb 年龄为 2 820 Ma。洗马河岩体的单矿物锆石 U-Pb 年龄为 2 015 Ma。根据区域资料，将洗马河岩体、炉子岗片麻岩及 TTG 系列的形成时代暂归属为新太古代。

2.1.2 中元古代侵入岩

武当—桐柏—大别地区出露的古—中元古代侵入岩分布于大别卡房—龟峰山地区，岩石类型为基性-超基性岩。多呈厚薄不等的似层状、透镜状、团块状，呈星散状展布。根据《麻城市幅 H50C001001 1∶25 万区域地质调查报告》（彭练红，2003），该地区侵入岩可按岩石类型和组构特征划分为大旗山岩体及汪铺岩体。

1. 大旗山岩体

大旗山岩体星散分布，出露于大旗山、观音岩、朱家湾、余家河、檀树岗、卡房一带。野外产状多为透镜状、似层状、团块状产于花岗质片麻岩及中元古代地层中，一般规模很小。

1）岩石学特征

大旗山岩体岩石类型主要为角闪石岩，由于变质作用和退化变质等，野外所见岩性多为绿泥石岩、片状（蚀变）角闪石岩、片状绿泥透闪岩、片状弱滑石化绿泥透闪-阳起石岩。大旗山岩体主要由绿泥石、角闪石及其变生矿物所组成。常见副矿物有磁铁矿、磷灰石、锆石、榍石等。其中暗色矿物的质量分数为98%以上，显示明显的超基性岩特征，岩石多呈深绿色，柱状变晶结构，弱片麻状-块状构造。

2）岩石化学特征

岩石化学成分及特征值显示岩石中 SiO_2（39.02%）、二氧化钛（TiO_2）（0.16%）、Fe_2O_3+FeO（9.96%）、MgO（18.27%）的质量分数与我国主要岩浆岩类的平均化学成分中的角闪橄榄岩相比略低，Na_2O+K_2O（1.6%）略高，最明显的特点是 Al_2O_3（19.88%）很高，而 CaO（0.30%）很低，Mg/Fe 质量比值（3.60）较大，表明岩石系镁铁质超基性岩类；碱铝指数仅为 0.11，显示钙性特征；铝饱和指数为 7.29，属强过铝的特点。

2. 汪铺岩体

汪铺岩体主要出露于汪铺、成家山、余家河、陶家边、伍家岗、万家畈等地，其他地域零散出露。规模较小，呈透镜状或岩脉株产于花岗质片麻岩及中元古代地层中。

1）岩石学特征

汪铺岩体主要岩石类型为（变）辉长岩，其次为（变）辉长辉绿岩，变质后多形成斜长角闪（片）岩，弱片麻状-块状构造。（变）辉长岩主要矿物成分由普通角闪石（40%～50%）、斜长石（45%～55%）、黑云母（12%～15%）及少量辉石组成，常见副矿物有磁铁矿、磷灰石、锆石、榍石及绿帘石等；（变）辉长辉绿岩主要矿物成分由普通角闪石（38%）、透辉石（20%）、黑云母（15%）、斜长石（20%）、钾长石（5%）组成，副矿物以磷灰石、榍石、磁铁矿、黄铁矿常见。

2）岩石化学特征

SiO_2 的质量分数为 45.35%～49.57%，岩石中 Al_2O_3 的质量分数为 12.03%～15.16%、Na_2O 的质量分数为 1.45%～2.77%、K_2O 的质量分数为 0.45%～2.94%（略偏低），Fe_2O_3+FeO、MgO 质量分数为 6.35%～10.41%（偏高）；碱铝指数为 0.28～0.46，呈钙性岩石特征；铝饱和指数为 0.49～0.82，显示岩石具偏铝质-准铝质的特点；氧化系数为 0.59～0.91，反映岩石曾普遍遭受蚀变氧化作用。轻稀土略富集，轻重稀土质量比值为 1.31，分馏特征不明显，且无明显铕异常。

总体上，卡房—龟峰山中元古代侵入岩表现出由基性向超基性演化的特点，其侵位与中元古代板块裂解有关，其成因被认为是来自上地幔的岩浆经结晶分异而最终构造定位。

2.1.3 新元古代侵入岩

武当—桐柏—大别地区则广泛发育中-酸性侵入岩，由于侵位时代的不同和所处的构造环境的不同，岩石化学特征上也体现出一定的差别。总体上，新元古代早期，中-酸性岩石表现为钙碱性、准铝质-弱过铝质、弧岩浆特征，并且花岗岩类属于I型花岗岩类；随着形成时代的变化，到了新元古代晚期阶段，岩石逐渐由富Ca向富K、Na转变，并且显示出更富Al的特征，部分花岗岩属于A型或者S型花岗岩。

综合现有的地质年代学和地球化学资料研究，这些中-酸性侵入岩随着侵位时代的不同，其构造属性也有一定的差异。具体体现为，新元古代早期（＞700 Ma），中-酸性岩体形成于火山弧环境；而新元古代晚期（＜700 Ma），处于后碰撞或板内环境。

现按岩石产出的构造单元和构造背景分别介绍如下。

1. 北淮阳地区

北淮阳地区五桥片麻岩套可划分为4个构造-岩石单位：古塘岗片麻岩、江家湾片麻岩、陶家湾片麻岩和郑冲片麻岩。4类岩石在空间上紧密伴生，时间上密切相关，经历了一致的变质作用和变形作用（韧性剪切、糜棱变形及碎裂岩化作用），在SiO_2-K_2O+Na_2O图上，其成分显示了辉长质→闪长质→花岗质→花岗质钙碱性同源演化趋势。

1）岩石学特征

（1）古塘岗片麻岩分布于舒城县古塘岗、东岭及芦镇关一带，由8个小侵入体组成。岩石类型主要为片麻状辉长岩，少量辉长闪长岩、斜长角闪片麻岩、角闪斜长片麻岩。岩石呈灰黑色，中粒变晶结构，斑状变晶结构，块状构造，弱片麻状（局部片麻状）构造。主要矿物成分有斜长石（40%～60%）、角闪石（15%～35%）、辉石（10%～30%）、石英（5%～l0%）、黑云母（3%～15%）等。副矿物总的质量分数为3%～5%。斜长石呈灰白色，半自形粒状，粒径为 0.2～2.0 mm，晶体表面常具高岭土化，绢云母化；角闪石呈绿黑色，柱粒状，粒径为 0.5～2.5 mm，部分绿泥石化，少量绿帘石化；辉石呈黑色，它形粒状，粒径为 0.5～4.0 mm，弱绿泥石化，常见角闪石次变边，并见有斜长石、磷灰石包体；黑云母呈片状，粒径为 0.5～0.7 mm，常具绿泥石化；锆石：半自形粒状，浅棕红色，粒径为0.1 mm左右；磷灰石具半自形-自形晶，粒径为0.1～0.2 mm；榍石具半自形-自形晶，粒径为0.2～0.75 mm。

（2）江家湾片麻岩主要分布在金寨县双河镇徐坳—桐岗冲一带。主要岩石类型为片麻状花岗闪长岩，岩石呈灰-灰白色，主要矿物有斜长石（40%～45%）、钾长石（20%～25%）、石英（25%）、角闪石（5%～7%）、黑云母（5%～3%），副矿物组合为磁铁矿+锆石+榍石+磷灰石。长石多呈它形粒状，少数呈半自形粒状，粒径多为1～2 mm，斜长石绢云母化较强，钾长石多已高岭土化且不均匀；石英呈它形粒状，大小不等，粒径为 0.5 mm 左右，大多呈集合体状或不明显条带状分布；黑云母及角闪石粒径为 0.2 mm 左右，普遍绿泥石化；副矿物则呈细小粒状分布于黑云母边部。岩石具鳞片粒状变晶结构，片麻状构造，矿物、包体定向排列明显。

（3）陶家湾片麻岩主要分布在舒城县陶家湾、高峰、姚河及枫香树一带，其次零星分布于舒城县龙河口、城冲、红旗林场及桐城市龙头等地。岩石类型主要为角闪二长片麻岩、黑云二长片麻岩，局部为二长片麻岩及少量角闪黑云二长片麻岩，原岩相当于石英二长岩-二长花岗岩。岩石呈浅灰红、浅肉红色。具柱粒状变晶结构，花岗变晶结构，弱片麻状-片麻状构造。主要矿物成分有斜长石（30%～60%）、钾长石（10%～40%）、石英（15%～30%）、黑云母或角闪石（5%～25%）等，副矿物的质量分数为3%～5%。斜长石呈灰白色，半自形-它形柱状，粒径为 0.2～2.5 mm，An=10，表面绢云母化。钾长石呈肉红色，半自形-它形晶，为微斜长石及条纹长石，粒径为 0.5～3.0 mm，内部具交代结构；石英呈它形粒状，具波状消光，粒径在 0.2～5 mm 不均匀分布，局部的体积分数高达 30%以上；黑云母为片状或鳞片状集合体，粒径为 0.1～0.4 mm，多具绿泥石化；角闪石呈柱粒状，粒径为 0.1～0.3 mm，常绿泥石化并见有褐帘石取代；磷灰石呈粒状，粒径为 0.05～0.10 mm，零星分布。

（4）郑家冲片麻岩分布于舒城县高峰、五显、小溪河、河棚—芦镇关及桐城坝王街一带，呈岩基产出。主要岩石类型有角闪钾长片麻岩、白云钾长片麻岩、钾长片麻岩，少部分为角闪黑云钾长片麻岩。原岩相当于钾长花岗岩。岩石呈肉红色，具鳞片、柱粒状变晶结构，斑状变晶结构，普遍具糜棱结构，弱片麻状-片麻状构造、流状构造。主要矿物成分有钾长石（40%～60%）、石英（20%～40%）、斜长石（5%～25%）、黑云母（角闪石、白云母）（5%～10%）等。副矿物的体积分数约为 5%。钾长石呈自形-半自形晶，在糜棱岩化程度较高处，呈不规则它形粒状、眼球状等。粒径为 0.5～2 mm，内部具交代结构；斜长石呈半自形晶-它形粒状，粒径为 0.1～0.25 mm，常见双晶弯曲。常见内部有包体，表面具绢云母化；石英呈它形粒状，多见重结晶，粒径为 0.15～1.0 mm，常见波状消光；角闪石呈柱状及粒状，粒径为 0.1～0.2 mm，常见绿泥石化；黑云母呈不规则片状、长片状及条纹状集合体，粒径为 0.15～0.3 mm，多见绿泥石化；白云母呈聚片状或鳞片状，呈不规则状集合体或条纹条带状；锆石呈球粒状，粒径为 0.01～0.08 mm，多以浅棕色为主。

2）岩石化学特征

根据《1∶25 万六安幅区域地质调查报告》（安徽省地质调查院，2014）。

（1）古塘岗片麻岩体。SiO_2 的质量分数为 42.02%～56.27%，绝大多数属于基性岩范畴，与辉长岩平均化学成分（黎彤 等，1962）相比，该类岩石 SiO_2、Al_2O_3、Fe_2O_3、Na_2O、K_2O、五氧化二磷（P_2O_5）的质量分数略有偏高；氧化锰（MnO）的质量分数相近；TiO_2、FeO、MgO、CaO 的质量分数偏低。K_2O/Na_2O 质量比值为 0.14～0.92；铝饱和指数为 0.64～0.86，小于 1.1；分异指数（differentiation index，DI）为 29.15～63.21，属于铝不饱和类型；里特曼指数（δ）为 4.78～6.84，碱度率（alkalinity ratio，AR）为 1.35～2.32。在 SiO_2-AR 变异图解上，落入碱质区，属于碱性岩系列。在 A/CNK-SiO_2 图解中，属低铝-贫铝型。

（2）江家湾片麻岩。SiO_2 平均质量分数为 69.26%，属酸性岩，与花岗闪长岩平均化学成分（黎彤 等，1962）相比、K_2O、Na_2O 相对较高，TiO_2、Al_2O_3、FeO、Fe_2O_3、MgO、CaO 等则偏低，岩石的碱度率为 2.49，分异指数为 88.1，在 SiO_2-AR 变异图解和 NKA-SiO_2 图解中主要落入钙碱系列中，铝饱和指数为 0.79～1.02，属次铝型花岗岩。

（3）陶家湾片麻岩。SiO_2的质量分数为 63.04%～72.42%，绝大多数属酸性岩范畴。Na_2O+K_2O 的质量分数为 8.20%～9.53%；K_2O/Na_2O 的质量比值为 0.45～1.24，分异指数为 58.95～88.99；里特曼指数为 2.29～6.16；铝饱和指数为 0.79～1.02，个别为 1.14；主要为铝不饱和型；碱度率为 2.06～3.57，在 SiO_2-AR 变异图解上，落入碱质区，为碱性岩石系列。总体属低铝，弱碱性及钙碱性岩石类型。

（4）郑家冲片麻岩。Na_2O+K_2O 的质量分数为 8.08%～12.37%；K_2O/Na_2O 质量比值为 0.79～1.45，分异指数为 74.9～92.23；铝饱和指数为 0.92～1.16，属饱铝型-过铝型；里特曼指数为 2.07～6.98，大部分在 3.0 以上；碱度率为 2.72～4.96，在 SiO_2-AR 变异图解上，落入碱质区，少部分落入钙碱质区。因此，郑冲片麻岩体属过铝型碱性岩石系列。

3）岩石成因及时代

五桥片麻岩套的各片麻岩体多数发育有变余似斑状结构或变余花岗结构，岩体内普遍出现大量的小溪河岩组浅粒岩、斜长角闪片岩等岩石捕虏体，反映出岩浆成因花岗岩的特点。

岩石化学特征表明，从古塘岗片麻岩—陶家湾片麻岩—郑冲片麻岩，铝饱和指数分别为 0.74、0.97 和 1.04；标准矿物分子（Di）为 13.63、2.35 和 1.54，标准矿物分子（C）分别为 0.00、0.84 和 1.14；氧化系数分别为 0.42、0.35 和 0.54；在 AFM（A、F、M 分别为 Al_2O_3、FeO、MgO）图解上由富镁向富铁、富碱质方向演化，构成明显的钙碱性演化趋势；在 K-Na-Ca 图上则由富钙向富钠、钾方向演变，说明五桥片麻岩套从早到晚具有同源岩浆演化趋势。片麻岩体从早到晚，铕异常 δEu 依次为 0.90、0.66、0.42，呈逐渐降低的趋势，这说明存在以斜长石为主要分离相的结晶分异作用。

在微量元素环境判别图上，各片麻岩都落入火山弧和同碰撞花岗岩区域内，由此反映五桥河片麻岩套与北大别的片麻岩套相似，可能形成于类似俯冲带环境。在 R_1-R_2 构造环境分类图解上，古塘岗片麻岩体呈贯穿造山旋回的源趋势，江家湾、陶家湾及郑冲片麻岩大多为造山晚期-非造山环境下岩浆侵入的产物。

五桥片麻岩套侵入的围岩主要为庐镇关岩群，表明最后定位的钾长花岗岩的成岩时代比小溪河岩组要晚，据 1∶20 万岳西幅和 1∶5 万磨子潭、晓天镇幅同位素年龄资料（张鹏，1992），该片麻岩套成岩时代为 704 Ma 左右，变质年龄为 400 Ma 左右。因此推测，五桥片麻岩套的侵位时代应为新元古代。

2. 桐柏—大别地区

1）大别造山带片麻岩套

按照其岩性和产出的构造位置，可以划分为两河口序列、罗田片麻岩套、潜山片麻岩套、枫香驿片麻岩套、相公庙片麻岩套及燕子河片麻岩套、岳西片麻岩套（表 2.2，主要介绍湖北境内）。其中，两河口序列、罗田片麻岩套、燕子河片麻岩套及岳西片麻岩套形成于新元古代早期阶段，就位于俯冲环境；而其他片麻岩套则形成于新元古代中—晚期的板内环境。根据其形成时代和构造环境的差异，选取两路口序列为例进行介绍。

表 2.2 大别造山带新元古代主要变质侵入岩构造岩石单位一览表

片麻岩套	片麻岩体	主要岩性
两路口序列	周河片麻岩	二长花岗质片麻岩
	田铺片麻岩	花岗闪长质片麻岩
	大畈片麻岩	石英闪长质片麻岩
岳西片麻岩套	汤池片麻岩	似斑状石英二长片麻岩
	象形片麻岩	石英二长闪长质片麻岩
燕子河片麻岩套	新甫沟片麻岩	二长花岗质片麻岩
	张畈片麻岩	花岗闪长质片麻岩
	姜河片麻岩	英云闪长质片麻岩
	相公庙片麻岩	花岗质片麻岩
	枫香驿片麻岩	花岗质片麻岩
潜山片麻岩套	水吼岭片麻岩	二长花岗质片麻岩、眼球状二长花岗质片麻岩
	撞钟河片麻岩	奥长花岗质片麻岩
	河图铺片麻岩	花岗闪长质片麻岩
罗田片麻岩套	雷家店片麻岩	黑云花岗质片麻岩、斑状黑云二长花岗质片麻岩
	肖家坳片麻岩	花岗闪长质片麻岩
	石桥铺片麻岩	奥长花岗质片麻岩
	金家铺片麻岩	英云闪长质片麻岩

2）新元古代两路口序列-弧岩浆

（1）大畈片麻岩分布于卡房-龟峰山地区，多见于大畈、新屋河等地。

主要岩石类型为石英闪长质片麻岩，部分可出现英云闪长质片麻岩。野外所见变质岩以（角闪）黑云斜长片麻岩为主，常蚀变为（绿帘）黑云斜长片麻岩、绿帘二云斜长片麻岩等。岩石呈灰白-绿灰色，具鳞片粒状变晶结构，片麻状构造。主要矿物成分由更长石（49%）、钾长石（8%）、石英（25%）、黑云母（白云母）（11%）、角闪石（绿帘石）（5%）组成。常见副矿物有磁铁矿、磷灰石、榍石、锆石等，其中锆石为自形细粒、细柱状，粒径为 0.02～0.03 mm。

岩石化学成分及特征值显示该类岩石以 SiO_2（64.78%～67.34%）的质量分数偏高，Al_2O_3（14.83%～16.30%）、MgO（1.27%～1.85%）、CaO（2.87%～4.42%）的质量分数偏低，Na_2O/K_2O（1.40～2.51）的质量比值稍高为特征；碱铝指数为 0.60～0.75，岩石具钙碱性特征；铝饱和指数为 0.91～1.09，显示岩石普遍呈低铝型-饱铝型特点；氧化系数 0.60～1.01，反映岩石主体已遭受蚀变氧化作用。稀土元素含量及有关特征值表明，岩石轻稀土富集，分馏特征明显，重稀土相对亏损；δEu 为 0.73～0.87，显示岩石具负 Eu 异常；δCe 为 0.87～0.96，说明岩石具弱负 Ce 异常；稀土配分模式表现为左陡右平的右倾平滑曲线。微量元素含量显示 Ba、Sr 富集，Rb、Ni 略偏低。

（2）田铺片麻岩：分布于卡房—龟峰山区，出露范围广泛，多见于田铺、枫树庙、东冲、姑嫂寨、代石龙、打马尖等地，面积约 133 km^2，侵入形态不规则。

主要岩石类型为花岗闪长质片麻岩，野外所见岩性为含角闪（绿帘）黑云斜长片麻岩、角闪黑云（绿泥）斜长片麻岩等。岩石呈灰白-绿灰色，鳞片粒状变晶结构，片麻状构造。主要矿物成分有更长石（41%）、石英（26%）、黑云母（9%）、角闪石（绿帘石）（1%～2%）等；常见副矿物有磁铁矿、榍石、磷灰石、锆石等。此类岩石受构造变形影响，多形成眼球状构造及半熔型混合岩化作用特征，显微镜下也可见有少量钾质交代作用，因此该类岩石除钾长石含量稍高外，具有典型花岗闪长岩的矿物成分。

岩石化学成分及特征值显示该类岩石以 SiO_2（69.33%）、Al_2O_3（14.86%）（偏高），MgO（1.02%）、CaO（2.16%）（偏低），Na_2O/K_2O 质量比值为 1.65（稍偏高）；碱铝指数为 0.63，岩石具钙碱性特征；铝饱和指数为 1.12，显示岩石弱过铝型的特点；氧化系数为 0.55，反映岩石曾遭受强烈蚀变氧化作用。稀土元素含量及有关特征值表明，岩石轻重稀土比为 8.73，轻稀土较富集，重稀土相对亏损；$\delta Eu=0.73$，显示岩石具负铕异常；$\delta Ce=1.00$，说明岩石没有 Ce 异常；稀土配分模式表现为左陡右平的右倾平滑曲线。

（3）周河片麻岩是本序列的主体岩石，主要分布于卡房—龟峰山区及大磊山区，常见于周河、刘家冲、火炮寨、莲花山、小刘湾、红石岩等地，出露极为广泛，以出露规模大、形态不规则为特征，总面积约为 502 km^2。

主要岩石类型为二长花岗质片麻岩，野外所见岩性为黑云二长片麻岩、二云二长片麻岩及白云二长片麻岩，较多白云母是黑云母退变的产物。岩石以矿物粒度细小，两种长石含量较为相近为特色。岩石呈灰白色，具鳞片粒状变晶结构，片麻状构造。主要矿物成分有钾长石（26%～32%）、斜长石（更-钠长石）（33%～40%）、石英（27%～28%）、黑云母（2%～3%）、白云母（3%～4%）等；常见副矿物有磁铁矿、榍石、磷灰石、锆石等。

岩石化学成分及特征值显示该类岩石以 SiO_2（74.40%～76.86%）、Al_2O_3（11.71%～12.78%）的质量分数偏高，MgO（0.25%～0.49%）、CaO（0.24%～2.04%）的质量分数偏低，Na_2O/K_2O（1.07～1.46）的质量比值稍高为特征；碱铝指数为 0.67～0.88，多数在 0.8 以下，岩石总体具钙碱性特征，局部向弱碱性过渡；铝饱和指数为 1.00～1.26，显示岩石呈饱铝型-过铝型特点；氧化系数为 0.32～0.66，反映岩石曾遭受强烈蚀变氧化作用。稀土元素含量及有关特征值表明，岩石轻稀土较富集，重稀土相对亏损；δEu 为 0.46～1.00，显示负 Eu 异常或无铕异常；δCe 为 0.91～1.08，说明岩石基本无 Ce 异常；稀土配分模式表现为左陡右缓的右倾平滑曲线。微量元素含量显示 Ba、Sr 富集，Rb 偏低，Co 偏高，Ni 略偏低。

该序列的演化顺序：大畈片麻岩→田铺片麻岩→周河片麻岩，野外可见田铺片麻岩侵位大畈片麻岩，周河片麻岩侵位田铺片麻岩。岩石造岩矿物从早到晚变化为斜长石含量由多到少，斜长石种类由更长石→钠更长石→更钠长石；钾长石含量由少到多；石英含量由少到多。同时，岩石中锆石晶形完整，滚圆度差，晶体长宽比大于 2∶1。气液相包体及黑色包体发育，表明了它们的岩浆成因属性。SiO_2 含量从低到高的变化反映了岩石成熟度的升高；MgO 含量从多到少的变化与岩浆从较基性到较酸性的分异作用密切相关。碱铝指数多在 0.6～0.8，表现为钙碱性特征。稀土元素均显示轻稀土富集，具负铕异常，配分模式均呈左陡右平缓的右倾平滑型，与普通钙碱性花岗岩特征相一致。在 Rb-(Y+Nb)图解中，投影点均落于火山弧花岗岩区。而在 ACF 图解中，样品投点多数落于 S 型花岗岩区，仅个别样品投点落于 I 型花岗岩区及其边缘，因此，区内两路口序列整体上岩石成分呈现石英（英云）闪长岩-花岗闪长岩-二长花岗岩的演化规律，它们共同组成一个完整的岩浆演化系列，是桐柏—大别造山带重要的物质组成部分。近年来，王江海（1991）在区内含磷岩系之下的片麻状花岗岩中获得锆石 U-Pb 年龄值为 823 Ma，中国地质大学（武汉）也在该岩石中获得 U-Pb 年龄为 858 Ma。刘晓春等（2005）在双峰尖地区片麻状花岗岩中采集 U-Pb 同位素样品，其年龄值为（812.5±5.5）Ma，根据区域构造演化特点，结合区内及区域上新元古代侵入岩的同位素年代学信息[全岩 Rb-Sr 一致曲线年龄为（858±137）Ma]，将该区广泛发育的一套类科迪勒拉造山带的钙碱性侵入岩（两路口序列）划归新元古代，其侵入年龄与该区青白口系中上部火山岩的形成年龄大体相近，充分说明它们是新元古代时期同构造岩浆增生物。该套钙碱性侵入岩的存在，说明在新元古代时期区内发生了一次规模宏大的造山运动，显示出典型的板块构造运动演化特点，具体体现在华北陆块由北向南的俯冲，板块缝合线大致在大别山北坡，而武当—桐柏—大别地区相当于岛弧-弧后盆地-活动大陆边缘环境。

3）桐柏地区新元古代早期浆溪店—花山水库—广水镇一带弧岩浆

该期花岗岩呈北西向长条状展布，被燕山运动期（白垩纪）花岗岩侵入而出露不太完整，普遍发育片麻理，走向多为北西向，局部糜棱岩化。侵入大别山岩群，被陡山沱组不整合覆盖（?）；不同岩石间侵入关系清楚：可见二长花岗质片麻岩侵入英云闪长质片麻岩与花岗闪长岩、花岗闪长岩侵入英云闪长质片麻岩、斑状二长花岗质片麻岩侵入英云闪长岩、斑状二长花岗质片麻岩侵入二长花岗质片麻岩，其侵位顺序为：英云闪长岩→花岗闪长岩→二长花岗岩→斑状二长花岗岩（胡立山，1994）。

（1）岩石学特征。英云闪长质片麻岩呈深灰色-灰黑色，具变余花岗结构、交代斑状结构、片麻状构造。见条带状和芝麻点状两种英云闪长质片麻岩。岩石矿物组成由斜长石（39%），钾长石（17%）、石英（12%）、角闪石（23%）及黑云母（6%）组成；副矿物为磷灰石、榍石、磁铁矿、锆石等。矿物分布不均匀，局部过渡为石英闪长质片麻岩等。岩石中斜长石 An=25（最大消光角法），属奥长石，呈它形粒状，少数为半自形板状，部分见聚片双晶，双晶纹细小，见绢云母化、碳酸盐化，常被钾长石交代形成港湾状，粒径为 0.3～1.2 mm，晶体中见磷灰石、角闪石、黑云母包体。钾长石为微斜条纹长石，格子双晶发育，常见蠕英结构，呈不规则粒状分布于斜长石和角闪石之间，粒径为 0.1～0.5 mm，见明显玻状消光。普通角闪石呈柱粒状，粒径为 0.2～0.8 mm，具明显多色性和角闪石式解理，局部被黑云母、方解石交代。黑云母呈片状。受后期构造的影响，岩石中钾化现象较普遍。

花岗闪长质片麻岩呈灰白色-浅黄灰色，细粒花岗变晶结构，片麻状构造。由斜长石、钾长石、石英、黑云母等组成。斜长石（An=15～30）的质量分数为 40%～50%，板柱状或粒状，聚片双晶，粒径为 0.2～1.5 mm，具轻微绢云母化、黏土化。石英的质量分数为 25%～40%，呈它形粒状，粒径为 0.2～1.5 mm。钾长石的质量分数为 1%～5%，板柱状或粒状，粒径为 0.2～0.5 mm，局部见钾长石呈斑晶（5～10 mm）并交代斜长石。黑云母的质量分数小于 3%，呈棕黄色的鳞片状，沿片麻理分布。岩石在 QAP（Q、A、P 分别代表石英、碱性长石、斜长石）图解中落入花岗闪长岩区。

二长花岗质片麻岩呈灰色，由斜长石、钾长石、石英和少量黑云母组成。斜长石为奥长石，An=27（最大消光角法），矿物呈它形-半自形粒状，粒径为 1～4.5 mm，聚片双晶发育，见绢云母化，晶体内见石英、磷灰石包体，常被钾长石交代形成蠕英结构。钾长石为微斜条纹长石，呈它形粒状，具格子双晶，粒径为 0.5～2.5 mm，见石英、榍石包体。石英呈它形粒状，不规则团粒状分布在长石间，见玻状消光。黑云母在长英质矿物间不均匀分布，晶体中包含榍石、磷灰石等。

斑状二长花岗质片麻岩呈深灰色，具变斑状结构，片麻状构造。暗色矿物常集结成断续条带状、条痕状，局部围绕钾长石斑晶形成眼球状构造。岩石主要由35%的斜长石、35%的钾长石、25%的石英、3%的黑云母组成，副矿物为磁铁矿、锆石、榍石、磷灰石。斑晶为钾长石，体积分数为10%左右，局部集中达20%，粒径一般为4～10 mm，个别达15 mm，具定向排列，平行于片麻理。斜长石（An=24）常发育聚片双晶，和钾长石接触处见蠕英结构。钾长石为条纹长石和微斜长石，发育格子双晶，偶见交代斜长石。石英见玻状消光。黑云母常蚀变为绿泥石。各岩石的副矿物组合均主要为磁铁矿、榍石、锆石、磷灰石。

综上所述，各岩石具以下特点：①各岩石主要由钾长石、斜长石、石英等组成，黑云母少量，英云闪长岩中见角闪石。在QAP图解中落入英云闪长岩-二长花岗岩区。由早期至晚期，岩石中钾长石、石英增加而暗色矿物含量减少，说明向酸性方向演化。②斑状二长花岗质片麻岩中见钾长石斑晶而构成斑状结构，其他未见。各岩石均具变晶结构、片麻状构造，常见蠕英结构等。靠近新黄断裂带的岩石普遍存在糜棱岩化，石英波状消光明显，说明经历了变质变形改造。

（2）岩石化学特征。各岩石地球化学成分详见《随州市幅 H49C001004 1∶25 万区域地质调查报告》（雷健，2003），现综述如下。

常量元素中 CaO、MgO、TiO_2、FeO 等随 SiO_2 含量升高而降低，K_2O+Na_2O 与 SiO_2 则呈正相关，Al_2O_3 含量变化不大，反映岩浆向酸性方向演化；各岩石里特曼指数小于3.3，属钙碱性岩系，$K_2O<Na_2O$，$K_2O/Na_2O<1$；分离结晶程度，岩石长英指数为53～87，早期向晚期分离结晶程度升高；铝含量特征，二长花岗质片麻岩的 $Al_2O_3>K_2O+Na_2O+CaO$，为过铝花岗岩；其他岩石属次铝花岗岩，含量 $K_2O+Na_2O+CaO>Al_2O_3>K_2O+Na_2O$。

各岩石的稀土元素含量总体上表现为：LREE/HREE[①]>1，轻稀土分馏明显。且由早期至晚期分馏程度增加，Eu/Sm 由 0.43 减少为 0.25，也说明岩浆向酸性演化。各岩石 Sm/Nd<0.33，为轻稀土富集型，科勒尔曲线向右倾斜。由早期向晚期，δEu 值由大于1变为小于1，由 Eu 富集变为 Eu 亏损，与岩石中斜长石含量减少有关，也反映出岩石分异程度变大。各岩石的 Ce 异常不明显。

岩石的微量元素含量见《随州市幅 H49C001004 1∶25 万区域地质调查报告》（雷健，2003）。其 $Rb_N/Yb_N>1$，为强不相容元素富集型。英云闪长质片麻岩的 Cr、Pb 较维氏酸性岩偏高，Nb、Zr、Y（钇）、Cu、Ti、Zn 偏低；二长花岗质片麻岩的 Cr、Zr、Pb 较维氏酸性岩高，Cu、Zn、Y 偏低。斑状二长花岗质片麻岩的 Cr 较维氏酸性岩稍高，其他含量接近。

（3）地质年代学特征。本区该类花岗质片麻岩 20 世纪 80 年代前一直划为太古宇桐柏山群（大别山岩群），90 年代进行 1∶5 万区域地质调查工作时发现野外具明显的侵入关

① LREE 为轻稀土元素（light rare earth element）；HREE 为重稀土元素（heavy rare earth element）。

系而将原桐柏山群（大别山岩群）解体为表壳岩和花岗质片麻岩套两部分，其时代则置于大别期早元古代—晚太古代（吴传荣 等，1993），后者除划分片麻岩套外，另划出武陵期或武陵—晋宁期侵入岩。

综合前人在该类岩石中采获的各种同位素年龄（主要为980～1 024 Ma），1991年，王江海在大悟大磊山获得823 Ma年龄，显然属同期岩浆事件的产物。

本期花岗岩的侵位时间限定于大别山岩群和莲沱组之间，同位素年龄在900～1 000 Ma，因此，应归为新元古代。

（4）岩石成因。古老的花岗岩可划为钙碱性系列和TTG系列（灰色片麻岩系列）。该套新元古代岩石为英云闪长岩（石英闪长岩）-花岗闪长岩-二长花岗岩组合，而典型的TTG系列由英云闪长岩-花岗闪长岩-奥长花岗岩组成，该区岩石中以二长花岗岩占主体，缺乏奥长花岗岩端元。TTG系列的岩石在岩石化学上显示为由K向Na演化，而本区岩石在Ca-Na-K图解中显示向K方向演化，两者显然不同。区内花岗岩随SiO_2含量的增加，碱含量随之增加，而Fe、Mg含量随之减少，化学成分上也显示向酸性演化的特点。

考虑区内存在条带状和块状两类英云闪长岩，从构造上分析，条带状英云闪长岩似多经历了一期变质变形改造，并见有1 950 Ma的年龄[单颗锆石蒸发法，吴传荣等（1993）]，因此，本区（桐柏山区）早期是否存在TTG系列仍有待进一步研究。

目前，众多学者从不同角度对花岗岩的成因进行了分类，在综合不同学者的研究成果的基础上，还应综合考虑岩浆来源、成岩方式、构造环境等。

花岗岩类按源岩性质分为三种，即来源于沉积岩或以副变质岩为主（可包含部分岩浆岩或正变质岩）的S型，以岩浆岩或正变质岩为主的I型，以及由上地幔部分熔融直接衍生而成的M型。本期花岗岩在ACF图解中主要落入I型花岗岩区，二长花岗岩中副矿物表明为磁铁矿系列的I型花岗岩。考虑区内花岗岩的矿物组成上见斜长石、黑云母、普通角闪石、榍石、磁铁矿等，未见堇青石、红柱石、白云母等矿物，岩体中常量元素质量分数$Na_2O>3.2\%$，质量比值$K_2O/Na_2O<1.25$，铝饱和指数小于1.1，微量元素质量比值$Rb/Sr<1$，稀土元素科勒尔曲线呈右倾平滑状，Eu异常不明显，具I型花岗岩特征。综上所述，该区新元古代的花岗岩为侵入的同熔型花岗岩。

（6）构造背景。本期花岗岩在Rb-(Yb+Nb)和Rb-(Yb+Ta)图解中落入火山弧花岗岩区；在R_1-R_2图解中，英云闪长岩落入板块碰撞前、同碰撞区；二长花岗岩落入同碰撞、造山晚期区，可能说明岩浆活动贯穿整个造山过程。综上所述，该区新元古代花岗岩属低位的同熔型I型花岗岩体。

3. 武当—随枣地区

武当—随枣地区广泛分布着辉长-辉绿岩群；这些基性岩类总体上显示拉斑玄武岩性-钙碱性特征，属于弧后伸展环境。

根据《1∶25万十堰市幅、襄樊市幅区域地质调查报告》（湖北省地质调查院，2007a）、《随州市幅H49C001004 1∶25万区域地质调查报告》（雷健，2003），该时期基性岩体呈北西向展布，与区域构造线一致，总体呈脉状产出，由变辉绿（玢）岩和变辉长辉绿（玢）岩组成，呈顺层侵入接触关系，局部见绿泥石化围岩蚀变现象。与北侧地层呈侵入接触关系，二者接触面附近可见岩枝侵入地层，并见绿泥石化蚀变现象。在侵入体内部，变辉绿岩与变辉长辉绿（玢）岩间为渐变过渡接触，应是就位后结晶分异所致。

1）岩石学特征

变辉绿（玢）岩呈绿色、暗绿色，风化后呈黄褐色，具鳞片花岗纤柱变晶结构，局部可见变余辉绿结构，极少数岩石中可见变余斑状结构。变辉绿（玢）岩主要由阳起石（30%～40%）、钠长石（35%～45%）、绿帘石（10%～15%）、绿泥石（10%～15%）等矿物组成。原岩中辉石均被阳起石及绿泥石所取代，部分集合体保留了原辉石晶形假象。原基性斜长石则去钙化形成钠长石，并在其晶体表面常见有许多细小绿（黝）帘石展布。副矿物主要为磁铁矿、榍石（白钛石）、磷灰石等。阳起石呈半自形纤柱状变晶，可见菱形切面，解理发育，多色性 Ng-黄褐色，Np-蛋黄色，柱长为 0.15～0.6 mm，少数呈变余斑晶，其粒径可达 2～2.5 mm；钠长石呈它形粒状或半自形板条状变晶，粒径为 0.05～0.1 mm；绿帘石以它形粒状变晶为主，少数呈短柱状变晶，浅黄绿色，粒径为 0.05 mm 左右；绿泥石呈鳞片状变晶，具吸性多色性及“柏林兰”异常干涉色。

变辉长辉绿（玢）岩呈绿色、深绿色，风化后呈浅黄褐色，具鳞片花岗纤柱变晶结构，片状构造，局部可见变余辉长辉绿结构，主要由钠长石（35%～45%）、阳起石（30%～35%）、绿帘石（10%～15%）、绿泥石（10%）及少量黑硬绿泥石、榍石、磷灰石等矿物组成。原岩中辉石已被阳起石、绿泥石取代，部分保留原柱状晶形假象。阳起石柱长为 0.3～1.5 mm，少数呈变余斑晶状出现，其柱长可达 2.5～3 mm；原基性斜长石则去钙化形成钠长石，同时伴有绿（黝）帘石出现，钠长石粒径一般为 0.25～0.6 mm，部分保留了原板状晶形，并在其晶体表面有许多细小绿（黝）帘石展布；榍石微粒集合体呈“丝缕”状半定向零星分布。

从总体来看，该期侵入岩片理化程度较高，并见片理发生褶皱，原岩结构构造仅局部可见。从变辉绿（玢）岩→变辉长辉绿（玢）岩，矿物结晶颗粒变大，自形程度提高，暗色矿物含量略有减少，并由辉绿结构过渡为辉长辉绿结构。矿物成分主要为透闪-阳起石（30%～40%）、钠长石（35%～45%）、绿帘石（10%～15%）、绿泥石（10%～15%）等。原岩中辉石均被透闪-阳起石、绿泥石等所取代，斜长石则去钙化形成钠长石。

2）岩石化学特征

（1）主量元素特征。据硅酸盐分析及有关岩石化学计算，岩石化学成分与戴里辉绿岩平均值基本一致（湖北省地质调查院，2007a）。里特曼指数主要集中在 0.62～2.67；在碱度率图解中，大部分落于碱性系列区，少数落于钙碱性系列区；在玄武岩碱-硅变异图中，主要落入亚碱性系列区；在化学分类命名硅-碱图解中主要落入亚碱性玄武岩，极少数落于碱性系列。亚碱性系列进一步划分，投影点落于拉斑玄武岩系列。Mg/Fe 质量比值小于 2 为富铁质基性岩；质量分数 K_2O＜Na_2O、碱铝指数为 0.519～0.889、铝饱和指数为 0.143～0.579，偏铝质；分子数 $CaO+K_2O+Na_2O$＞Al_2O_3＞K_2O+Na_2O，为正常类型；长英指数平均为 22.79、分异指数为 16.14～46.63、固结指数为（solidification index，SI）为 12.19～49.03、氧化系数为 0.66～0.78，符合辉绿岩的氧化率值和标准偏差（湖北省地质调查院，2007a）。

总体上，盘盘山—天宝山基性岩体从变辉绿（玢）岩到变辉长辉绿（玢）岩，SiO_2、K_2O+Na_2O 及 $CaO+MgO+Fe_2O_3+FeO$ 变化不明显，但岩浆分异指数平均由 17.34 增至 20.45，符合岩浆由基性向酸性演化的一般规律。

（2）微量元素特征。与维氏基性岩微量元素含量对比，岩石中 Rb、Zr、Hf（铪）含量较高，Sb、Nb 含量较低，其余大体相当。由变辉绿（玢）岩到变辉长辉绿（玢）岩，Sr、V、Hf 含量增加，但 Rb 略有减少。

该期侵入岩稀土元素特征较为相似，δEu 为 0.88～1.14，平均值约为 1，铕异常不明显，稀土元素配分曲线均为向右微倾形态；LREE/HREE 为 0.94～1.03，La/Yb 为 1.99～2.31，表明轻重稀土分馏不明显；同时由变辉绿（玢）岩到变辉长辉绿（玢）岩，LREE/HREE、La/Yb 有所增加，表明轻重稀土分馏加强，也符合岩浆由基性向酸性演化的一般规律。

3）岩石成因及时代

盘盘山—天宝山岩体为变辉绿（玢）岩、变辉长辉绿（玢）岩，仅见于前震旦纪地层中，而震旦系陡山沱组及以上地层未见。岩石片理化程度较高，侵入岩与围岩一起遭受了多期变形变质作用的改造，二者有一致的变形变质作用序列。南华系耀岭河岩组中出现大量的基性火山岩，显示在当时的拉张环境下，有基性岩浆活动。此外，据“武当地区‘基底’岩系的时代与岩浆事件意义”（凌文黎 等，2007），在该区采获的辉长-辉绿岩利用锆石 U-Pb 法获得同位素年龄为（679±3）Ma，据此将该期岩体就位时代定为新元古代。

在岩石化学构造投影判别 F_1-F_2 图解中，投影点主要落入板块内玄武岩和岛弧拉斑玄武岩两个区；在岩石化学构造投影判别勒夫勒图解中，投影点落入非造山带火山岩和造山带火山岩。

结合区域上情况来看，南华纪处于拉张环境，侵入岩与（大致同期的）火山岩具有相近的地球化学特征，由此可以认为，区内新元古代基性侵入岩形成于陆内裂谷环境。

4. 大洪山地区弧-盆体系

1）三里岗岩体

（1）地质特征。三里岗岩体主要出露于土门乡、三里岗镇和南必湾之间，总出露面积约 5 km^2，整体呈北西向长条状分布，轴向与区域构造线基本一致。

岩体岩性主要为二长花岗岩、石英闪长岩、花岗闪长岩和英云闪长岩等，各岩相为过渡关系，岩体中相带不明显，但岩性有明显的差异，其中二长花岗岩出露面积最大主要分布于岩体的中部，其他多分布于边部。岩体中可见暗色的闪长质包体，以及早期的辉长（辉绿）岩捕虏体。

（2）岩石学特征。二长花岗岩分布在岩体的中部，是岩体的主要组成部分。岩石呈浅肉红色，中粒花岗结构、碎裂结构，块状构造，主要矿物有斜长石、钾长石和石英，含少量黑云母。斜长石的质量分数约为 45%，呈半自形粒状，粒径为 2～5 mm；钾长石的质量分数约为 30%，呈透镜状平行排列，大小为 0.1 mm×0.03 mm；石英的质量分数约为 20%，呈它形粒状，分布在长石颗粒之间。部分矿物发生绿泥石化和绿帘石化。副矿物主要为金红石等。

石英闪长岩主要分布在岩体的北部边缘。石英闪长岩呈灰（黑）色，半自形中-细粒结构，块状构造，薄片下可见碎裂结构。主要造岩矿物为斜长石，其次为钾长石和石英，斜长石具发育较好的聚片双晶。矿物粒径一般为 0.3～2 mm，少量大于 2 mm。暗色矿物以黑云母、角闪石为主，由于后期变质作用发生绿帘石化、绿泥石化。副矿物见金红石、独居石和榍石，局部质量分数高达 20%。

花岗闪长岩主要成分为长英矿物（钾长石占长石的 13%，属花岗闪长岩类），其粒度以细粒级（粒径为 0.4～2 mm）为主，其次为中粒级（粒径为 2.1～3.6 mm），显示中细粒花岗结构。斜长石呈半自形-自形宽板柱状，普遍发育细密平直的聚片双晶，成分为更长石，晶体表面普遍布满显微鳞片状的绢云母集合体（即绢云母化）。受后期构造应力作用影响，有的聚片双晶具弯折变形，有的斜长石晶体内有次生脉穿切呈碎裂状。钾长石呈半自形板状，成分为正长石。石英呈它形粒状分布于长石之间。黑云母呈片状，多具绿泥石化伴析铁现象。副矿物呈单晶零星分布，种类主要是磁铁矿（有的已次变为褐铁矿），含微量柱状的锆石。岩石具明显的碎裂现象：次生脉沿裂隙或应力面纵横交错呈网状穿切分布，显示碎裂结构。脉内充填物主要是粉化的长英矿物及少量的铁质矿物，它们是成岩后生阶段受脆性动力变质作用而形成的脉内充填物。

英云闪长岩主要分布在岩体的南端。岩石呈灰白色，具残余花岗结构、碎裂结构，块状构造。岩石主要成分为斜长石和石英，含 10%左右的暗色矿物和 1%的副矿物。斜长石粒度多数为细粒级，少数为中粒级，其成分为更长石，发育聚片双晶，并具绢云母化。石英沿斜长石之间分布并具波状消光。暗色矿物多见角闪石（被碳酸盐矿物和铁质取代的残余柱状假象），少见黑云母（被绿泥石和铁质取代的残余片状假象，个别具白云母化）。副矿物常与暗色矿物伴生，种类有磁铁矿（反射光下呈钢灰色，外形呈粒状、四边形）和细小柱状的磷灰石。

（3）岩石化学特征。采自不同地点的 9 件中-酸性岩样品。SiO_2 的质量分数为 59.51%～71.35%，K_2O 的质量分数为 1.10%～3.97%，Na_2O 的质量分数为 1.67%～4.77%，质量比值 K_2O/Na_2O 为 0.42～2.70（除 3 个样外，其余都＜1），里特曼指数为 1.44～2.72（＜3.3）；在 SiO_2-K_2O 图解上，样品基本落在钙碱性-高钾钙碱性岩区内；岩石相对富 Al、Fe，Al_2O_3 和 FeO^T 的质量分数分别为 13.68%～16.90%、2.74%～6.07%；铝饱和指数为 0.55～1.23（平均为 0.80＜1），在 A/NK-A/CNK（A 为 Al_2O_3，C 为 CaO，N 为 Na_2O，K 为 K_2O）图解中，所有样品落在准铝质岩和过铝质岩区内。在哈克图解中，除 Na_2O 和 K_2O 的质量分数与 SiO_2 的质量分数呈正相关以外，其他主量元素含量具有明显随 SiO_2 的质量分数升高而下降的趋势，这从某种意义上说明英云闪长岩、石英闪长岩、二长花岗岩具有一定关联性。

稀土元素方面，样品总体稀土元素质量分数较高，为 91.40×10^{-6}～116.30×10^{-6}，轻稀土元素的质量分数为 82.22×10^{-6}～106.72×10^{-6}，重稀土元素的质量分数为 9.18×10^{-6}～13.14×10^{-6}，LREE/HREE 为 7.32～11.14，La_N/Yb_N 为 8.75～15.04，在球粒陨石标准化稀土元素配分图上，表现为轻稀土富集的右倾形式，有轻微的负 Eu 异常（δEu=0.76～0.94）。在原始地幔标准化的微量元素蛛网图上，4 个样品基本显示出统一的分布形式，总体富集大离子亲石元素（large ion lithophile element，LILE）Rb、K、Pb，明显亏损高场强元素（high field strength element，HFSE）Nb、Ta、Ti，这与岛弧型岩浆岩的特征基本吻合。

（4）地质年代学特征。本书对英云闪长岩进行了锆石 U-Pb 地质年代学研究。样品中的锆石以自形长柱状为主，少数呈浑圆状，大小在 100 μm 左右，长宽比为 3∶1～1.5∶1，具有较好的振荡环带，显示岩浆锆石的特征；少量锆石含有内外环带截然不同的继承核，可能为岩浆锆石围绕早期捕获锆石核生长形成。锆石 U-Pb 测年结果显示，测试点中 Th 的质量分数为 65×10^{-6}～517×10^{-6}，U 的质量分数为 116×10^{-6}～561×10^{-6}，Th/U 质量比值为

0.47～0.92。24个分析点中18个点谐和度均大于90%，舍去6个谐和度小于90%的点，在 $^{206}Pb/^{238}U$-$^{207}Pb/^{235}U$ 图中18个点均分布在谐和线附近。其中3个点集中在交点上部，这3个测试点在CL图像上显示位于锆石核部位，核与边部环带明显呈不谐和状态，其 $^{206}Pb/^{238}U$ 年龄集中在995～1 023 Ma，这3个点的加权平均年龄为（1006±16）Ma［平均标准权重偏差（mean squared weighted deviation，MSWD）为0.96］，可能是早期岛弧火山岩的锆石继承核；其余15个集中在交点附近，这15个分析点均位于振荡环带发育的锆石边部，年龄分布范围为854～904 Ma，加权平均年龄为（876.9±9.2）Ma（MSWD=4.1），可以代表英云闪长岩的结晶年龄。

综上所述，三里岗岩体形成于858～876 Ma，属新元古代早期青白口纪。

（5）岩石成因及构造背景：样品的 δEu 为0.76～0.94，具有轻微的负Eu异常，说明发生了一定的斜长石分离结晶作用。在La-La/Yb和La-La/Sm图解中，样品均表现为部分熔融的特征。年代学结果又有较好的一致性，说明三里岗中-酸性岩体具有同源岩浆演化的特点。I型花岗岩可由不同的玄武岩质岩浆生成，即玄武质岩浆和酸性岩浆的混合、玄武质岩浆与大陆地壳的相互作用，以及玄武质地壳的熔融。

三里岗岩体是低钾、富铝的钙碱性岩类，为I型花岗岩类。轻、重稀土元素分异度高，表现为右倾的稀土配分模式，且无明显铕负异常，也与岛弧花岗岩的特点相似；同时显示出富集大离子亲石元素Rb、K、Pb，强亏损高场强元素Nb、Ta、Ti的特点，在花岗岩的环境判别图解上，测试的三个样品都落在岛弧环境内。基本可以判断三里岗岩体为一套活动大陆边缘岛弧钙碱性花岗岩；结合 R_1-R_2 图解中样品表现为碰撞前-同碰撞阶段的特征，综合说明三里岗岩体很可能形成于俯冲向同碰撞转化的过渡阶段，其形成与大洪山地区晋宁运动期古洋盆的俯冲有关。

2）莲家垭岩体

（1）地质特征。莲家垭岩体仅在钟祥市邵家台莲家垭子一带见到。出露在灯影组片理化的白云岩、白云质灰岩中，呈脉状产出。出露长为150～200 m，宽为90～150 m。

（2）岩石学特征。碎裂黑云母化石英碱长正长岩具半自形板柱状结构，主要由钾长石组成，外形呈半自形板柱状，成分以正长石为主，次为条纹长石，可见卡氏双晶和条纹双晶，彼此紧密相嵌，钾长石之间分布着2%的斜长石（具聚片双晶，受后期构造应力作用，可见双晶发生弯折变形现象）、6%的石英（呈它形粒状，具波状消光）、3%的黑云母（呈片状且具吸收多色性，伴析铁）及2%的磁铁矿（反射光下呈钢灰色，有的已次变为褐铁矿，呈粒状、四边形）。岩石可见明显的碎裂现象，次生脉较发育并纵横交错呈网脉状穿切分布，伴随碎裂发生黑云母化，破碎的裂隙内充填有黑云母、褐铁矿，显示碎裂结构，属成岩后生阶段，该岩石受张应力脆性变形破碎而形成。

（3）岩石化学特征。SiO_2 的质量分数为68.61%～71.08%，平均为69.94%；TiO_2 的质量分数为0.36%～0.49%，平均为0.44%；Al_2O_3 的质量分数为13.37%～14.74%，平均为13.86；Fe_2O_3 的质量分数为1.70%～2.29%，平均为2.05；FeO的质量分数为0.63%～1.30%，平均为1.04%；MnO的质量分数为0.3%～0.4%，平均为0.3%；MgO的质量分数为1.08%～1.56%，平均为1.36%；CaO的质量分数为0.56%～0.70%，平均为0.65%；Na_2O 的质量分数为2.51%～3.18%，平均为2.96%；K_2O 的质量分数为4.84%～6.39%，平均为5.47%；

P_2O_5的质量分数为0.08%～0.09%，平均为0.09%。莲家垭岩体具有SiO_2含量低（平均质量分数为70%），富碱（Na_2O+K_2O质量分数为8.03%～9.10%，平均为8.43%），高钾，K_2O/Na_2O质量比值高（1.52～2.02，平均质量比值为1.88）；TiO_2、Fe_2O_3、FeO、MgO、CaO、P_2O_5含量低的特征。QAP图中样品点落入碱长花岗岩区域。里特曼指数为2.29～3.10，平均为 2.65，属钙碱性岩石。SiO_2-K_2O 图解样品落入高钾钙碱性-钾玄岩系列。A/CNK-A/NK 图解样品落入过铝质岩石区域，且标准矿物中出现刚玉分子，是过铝质岩石。分异指数平均为87.59，表明岩石经历了较高程度的分异演化。碱铝指数平均为0.61，低于 Whalen 等（1987）厘定的 A 型花岗岩的平均值（碱铝指数为0.95），不属于 A 型花岗岩类。

稀土配分曲线明显右倾，La_N/Yb_N为11.96～19.51，平均为16.23；具轻微的负δEu异常（0.60～0.84，平均为 0.70）；稀土元素总量高（平均为 201.61×10^{-6}）。微量元素地球化学特征显示，为岛弧岩浆岩（杨成 等，2019）。此外，还富集 F、Zr、Ce、Ga（镓）等元素，亏损 Sr、P（磷）、Ti 等元素。Zr/Hf 质量比值平均为35.9，属中等分异花岗岩。

（4）锆石 U-Pb 年代学特征。在莲家垭岩体一个样品获得锆石若干，阴极发光图显示其环带清晰，是岩浆锆石。在该样品中获得两组加权锆石 U-Pb 年龄，一组为（819.8±8.5）Ma，另一组为（789.4±8.5）Ma。前一组可能是岩体捕获锆石，后一组应是岩体的结晶年龄，表明该岩体最终形成于789.4 Ma 左右，属青白口纪末期。

（5）岩石成因及构造背景。莲家垭岩体是过铝质岩石，标准矿物中出现刚玉分子，属S型花岗岩类。在与10 000 Ga/Al相关图解中均落入I&A型花岗岩区域，在SiO_2-Zr图解中均落入S型花岗岩区域，CaO/Na_2O质量比值平均为0.22。

其富集大离子亲石元素、亏损高场强元素，具有岛弧花岗岩的地球化学特征。在大地构造环境判别图中落入岛弧区域，在(Y+Nb)-Rb 图解中，进一步判别可落入后碰撞区域（post-collision granite，post-COLG）。表明莲家垭岩体是形成于后碰撞环境的S型花岗岩，形成于挤压体制向拉张体制过渡的构造环境。其代表了大洪山造山带结束的时间上限。

在岩浆弧的演化过程，由洋一侧向陆一侧往往分布I型到S型花岗岩（潘桂棠 等，2008）。三里岗岩体是I型花岗岩，而莲家垭岩体是S型花岗岩，这些岩体的时空分布，表明“三里岗洋”的俯冲极性由北向南，且俯冲-碰撞作用一直持续到青白口纪末期。

3）大洪山构造带新元古代基性岩脉

大洪山构造带新元古代基性岩脉广泛分布于大洪山一带，多侵位于中元古界打鼓石岩群白云岩、碎屑（岩）之中，主要有变辉绿岩脉和变玄武岩脉。变玄武岩脉是绿林寨岩组玄武岩的浅成侵入相脉体，该次火山岩脉杏仁、气孔发育，多呈岩枝状穿插于白云岩之中。许多辉绿岩也含有杏仁体，其一般与绿林寨岩组相伴而生。地球化学性质表现出富集型洋中脊玄武岩（E-MORB）和岛弧玄武岩（island arc basalt，IAB）的特征，是大洪山晋宁运动期弧后盆地拉张形成的一期岩浆事件。

2.1.4　古生代侵入岩

古生代时期，武当—桐柏大别地区广泛发育基性-超基性岩和中酸性侵入岩。寒武纪—

志留纪以发育基性-超基性岩为主，志留纪之后的晚古生代岩浆活动则记录为中-酸性岩类，主要分布于北淮阳地区。按照其岩性和大地构造单元分别介绍如下。

1. 基性-超基性岩

青峰断裂以北的基性-超基性岩，分布广泛，具面状展布特点。

（1）随枣地区：北侧的高枧出露超基性岩体，杜家山出露超基性-基性岩体，樊家河出露基性岩体，银洞山、大老山—蔡湾公社—大屋场出露基性-超基性岩体群；南侧板桥店—客店坡—厂河一线出露猴子塆、覃家门和吉阳山等杂岩体。

（2）大悟—红安地区的吕王—高桥（—永佳河）—浠水分布蛇绿混杂岩带。

（3）西大别地区红安县七里坪—麻城市梅花山一带出露基性-超基性岩体等。

岩石组合和地球化学特征显示出南北分带的特点，具体表现为：侵位于大河断裂南北两侧的二郎坪群和秦岭群中的基性-超基性岩为拉斑系列的弧岩浆（北秦岭地区）；分布于随南及大别西部（大悟—红安—麻城地区），呈北西向展布的基性-超基性岩类与洋中脊玄武岩类似或者显示出被肢解的蛇绿岩套中的底部变质橄榄岩的特征；研究区其他大部分地区则显示出碱性、准铝质、板内岩浆特征。现按上述分带特征介绍如下。

1）吕王—高桥—浠水基性-超基性岩带

吕王—高桥—浠水基性-超基性岩带是区域上二郎坪—高桥—浠水蛇绿混杂岩带的一部分。1.2.2 小节中将该蛇绿混杂岩带划分为 5 个岩片，各岩片地质特征如下。

（1）碳酸盐岩岩片。该岩片沿蛇绿混杂岩带稳定延伸，北西向展布，断续长约 40 km，厚度为 44.4～394.5 m，在红安县七角山、高桥、康家湾及大悟县吕王等处均有较好的出露，且有剖面控制，其中在红安县七角山出露最好，厚度达 394.5 m；而在大悟县吕王处则见其呈规模不等的次级岩片产于基性火山岩岩片之中。从剖面及填图资料可知，原岩为一套构造片岩、片麻岩及大理岩组合，主要岩性为大理岩、含石墨白云片岩、石墨白云石英片岩、（含榴）白云钠长片麻岩、绿泥白云片岩，含榴斜长角闪片岩透镜体。其原岩为一套钙质、碳质及泥砂质岩石，该套物质形成可能为早古生代，但也不排除有其他时代地层分子混入。

（2）裂解（变质）岩片。主要分布于宣化店、吕王及永佳河一带，断续长 806 m，宽度一般为 1～5 km，其中在宣化店一带出露最宽，可达 5 km 左右。根据已测剖面，在大悟县吕王、红安县七角山、康家湾等地出露较好，其厚度为 217～503.6 m，与两侧岩片及地（岩）层均呈构造接触，主要岩性为白云钠长片麻岩、白云石英片岩、黑云角闪片岩、绿帘石榴斜长角闪片岩及大理岩透镜体。其原岩为一套碎屑-碳酸盐岩建造夹基性火山岩（侵入岩），其间发育少量基性侵入岩，在大悟县板仓北（河南省罗山县胡家湾）大理岩中发现早古生代生物化石碎片（叶伯丹 等，1991），但也不排除有其他时代地层分子。

（3）超镁铁质岩岩片。呈透镜状、扁豆状及不规则状沿蛇绿混杂岩带广泛分布，尤以红安县操家岗—高桥镇康家湾—华河及大悟县吕王镇—宣化店一带最为发育，呈透镜状产出，其规模大小不等，出露长为 30～300 m，宽为 5～50 m，最大宽度可达 200 m，其长轴与区域片麻理方向一致，多分布于基性火山岩岩片之中，两者界线清楚。其岩性为变橄榄岩类（蛇纹石化纯橄岩）、蛇纹石橄榄岩、蛇纹岩及菱铁滑石岩、变辉石岩（角闪岩）、变闪长辉石岩、变含辉角闪岩。其原岩均为（基性）超基性岩石，可能为残留洋壳物质。

（4）基性火山岩岩片。主要分布于永佳河—吕王一线，规模较大，长为 60 km，宽为 0.5～2.5 km，厚为 82.8～800 m，呈北西向、北北西向稳定延伸，与围岩及其他岩片均呈构造接触。主要岩性为变基性火山岩、变辉长（辉绿）岩夹含榴白云母片岩、含磁铁石英岩。原岩为一套基性火山岩、基性侵入岩及泥硅质岩石，为洋中脊基性火山岩（侵入岩）及深水沉积组合，经构造改造后现均表现为基性构造片岩。

（5）硅质岩、泥质岩岩片。主要见于红安县七角山一带，长为 10 km，宽为 0.5 m，厚为 174.7 m，呈似层状、透镜状产出，与围岩及其他岩片呈构造接触。主要岩性为石榴白（二）云片岩、白云石英片岩、白云石英岩透镜体及少量白云钠长片麻岩，其间发育有蛇纹质片岩、含绿帘含钠长角闪片岩（未划分出的超铁镁质岩岩片、基性火山岩岩片）。其原岩为泥质、硅质深水沉积岩，经构造改造而成，物质形成主体时代应为早古生代，也不排除有其他时代地层分子。

2）随枣地区、西大别地区基性-超基性（杂）岩体

随枣地区、西大别地区基性-超基性（杂）岩体包括位于大别造山带南西部的二郎河、株林河基性-超基性岩带，西大别红安县七里坪—麻城市梅花山一带的银山寨、悟仙山、柏树湾岩体，以及随枣地区南侧板桥店—客店坡—厂河一线的北东地区的猴子塆、覃家门和吉阳山基性-超基性杂岩体。总体上这些基性-超基性岩均属于洋中脊玄武岩，代表该区在早古生代有洋盆的存在。现以猴子塆—覃家门—吉阳山基性-超基性杂岩体和柏树湾岩体为例介绍如下。

（1）猴子塆—覃家门—吉阳山基性-超基性杂岩体。分布在随南板桥店—客店坡—厂河一线的北东地区的古生代超基性-基性侵入岩。多呈北西向展布；区域上向北西延伸至武当山、竹溪一带，组成竹溪—随南基性岩带。

基性-超基性侵入岩多呈小岩体、岩墙产出，规模大者如府君山岩体面积约为 21 km^2，小者一般<1 km^2。常见多种岩石共存于一个岩体中，组成杂岩体，如猴子塆岩体，中部为辉石橄榄岩，向外为橄榄辉石岩-辉长岩-辉长辉绿岩；覃家门岩体，中部为辉石岩，向外为橄榄辉长岩（较窄），边部为辉长岩；吉阳山岩体中部为橄榄辉绿岩，边部为辉长辉绿岩。总体上显示岩体中部→边部，岩石超基性→基性的变化规律。

岩体内部可见侵入关系，综合分析其侵位顺序为辉长辉绿岩-辉长岩、橄榄辉长岩-辉石岩、橄榄辉石岩-辉石橄榄岩，显示出早期为基性岩，晚期为偏超基性岩石的特点。

岩体侵入于武当岩群、耀岭河岩组、陡山沱组、灯影组、杨家堡组—古城畈群，可见岩体截切地层，局部顺层侵入。在风火山、猴子塆一带见角岩化，接触变质带宽为 50～150 m，南西侧较北东侧宽，南西侧的变质带又由北西向南东变窄。接触变质岩见斑点状千枚岩、斑点状板岩等。

该杂岩体岩石主要由不同比例的橄榄石、辉石、斜长石、角闪石等组成。在橄榄辉石岩中见金云母。据中国地质大学（1994）研究，橄榄辉长岩（雨平山岩体）中，橄榄石主要由 SiO_2（39.64%）、FeO（27.01%）、MgO（33.53%），以及微量 MnO、CaO、Na_2O、K_2O 组成，属 Fe-Mg 系列的贵橄榄石。费氏台测定和电子探针分析结果表明斜长石的 An 为 67～72，为基性拉长石或倍长石。据电子探针分析结果斜方辉石为斜紫苏辉石，单斜辉石为透辉石和次透辉石。岩石主要为块状构造，仅在局部见到糜棱岩化；岩石中保留包含结构、嵌晶含长结构、辉绿结构、辉长结构等岩浆结构，应为岩浆结晶形成。岩石已发生变质作用，表现为普通辉石（普通角闪石）→阳起石（纤闪石）→水黑云母→绿泥石；斜长石→钠长石、钠黝帘石、绿帘石、黑云母；榍石→白钛矿；橄榄石→蛇纹石化。岩石结构构造仍保留，矿物保留晶形假象。

辉石橄榄岩、辉石岩 SiO_2 的质量分数小于 44%，属超基性岩，但橄榄辉石岩 SiO_2 的质量分数大于 44%，属超镁铁岩；橄榄辉长岩、辉长岩、辉长辉绿岩 SiO_2 的质量分数大于 44%，属基性岩。镁铁指数表明辉石橄榄岩、辉石岩为铁质超基性岩，橄榄辉石为富铁质超基性岩，橄榄辉长岩为铁质基性岩，辉长辉绿岩为富铁质基性岩。各岩石镁铁指数较高。Eu/Sm 质量比值均较高。固结指数为 29～57，固结程度不高。

各岩石的质量分数 $Na_2O>K_2O$，在 SiO_2-AR 图解中均落入碱性区，均属碱性岩系。随 SiO_2 含量降低，里特曼指数有降低的趋势。岩石主要为铝质，部分落入高铝区和低铝区；碱含量不高，主要落入碱-贫碱区。各岩石稀土元素总量为 27.32～260.10（$\times10^{-6}$），变化范围较大，总体上，随 SiO_2 含量增多而增加。辉石橄榄岩、橄榄辉石岩的质量比 Sm/Nd>0.33，重稀土元素富集；其他岩石的质量比小于 0.33，轻稀土元素富集。各岩石 LREE/HREE>1，轻稀土分馏明显；辉石橄榄岩、橄榄辉石岩分馏最强。辉石橄榄岩、橄榄辉石岩的科勒尔曲线呈锯齿状，其他岩石较平滑，向右倾斜。各岩石 δEu>1，橄榄辉石岩最富集，辉石橄榄岩次之，科勒尔曲线在 Eu 处呈向上的尖峰；辉石岩、辉长辉绿岩等的 δEu 接近 1，科勒尔曲线在 Eu 处较平滑，可能与岩石中斜长石含量有关。各岩石 δCe<1，为 Ce 亏损型，辉石橄榄岩、橄榄辉石岩显然是强烈亏损的，其他岩石较弱，显示随 SiO_2 含量增加而亏损程度减弱的特点。各岩石微量元素蛛网图表明：辉石橄榄岩为强不相容元素亏损型（$Rb_N/Yb_N<1$），其他岩石为强不相容元素富集型。辉石橄榄岩具 Th 富集，Nb 富集，Sr 亏损，Zr 亏损，Ti 亏损；橄榄辉石岩具 Th 富集，Nb 亏损，Sr 富集，Zr 亏损，Ti 亏损；辉石岩具 Th 富集，Nb 亏损，Sr 亏损，Zr 富集，Ti 亏损；辉长岩具 Th 富集，Nb 亏损，Sr 富集，Zr 亏损，Ti 富集；橄榄辉长岩具 Th 富集，Nb 亏损，Sr 富集，Zr 亏损，Ti 富集；辉长辉绿岩具 Th 富集，Nb 亏损，Sr 富集，Zr 亏损，Ti 富集。

将该系列超基性-基性杂岩划归为古生代证据如下。古生代基性-超基性侵入岩侵入的最新地层（古城畈群）时代为中寒武世—奥陶纪，在泥盆纪之后的地层中未见基性侵入岩，其形成时代应晚于奥陶纪而早于泥盆纪。

该区的古生代基性-超基性岩受到了明显的退变质作用，变形改造则表现为局部的糜棱岩化，在安陆市陈巷一带可见卷入褶皱，而该期褶皱是由印支—燕山期造山运动形成，因而，本期岩体应早于印支期。

区域构造环境：考虑区内下志留统兰家畈组中大量的辉斑玄武岩和超基性火山岩的存在，反映志留纪处于离散环境，基性、超基性岩浆活动强烈；而后的泥盆纪地层表明为关闭环境，未见基性岩浆活动的物质。区域上，与枣阳的大阜山岩体、两郧—武当山地区的高枧岩体群等属同期岩浆活动的产物。

前人在该区采集了较多同位素年龄样，数据范围较大，258～1 030 Ma 均有，在 324～464 Ma 较集中。虽然所采用的 K-Ar 法测得的年龄不能作为确切的依据，但这些年龄与其他资料吻合程度较高，因而可以作为参考。

因此，从同位素年龄、侵入关系、变质变形程度、区域构造环境综合分析，该时期基性-超基性岩体侵位时代置于古生代（志留纪）是合理的。

通常认为，基性岩、超基性岩来源于地幔，但仍存在不同的类型。板桥店—客店坡—厂河一线的北东地区古生代超基性-基性侵入岩的岩石化学、稀土、微量元素特征相似，可能说明它们有相同的岩浆来源；在 Zr/Nb-Zr/Y-Y/Nb 图解中，岩石来源于富集型地幔（湖北省地质矿产局，1993）。

区内的超基性-基性岩体与围岩有清楚的侵入关系，局部见接触变质带，岩体内部见围岩的包体、捕虏体，属岩浆侵入无疑。

橄榄辉石岩、辉石橄榄岩与洋中脊玄武岩相当，同期的兰家畈组中以碱性的玄武岩、超基性熔岩为特征，伴生的硅质岩、泥质岩显示为深水沉积。总体上显示为蛇绿岩套的特点，说明早古生代为离散性质，至志留纪出现洋壳。

（2）柏树湾岩体主要出露于宣化店—高桥—永佳河蛇绿混杂岩带及其两侧地（岩）层中，其他地区零星出露，常见于红安县柏树湾、灯笼山、陈升庙、打鼓尖、大悟县四姑墩、烟墩店等地（相当于 1∶5 万七里坪、四姑墩幅柏树湾单元），出露面积约为 45.5 km^2。侵入体多呈脉状、墙状及透镜状顺片理、片麻理产出，北北西向带状展布。

柏树湾岩体主要岩石类型为变辉长岩及变辉绿岩，它们均受到高压榴辉岩相变质和绿帘角闪岩相的退变质作用，形成一系列变质岩，包括钠长角闪岩，石榴钠长角闪岩及绿帘钠长角闪岩等。岩石呈灰绿色，柱粒状或柱粒斑状变晶结构，变余辉长（或辉绿）结构，定向或片状构造。主要矿物由 40%～60%的普通角闪石、30%～40%的钠长石组成；次要矿物为 5%～15%的绿帘石（或黝帘石）、3%～10%的铁铝榴石、1%～2%的石英、1%～3%的钾长石，局部可见少量的白云母，黑云母等；常见副矿物为磁铁矿、金红石、榍石、磷灰石等。主要矿物晶粒大小为 0.5～1.5 mm，少数钠长石呈变斑晶，晶粒大小为 3～4 mm。

岩石化学成分及特征值（彭练红，2003）显示，属基性岩类。碱铝指数为 0.25，属钙性系列岩石；铝饱和指数为 0.58，属贫铝型岩石；氧化系数为 1.03，反映岩石未遭受蚀变氧化作用。在 MgO-CaO-[FeO]图解中，各样品投影点落于镁铁质基性岩区和超镁铁质基性岩区的边缘，进一步利用 SiO_2-K_2O+Na_2O 图解判断，它们的投影点落在辉长岩区，以上特征说明柏树湾单元的原岩为辉长岩和辉绿岩。《麻城市幅 H50C001001 1∶25 万区域地质调查报告》（彭练红，2003）显示，该岩石组合为蛇绿混杂岩带的组成部分，是早古生代时期伴随着潘基亚超大陆的裂解，上地幔物质沿洋中脊上侵形成。

关于基性-超基性岩系列的成岩时代由于没有可靠的同位素年龄资料，所以根据区域地质资料，其侵入于古生代地层及《随州市幅 H49C001004 1∶25 万区域地质调查报告》（雷健，2003），将其侵位时代放在志留纪较为合适。

2. 南秦岭竹溪—房县地区及随枣地区板内碱性岩类

南秦岭竹溪—房县地区及随枣地区板内碱性岩类分布在耿集—双河—坪坝一线北东、新黄断裂以南的地区的碱性杂岩共计 15 个（表 2.3）。

表 2.3 耿集—双河—坪坝一线北东、新黄断裂以南的地区古生代主要碱性杂岩特征

岩石类型	产地	规模/m		形态	与围岩关系
		长	宽		
钾（碱）长花岗岩	广水市中山口	7 000	600	小岩体、岩脉	侵入耀岭河岩组、陡山沱组、灯影组，局部为断裂接触
	安陆市贵家庵	550	450	小岩株	侵入武当岩群、辉长辉绿岩、石英二长岩，接触带见混合岩化
石英二长岩	安陆市横山坡	1 000	250	北西向的长条脉状	侵入武当岩群、辉长辉绿岩，南西侧为断裂
	安陆市贵家庵	450	400	小岩株	侵入辉长辉绿岩、武当岩群
英碱正长岩	随州市黄羊山	7 000	2 000	北西向的扁透镜状	侵入杨家堡组、辉长岩体，被公安寨组不整合覆盖
	随州市王家台	1 500	500	北东向的鸡腿状	侵入武当岩群
石英正长岩	枣阳市无量山	1 500	750	椭圆形	侵入武当岩群
	枣阳市柳簸湾	400	350	土豆状	侵入武当岩群
	枣阳市沙坡湾	1 000	500	不规则状	侵入耀岭河岩组、陡山沱组
	枣阳市龙鼻子湾	750	300	北北东向的不规则状	东侧与武当岩群呈断层接触，西侧侵入辉长岩
	枣阳市下石厂	500	200	北西向的肾状	侵入耀岭河岩组
黑云正长岩 霞石正长岩 霓霞正长岩 硬玉正长岩 硬玉霞石正长岩	随州市何家店	850	350	弯刀状	侵入武当岩群、辉长岩，与黑云正长岩间见混合岩化
	随州市观子山	300	300	等轴状岩株	东侧与武当岩群断层接触，西侧侵入黑云正长岩
	随州市响坡	1 350	600	北北东向的三角状	侵入辉长辉绿岩、武当岩群、陡山沱组、寒武纪地层
角闪黑云正长岩	随州市五童庙	5 250	1 000	北西向的弯钩状，北部见数个水滴状小岩株	侵入武当岩群、耀岭河岩组、陡山沱组、寒武纪地层，见十字石化，局部断裂接触

岩石类型主要有三类：石英二长岩类、正长岩类、钾（碱）长花岗岩类。

各岩石均呈小岩体、岩脉产出，面积大者约 14 km^2，小者仅 0.1 km^2。侵入于武当岩群、辉长辉绿岩等围岩，部分岩体中见围岩包体（捕虏体）。

各岩石多为小岩体单独产出，也见数种岩石组成杂岩体，如观子山岩体即见黑云母角闪正长岩、硬玉正长岩、硬玉霞石正长岩等岩石，组成形状不太规则的杂岩体。

（1）地质特征。石英二长岩见于安陆市横山坡及贵家庵两处。岩体侵入辉长辉绿岩、武当岩群。在石英二长岩与辉长辉绿岩接触处见混染带：宽为 10～20 m，石英二长岩出现次生加大结构，斜长石可增大至 6 mm×2 mm 而使岩石呈似斑状结构。岩石中出现反条纹长石，暗色矿物增高；辉长辉绿岩中因混合了酸性物质而出现 5%～10%的石英。岩石新鲜面呈灰色，风化后呈红褐色，具细粒花岗结构，块状构造。岩石由石英（12%～18%）、斜长石（35%～40%）、钾长石（27%～28%）、绿帘石（5%～8%）、黑硬绿泥石（10%～20%）组成。岩石中斜长石多为奥-中长石，发育细密聚片双晶及卡（肖）-钠复合双晶。钾长石以条纹长石为主，呈自形-半自形板柱状，发育卡氏双晶，常交代斜长石，少数形成环边。

石英呈它形粒状。岩石中暗色矿物已被黑硬绿泥石取代。在横山坡、小横山坡见岩石中出现 2%～4%的碱性角闪石（霓石？），粒径为 0.6～1.2 mm，呈浅绿褐、黄绿色，为柱粒状及放射状集合体，多色性明显，具负延性；常被绿帘石交代，部分转化为针柱状黑硬绿泥石及铁质。副矿物为锆石、磁铁矿、石榴石等。

钾（碱）长花岗岩见于广水市中山口和安陆市贵家庵两处，岩体侵入武当岩群、耀岭河岩组、陡山沱组、灯影组及辉长辉绿岩、石英二长岩等。岩石中具细粒花岗结构，块状构造。矿物组成由 8%～25%的石英、77%～80%的钾长石组成。在 Q′-ANOR 图解中落入碱长花岗岩区。钾长石呈半自形及它形粒状，为条纹长石，局部见其表面附着细小绿帘石颗粒且定向排列，可能为交代条纹长石中斜长石的产物；广水市中山口岩体中钾长石呈次棱角状斑晶，粒径为 2～5 mm，其端元分子式为 $Or_{95}Ab_5An_0$。绿帘石为细小粒状集合体，保留被交代矿物的半自形板柱状晶形。受绿帘石化的影响，刘家棚子东贵家庵岩体中局部绿帘石可达 45%。在广水市中山口，岩石中见少量白云母（绢云母），呈细小鳞片状，为后期变化产物。岩石副矿物主要为锆石、磁铁矿等。

英碱正长岩在区内有三个岩体，见于随州市黄羊山和王家台。以黄羊山岩体出露最大，长约为 7 000 m，宽约为 2 000 m，面积约为 10 km^2。呈北西—南东展布的扁透镜状。岩体东南和西部侵入变辉长岩，接触面外倾，倾角为 35°；北部侵入寒武系，接触面内倾（向南东），倾角为 75°，较陡立；南侧被白垩纪—古近纪的红层（公安寨组）不整合覆盖。该岩体发育较明显的相带，中部为中粗粒英碱正长岩，粒径为 2～10 mm，边部为（中）细粒英碱正长岩，粒径为 0.5～1 mm。岩体主要由条纹长石及反条纹长石、石英和钠闪石组成，副矿物见钛铁矿、赤（褐）铁矿、榍石、磷灰石、锆石等。岩石呈浅灰白色，具自形柱粒状结构，块状构造。条纹或反条纹长石呈自形-半自形，粒径为 1～3 mm。其成分见《随州市幅 H49C001004 1∶25 万区域地质调查报告》（雷健，2003），条纹中钠长石略高于钾长石，原子数 K+Na>Al，属于碱过饱和型，钠长石牌号为零；同时据 X 射线衍射分析，钾长石三斜度为 0.86，属低微斜长石。钠闪石常见，手标本上呈黑芝麻点状，分布均匀，镜下为长柱状。柱粒一般为(0.05～0.1) mm×(0.2～2.0) mm，少数呈不规则粒状；多色性较强，呈 Np-深蓝色，Nm-蓝灰色，Ng-黄绿色，实测比重为 3.35。钠闪石呈单体或集合体产出，局部见围绕霓石边缘交代，本身又被黑云母、绿泥石交代。质量分数$(Ca+Na)_B>1.34$，且 $0.67<Na_B<1.34$，$0.67<Ca_B<1.34$，应属钠钙质闪石族，同时 $Si>7.50$，$(Na+K)_A<0.50$，$Mg/Mg+Fe^{2+}=0.12$，应属铁蓝透闪石（表 2.4）。霓石呈翠黄色细长柱状，多色性较强，呈 Np-草绿色，Nm-黄绿色，Ng-淡黄绿色；吸收性 Np>Nm>Ng，属黑云母式异向性吸收；柱状解理发育，横切面具角闪石式的六边形，并具两组近于直立的解理，负延性，折光率大

表 2.4 黄羊山英碱正长岩体钠闪石化学成分及化学式

项目	SiO_2	TiO_2	Al_2O_3	Fe_2O_3	FeO	MnO	MgO	CaO	Na_2O	K_2O	H_2O^+
质量分数/%	48.28	1.98	1.75	8.10	24.91	1.11	1.80	5.29	3.73	1.03	1.77
元素占比	A：Na（0.25%） B：Na（0.88%） K（0.21%） Ca（0.90%） Mn（0.01%） T：（Si7.62Al0.32Fe3+0.06）（8.00%）										
通式	$A_{0\text{-}1}B_2O_5T_8O_{22}(OH、F、Cl)_2$										

于闪石；霓石分子（Ac）质量分数高达 90.59%，透辉石、钙铁辉石和钙契尔马克分子(Di+Hd+Tgch)质量分数占9.41%，完全不含硬玉分子（Jd）。其标准化曲线呈左高右低的 V 字形，LREE/HREE<1，δEu=0.54。

黑云正长岩见于枣阳观子山等地，侵入陡山沱组。岩石呈黄褐色、灰黄色，半自形细-中细粒结构，变余辉长结构，块状-微片状构造。主要矿物为钠长石（约 46%）、黑云母+次闪石（12%～18%）、黝帘石（约 22%）、条纹长石（10%）、绢云母（5%）。岩石为强烈变质后的产物，原岩相当于碱性辉长岩。黑云母、次闪石为辉石变质而来，斜长石退变质为钠长石、黝帘石。副矿物有榍石、磷灰石、金红石、石榴子石、锆石等。

石英正长岩见于枣阳市无量山等地，呈椭圆形产出，侵入武当岩群等。岩石呈灰白色。具半自形中粗粒粒状结构，块状构造，边部具片理化，无量山的边部具粗面结构。主要矿物为条纹长石（70%～80%）、钠长石（8%～10%）、石英（5%～10%），副矿物为磁铁矿-磷灰石-锆石-锐钛矿型组合。

霞石正长岩、霓霞正长岩、硬玉霞石正长岩、硬玉正长岩主要见于随州市观子山等地。侵入武当岩群等，岩体中见围岩的捕虏体。岩石呈灰色，具半自形-自形中粗粒粒状结构，块状构造。主要矿物为条纹（反条纹）长石（66%）、钙霞石（10%～15%），其次见少量黑云母、霓石、白云母、钠长石。

（2）岩石化学特征。各岩石化学成分详见《随州市幅 H49C001004 1∶25 万区域地质调查报告》（雷健，2003），综述如下。

岩石中出现了霓石、霞石、碱性长石等碱性矿物，因此均属碱性岩；各岩石的里特曼指数为 0.4～12.55。钾长花岗岩、石英正长岩的铝饱和指数大于 1，为过铝岩石，其他岩石均小于 1，为准铝质岩石。各岩石稀土元素总量变化范围较大，霓霞正长岩最高，达 1 109.71（$\times10^{-6}$），一般在 243×10^{-6}～400×10^{-6}。各岩石的 LREE/HREE>1，轻稀土分馏明显。Sm/Nd<0.33，轻稀土亏损。科勒尔曲线均呈左高右低。

（3）形成时代探讨。该区碱性岩侵入的最新地层为兰家畈组，并侵入辉长辉绿岩，前人采集的同位素年龄在 215～530 Ma（表 2.5），空间上与古生代基性岩伴生，在郧西一带的志留系梅子垭组中见有碱性粗面质火山岩，说明该时期有碱性岩浆活动，碱性侵入岩体的时代为古生代无疑。因此将该地区碱性杂岩形成时代置于志留纪，不排除晚古生代的可能。

表 2.5　耿集—双河—坪坝一线北东、新黄断裂以南碱性杂岩同位素年代学数据

测定年龄/Ma	测定方法	采样地点	测定单位	年份	资料来源	岩石名称	本次填图单位
215	全岩 Rb-Sr 法	随州市花山寨	成都地质学院	1988	李石（1991）	中粒英碱正长岩	英碱正长岩
306	全岩 Rb-Sr 法	随州市观子山	成都地质学院	1988	李石（1991）	硬玉霞石正长岩	霞石正长岩
441	锆石 U-Pb 法	随州市三里岗梁家大湾	—	1982	湖北省区测队（1961）	石英霓石正长岩	英碱正长岩
530.2±24	单颗锆石蒸发法	随州市五童庙	—	1995	1:5 万清潭镇幅	黑云正长岩	黑云正长岩

（4）碱性岩的成因类型。碱性岩的成因有两种，一种为岩浆分异，一种为花岗岩同化灰岩时发生的去硅作用。前者既可为上地幔部分熔融产生的岩浆直接形成，也可由碱性玄武岩经结晶分异作用产生。而正长岩或为玄武岩浆分异产物，或为花岗岩浆同化的结果。前者 FeO/MgO 的质量比值为 1.0～5.1，平均质量比值为 2.7；后者的质量比值为 0.7～1.6，平均质量比值为 1.2。区内正长岩类的 FeO/MgO 的质量比值为 1.43～16.05，空间上见与基性岩伴生，且见混染现象，因此，为玄武岩浆分异的可能性较大。根据向祥辉（1995）研究，其形成深度大于 42.9 km。

（5）碱性岩形成的构造环境：通常认为，碱性岩产于拉张环境中。各类图解表明，岩石为非造山的（A 型）产物，考虑本区碱性岩与碱性基性、超基性岩伴生，应为裂谷的产物。

3. 晚古生代北淮阳 A 型、S 型花岗岩类

与早古生代岩浆活动相比，研究区内晚古生代岩浆活动的记录相对较少。主要分布于北淮阳造山带，岩石类型为中-酸性岩类，具有非造山 A 型花岗岩或过铝质 S 型花岗岩特征。以汪家湾—秦河—三洞盖钾长花岗岩类为代表。

（1）汪家湾岩体分布于武胜关镇（原广水镇）以南及北淮阳区。顺片理、片麻理侵入于青百口系—古生界之中（在武胜关镇以南侵入青百口系武当（岩）群、在北淮阳区侵入古生界之中），与区域构造线一致，局部可见与围岩的侵入接触关系。

在武胜关镇南汪家湾一带，岩体呈北西向展布，面积小，仅 1 km^2，向西延伸出图［相当于《1∶5 万广水市幅区域地质调查报告》（中国地质大学，1994）中加里东期大山口钾长花岗岩侵入体］。主要岩性为中细粒钾长花岗质片麻岩，呈浅黄-肉红色，具似斑状结构、初糜棱结构，弱定向构造。岩体主要由石英（50%）、钾长石（38%）组成，次为钠长石（5%）、绢云母（7%），岩石具明显的绿帘石化，属碱长花岗岩类。

该岩体铝饱和指数大于 1，CNK 值小于 0.8，属钙碱性饱铝型花岗岩，分异程度高。轻重稀土分馏程度较高，轻重稀土比值为 12.41，具较强负 Eu 异常；微量元素地球化学特征具有 K、Rb、Ba、Th 高度富集、Ce 比相邻元素相对富集、Yb 明显亏损的特点。

在 Bowes（1967）图解上，投点落于 I 区，说明该岩体为已脱离源区移动到地壳浅部的晚期侵入花岗岩，用 Q-Ab-Or 图解判断其为侵位深度小于 1.7 km 的浅层侵入体，上侵距离大于 16.5 km；而其源岩深度大致在 18.2 km 的中下地壳，化学成分上具有高 Si、K、Al 含量、低 Ca 含量的特点。邻区《随州市幅 H49C001004 1∶25 万区域地质调查报告》（雷健，2003）显示该岩体为非造山侵入 A 型花岗岩，形成于板块离散环境。

（2）秦河片麻岩分布于北淮阳分区光山县浒湾镇、吴陈河镇的秦河—夏湾—蔡冲—杨湾一带，出露面积约 14 km^2。形态多不规则，与围岩呈侵入接触，局部残留地层包体。在接触带常出现电气石、石榴子石等热液蚀变矿物。

据《1∶5 万文殊寺幅、千斤河棚幅、泼河幅、新县幅、两路幅区域地质调查报告》（河南省第三地质大队，1999），主要岩石类型为钾长花岗质片麻岩，糜棱岩化钾长花岗质片麻岩，其中钾长石斑晶一般有长英质矿物包裹体，因此认为其可能为动力生长的变斑晶。岩石实际矿物在 QAP 图解中均投入钾长花岗岩区；岩石化学样品在 R_1-R_2 图解中，落入正长花岗岩；岩石稀土元素配分曲线为右倾平滑型，铕异常不明显，微量元素在构造环境判别

图中，样品均投入同碰撞花岗岩区。根据在该岩体内获得的锆石 U-Pb 表面年龄 284 Ma，将其时代定为晚古生代。

（3）三洞盖单元：分布于商城县北部的三洞盖、大石崖一带，面积约为 14.5 km^2。平面上呈条块状，与周边地层为断层接触，局部见有岩枝侵入围岩中，由此推测其原始状态为侵入接触，后为断层切割。岩体内有较多围岩捕虏体及少量后期岩脉。

主要岩石类型为片麻状钾长花岗斑岩，呈淡红色，由于岩体遭受变质变形作用，岩石的结构、构造在南北有一定差异，在强应变带和岩体南部为鳞片粒状变晶结构，眼球状、片麻状构造，在岩体的中、北部为变余斑状结构、变余半自形粒状结构，多为片麻状构造，部分呈微定向构造。造岩矿物主要由 47%的钾长石、6%的斜长石、33%的石英、7%的白云母等组成。变余斑晶既有钾长石，也有斜长石，钾长石呈自形、半自形板柱状、柱粒状，斜长石具格子双晶，相对聚集定向分布；石英呈不规则的粒状、眼球状，定向分布，且有许多亚颗粒出现；白云母呈鳞片状、多数集中于劈理域呈条纹状定向分布，可能为后期动力变质作用的产物。

岩石化学成分及特征值显示：SiO_2 质量分数为 73.80%，呈酸性岩特点（河南省第三地质大队，1999）；碱铝指数为 0.78，属钙碱性系列岩石；铝饱和指数为 1.23，属过铝型岩石；氧化系数为 0.61，反映岩石曾遭受蚀变氧化作用，在 A-C-F 图解中，投点落于 S 型花岗岩区。稀土元素总量较高（683.44×10^{-6}），轻重稀土比值为 4.22，反映轻稀土相对富集，重稀土亏损，具强负 Eu 异常（δEu=0.19），分布特征为左略高、右略低的尖 V 字形。微量元素含量与维氏花岗岩克拉克值相比，Zr、Th 富集，Sr、Ba 低，Rb、Ni 偏低，Co、Cr 偏高；Rb/Sr 的质量比值为 8.81，Nb/Ta 的质量比值为 15.90。三洞盖单元片麻状钾长花岗斑岩为钙碱性过铝型酸性岩石，内部常有大量的石门冲岩组的捕虏体，且有岩枝侵入石门冲岩组地层之中，因此其侵入时代应晚于早古生代。前人曾在三里坪的白云钾长片麻岩中获得白云母 K-Ar 的年龄为 253 Ma，可能为变质年龄，应小于岩体的侵入年龄，故将该单元的形成时代定为晚古生代。

综上所述，在板块离散期末，该区西部尚有少量的钾质岩浆的溢出（汪家湾岩体）；晚古生代初期，以钙碱性花岗岩（闪长质片麻岩-石英闪长质片麻岩-奥长花岗质片麻岩-花岗闪长质片麻岩）为代表，说明秦岭洋从离散型逐渐转变为汇聚型环境，扬子陆块向华北陆块靠拢并发生俯冲作用（B 型俯冲，以洋壳俯冲为主，具单侧造山特点），秦河片麻岩（钾长花岗质片麻岩）和三洞盖单元（片麻状钾长花岗斑岩）等富钾岩浆侵入成为 B 型俯冲期末的显著特点。

2.1.5 中生代侵入岩

中生代的侵入岩构成本区侵入岩的主体，就分布地区来说，中生代侵入岩主要分布桐柏—大别地区，武当地块出露极少。就年龄的分布来说，岩体集中于早白垩世。

桐柏—大别地区各类侵入岩的特征：侵入岩类型较多，不同岩性的岩石呈有规律的序列产出，从早到晚为石英闪长岩→镁铁质→超镁铁质岩/斑状二长花岗岩→细粒二长花岗岩/钾长花岗岩→（霞石）正长岩和花岗斑岩→各类岩脉，锆石定年结果基本与该序列一致，其中斑状二长花岗岩占桐柏—大别山中生代侵入岩的绝大部分，其他类型岩石出露相对较少。大量的 SHRIMP 和 LA-ICP-MS 锆石 U-Pb 测年结果表明，桐柏—大别山中生代侵入岩岩浆活动集中于 110～140 Ma，缺乏更早的中生代岩浆活动的年龄。

不同岩性特征概述如下。石英闪长岩包括位于大别山核部英山县草盘镇的石鼓尖岩体和太湖县东北刘家洼岩体。斑状二长花岗岩为桐柏—大别山早白垩世侵入岩的主体岩性，遍布全区。石英闪长岩类与斑状二长花岗岩类锆石 U-Pb 测年结果一般早于 130 Ma，具有基本相同的化学成分特征。除刘家洼的辉石闪长岩 SiO_2 的质量分数约为 53%外，其他石英闪长岩 SiO_2 的质量分数约为 63%，斑状二长花岗岩 SiO_2 的质量分数为 67%～73%。岩石镁指数（$Mg^{\#}$）大于 35，属准铝质高钾钙碱性系列。岩石富集 LILE、LREE，亏损 HFSE、HREE，Eu 无异常和/或弱异常，高 Sr 低 Y 等特征。Sr 同位素初始比值高，$\varepsilon_{Nd}(t)$值低。岩石整体上表现埃达克质岩的特征。

镁铁质-超镁铁质岩体呈小岩株产出于大别山东北部，主要岩体分布于椒子、道士冲、祝家铺、任家湾、小河口及大别山核部的沙村、漆柱山和贾庙等地。岩性主要为辉石岩-辉长岩，边部为黑云母闪长岩、角闪辉长岩，普遍发育闪长玢岩脉、花岗岩脉。辉石岩-辉长岩锆石 U-Pb 年龄集中于 125～130 Ma。

二长花岗岩/钾长花岗岩一般与斑状二长花岗岩相伴出露，凡较大规模的斑状二长花岗岩体中均可见小规模的细粒二长花岗岩/细粒钾长花岗岩。此外，呈单独产出的岩体有时也为钾长花岗岩，如新县中粗粒钾长花岗岩体。新县岩体东边为汤家坪花岗斑岩，花岗斑岩与钼矿化关系密切，主要包括沙沟坪、汤家坪、大银尖等。这些侵入体的年龄一般为 110 Ma 左右。岩石高硅（>72%），富碱（>7.4%），轻稀土元素富集，重稀土元素亏损，明显亏损 Eu、Ba、Sr、Nb 等。Sr 同位素初始比值较高，$\varepsilon_{Nd}(t)$低，体现高度演化的岩浆的特征。二长花岗岩/钾长花岗岩锆石 U-Pb 年龄一般小于 130 Ma。岩石 SiO_2 质量分数变化范围较大，在 68%～78%。$Mg^{\#}$较小，一般小于 30。铝饱和指数多大于 1，碱量 ALK 多为 8%～9%，K_2O/Na_2O 质量比值大于 1，属高钾钙碱性系列至钾玄岩系列岩石。稀土元素总量变化较大，Eu 呈中等负异常—弱负异常，稀土元素配分曲线略右倾。岩石微量元素 Ba、Sr、U、Nb、Ta、P、Ti 等强烈亏损，Pb、K、Rb 及 LREE 等元素富集。Sr/Y 质量比值多小于 20。岩石中 Sr 同位素初始比值为高，$\varepsilon_{Nd}(t)$低。

（霞石）正长岩产出于北淮阳构造东部的响洪甸岩体、西大别南部研子岗岩体和桐柏地区北部毛集岩体。研子岗主体岩性为石英正长岩；毛集岩体主体岩性为中细粒碱性花岗岩和石英正长斑岩；响洪甸岩体主体岩性为霞石正长岩，岩体中普遍可见晚期石英正长斑岩脉。石英正长岩 SiO_2 的质量分数集中地变化于 64%～66%，ALK 位于 11%附近，铝饱和指数多为 0.6～0.8。岩石稀土元素总量变化大，为 110×10^{-6}～$\times10^{-6}$，Eu 负异常不明显，稀土元素配分曲线呈较陡右倾的烟斗状，微量元素 Nb、Ta、P、Ti 等强烈亏损，强烈富集 Pb、Ba 元素，富集 LILE 和 HFSE 等。岩石 Sr 同位素初始比值为高，$\varepsilon_{Nd}(t)$低，Nd 同位素模式年龄集中在 2.0 Ga。细粒碱性花岗岩 SiO_2 较高，质量分数集中于 77%～78%，ALK 位于 9%附近，铝饱和指数约为 1。岩石稀土元素总量较低，介于 110×10^{-6}～130×10^{-6}，Eu 表现强烈负异常，介于 0.06～0.16，稀土元素配分曲线呈典型的 V 字形，微量元素 Ba、Sr、P、Eu、Ti 等强烈亏损，Th、Pb、Rb 等元素强烈富集。岩石 $\varepsilon_{Nd}(t)$低，Nd 同位素模式年龄集中在 1.9 Ga（周红升 等，2009）。

1. 基性-超基性岩

基性岩浆活动在不同区域内的表现形式稍有不同。东大别核部地区主要表现形式为一系列的基性-超基性小岩体、基性岩脉；西大别地区主要表现形式为中-基性岩脉。暗色微粒包体主要出露在北淮阳地区、南大别地区、西大别地区的花岗岩类中。辉石岩-辉长岩体呈小岩株产出于大别山东北部，主要岩体分布于椒子、道士冲、祝家铺、任家湾、小河口及大别山核部的沙村、漆柱山和贾庙等地，锆石 U-Pb 年龄集中于 125～130 Ma（张金阳 等，2007）。

对于北大别构造带内的辉石-辉长岩时代，长期以来一直将其归为五台—吕梁期。自 20 世纪 90 年代以来，诸多学者对其进行了同位素年代学研究，并报道了大量的同位素年龄数据，侵入体的峰值范围在 125～130 Ma。诸多同位素年龄资料证实了北大别地区的辉石-辉长岩形成于燕山晚期，是碰撞后而不是同碰撞岩浆岩，这与大别地区大部分的花岗质岩石形成时代一致，表明大别山地区在燕山晚期同时出现了基性岩浆和酸性岩浆活动。

辉石岩-辉长岩绝大多数属铝正常系列。辉石岩-辉闪岩 Mg/Fe 质量比值一般为 1.1～2.2；而辉长岩一般为 0.62～0.7。从 MgO-Al_2O_3 和 MgO-TiO_2 相关图解的分析看，辉石岩和辉长岩可构成一个较好的分离结晶演化趋势线，但在 MgO 的质量分数为 12%～13%、Al_2O_3 的质量分数为 8%～11%，TiO_2 的质量分数为 1.2%～1.5%，该趋势线间存在一个间隔，它可能对应于初始岩浆成分，因此堆晶岩的成分向高 MgO、低 Al_2O_3 的方向演化，而残留熔体则向高 Al_2O_3、TiO_2 的方向演化。

不同辉石-辉长质侵入体的地球化学分析显示，辉石岩-辉长岩的稀土元素含量较一般的幔源辉石岩高，并有较大的变化范围，轻重稀土分馏程度相对较低，Eu 负异常不明显，但晚期的辉长-闪长岩的 LREE 较辉石岩高，显示较强的稀土元素分异。在微量元素方面，各岩体最显著的特点是 Rb、Ba 等元素相对富集，而高场强元素如 Nb、Ti、Zr 亏损。通过 Ti、Zr、Y 等元素地球化学的研究认为，陆壳混染不是造成镁铁-超镁铁质岩的高场强元素亏损的主要原因，它反映的是地幔源区的特征。Nb 的负异常是俯冲带和典型陆壳岩浆岩的特征，大别造山带在晚中生代不存在俯冲碰撞过程，因此这种幔源岩浆显示了一定程度的陆壳物质特征。

2. 中-酸性岩

中生代中酸性岩浆活动广泛分布于武当—桐柏—大别地区，包括零星分布于青峰断裂以北的新元古界武当群地层区中的中-酸性的闪长岩-花岗岩，新黄断裂带北东侧浆溪店—平靖关—广水市一带、松扒断裂带南侧的老湾—八庙地—鹰嘴石一带混合花岗岩，以及在大别构造带和北淮阳构造带的中-酸性岩类。现按空间分布关系分别介绍如下。

1）青峰断裂以北的武当地区

青峰断裂以北的武当地区代表性的岩体有马蹄山闪长岩体、池塘垭花岗岩体、牌楼花岗岩体、大峪沟花岗岩体、大山花岗岩体及谷山花岗岩体，分别位于郧阳北 7.8 km 的池塘垭一带、竹山县城北西约 30.722 km 的牌楼一带、丹江口市北西约 62.551 km 的大峪沟北西侧及丹江口市北东约 64.37 km 的河南境内的谷山一带。现以马蹄山闪长岩为例进行介绍。

马蹄山闪长岩体侵入体呈透镜状北东向展布，长为 0.77 km，最宽处为 0.145 km，面积约 0.063 km^2，与北北西向构造线不和谐，侵位于拦鱼河岩组及岩体变辉绿（玢）岩中。在空间上与围岩呈侵入接触关系，围岩蚀变不明显，岩石较新鲜，变形变质程度极低。

岩性为闪长玢岩，岩石呈浅灰色，具斑状结构、自形-半自形粒状结构，块状构造。主要由斜长石（更-中长石）、角闪石（富铁钠闪石？）黑硬绿泥石及少量的绿帘石、石英等矿物组成。斜长石质量分数一般为55%～65%，多呈自形-半自形板柱状，粒径为0.15 mm，尺寸最大可达 0.5 mm×1.5 mm；角闪石质量分数一般为 20%～30%，柱长为 0.15～3 mm，属细-中晶粒级，岩石中常含 5%～10%的角闪石斑晶，粒径大者可达 5～6 mm，其多色性明显，呈 Ng-蓝绿色、Nm-褐绿色、Np-淡褐色，正延性，高正突起，斜消光，消光角 $Ng\Lambda c=16°$，2V 角较小，闪石式解理清晰可见；黑硬绿泥石含量变化较大，高者质量分数可达 25%～30%，呈片状集合体产出，片径为 0.1～0.35 mm。副矿物为石榴石、磷灰石、榍石及磁铁矿等。

据硅酸盐分析及有关岩石化学计算，岩石化学成分与戴里闪长岩平均值相比，除 SiO_2 含量略低外，其他氧化物含量基本相当（湖北省地质调查院，2007a）；在 SiO_2-AR 图解中，落在钙碱质靠近弱碱质区域，里特曼指数为 2.18～3.54，两种方法结论一致，属于钙碱性偏弱碱性岩系；碱铝指数小于 0.7、铝饱和指数为 0.67～0.68，分子数 $CaO+K_2O+Na_2O$ ＞ Al_2O_3 ＞ K_2O+Na_2O，属正常类型；岩浆分异指数为 52.8～56.9，长英指数为 48.29～48.96。

2）桐柏—随枣地区

桐柏—随枣地区代表性的岩石包括老湾—半拉寨岩浆混合花岗岩、四方山—三合店岩浆混合花岗岩、新玉皇顶—车云山岩浆混合花岗岩、铜山—天目山 A 型花岗岩、三里岗岩体、平靖关序列及谭家河序列等。这些岩石总体上显示钙碱性、准铝质-弱过铝质、轻重稀土分异明显的特征，形成于后碰撞-板内伸展构造背景下。以老湾—半拉寨岩浆混合花岗岩为例进行介绍。

老湾—半拉寨岩浆混合花岗岩呈北西—南东向带状展布于松扒断裂带南侧的老湾—八庙地—鹰嘴石一带，由老湾超单元和从桐柏山杂岩解体出的半拉寨独立单元组成，出露总面积约 98 km^2。老湾超单元侵位于南湾组、肖家庙岩组，与龟山岩组断层接触，面积约为 23 km^2，由中细粒二长花岗岩单元和斑状中粗粒二长花岗岩单元组成，其中中细粒二长花岗岩单元分布于岩体外侧，与斑状中粗粒二长花岗岩单元多呈脉动式接触，局部为涌动接触；半拉寨独立单元沿桐商断裂带侵位于桐柏山片麻杂岩和肖家庙岩组，面积约为 75 km^2，主要岩性为中细粒黑云母二长花岗岩。

（1）岩石学特征。组成该岩带的岩性为二长花岗岩。岩石具中细粒、中粗粒花岗结构、似斑状结构、碎裂结构，块状构造。半拉寨独立单元普遍具弱片麻状构造。主要矿物为斜长石、钾长石、石英，具少量黑云母。似斑晶以钾长石为主，含少量石英。副矿物以磁铁矿、锆石、榍石、磷灰石为主。

（2）包体及伴生岩脉特征。该岩带岩体内部包体较为发育。其中老湾超单元以捕虏体为主，捕虏体分布于岩体边部，规模一般较大，以棱角状、次棱角状产出，成分与围岩成分一致；半拉寨独立单元以残留体、暗色微粒包体为主，残留体分布较广，以透镜状、长条状、条纹状出现，成分为富云母质片岩、片麻岩等，具鳞片粒状变晶结构、定向构造，角闪石+黑云母的质量分数为 70%～80%，长石、石英多被熔出，质量分数为 10%～20%。暗色微粒包体规模较小，在早期单元零星见到，为透镜状、椭圆形、浑圆形等，与寄主岩界线清楚，岩性为闪长岩，具半自形粒状结构、块状构造，由斜长石、黑云母及少量石英组成。

老湾超单元普遍伴生钾长伟晶岩脉，与寄主岩界线清楚，走向以北西为主，规模一般较小，延伸不远。

（3）岩石化学特征。岩石化学成分与同类岩石（黎彤 等，1965）相比，岩石 Na_2O、K_2O、CaO 的质量分数高，MgO 的质量分数低；质量比值 K/Na>1，为 1.12～1.19，里特曼指数为 2.86～3.01，铝饱和指数为 0.95～1.05，具 S 型花岗岩特征。在 SiO_2-(Na_2O+K_2O) 和 FeO^T-(Na_2O+K_2O)-MgO 图解上，投点落在亚碱性岩区（S）和钙碱性岩区（C）。稀土元素总量为 169.58×10^{-6}～235.31×10^{-6}，LREE/HREE 为 18.48～22.55，δEu 为 0.72～0.77，具较强分馏程度和弱 Eu 负异常。稀土元素分布模式为向右微倾的圆滑曲线，具碰撞型和岛弧型花岗岩特征。原始地幔标准化模式为不规则形，出现明显 Rb、Nb 负异常，显示壳幔混合型花岗岩的特征。

（4）形成时代探讨。该岩带老湾超单元侵位于泥盆系南湾组和晚古生代三里岗—狮河港基性、酸性花岗岩带（变辉长岩 Sm-Nd 等时线年龄为 261 Ma），且岩石受韧性剪切变形改造较弱。岩石稀土配分模式与早白垩世花岗岩截然不同，无负 Eu 异常。上述特征表明该岩带可能形成于三叠纪—侏罗纪。

（5）成因类型及构造背景。老湾花岗岩的 Rb/Sr 质量比值为 0.38。老湾花岗岩主体呈近东西向带状展布，其边界严格受断裂控制，沿断裂带内的岩石破碎，构造角砾岩发育，热液蚀变现象普遍，伟晶岩脉多见，构造岩无定向组构等，认为其就位与老湾断裂早期活动有关，即老湾花岗岩属构造被动就位。在 R_1-R_2 图解上，投点落入同碰撞期靠近造山晚期一侧；在 Nb-Y 和 Rb-(Yb+Nb)图解上，落在板内和火山弧花岗岩区等，表明其形成可能与陆内俯冲作用有关。借助于 Q-Ab-Or-H_2O 图解求得岩体的形成温度 T 为 700～750 ℃，压力 P 为 0.3～0.4 GPa，根据地热梯度和压力梯度推算，定位深度为 9～12 km。

3）北淮阳和大别造山带

北淮阳和大别造山带中生代中-酸性侵入岩广泛发育。从岩体变形特征和与区域构造关系看，岩体可分为三类。第一类岩体经历了明显的构造变形，岩体通常发育透入性、与区域片麻理较为一致的片麻理构造，岩体呈带状平行于造山带方向展布，如石鼓尖、姚河岩体；第二类岩体平面上呈不规则椭圆形，除岩体边部发育页理构造外，其余均表现为块状构造特征，通常构成早白垩世大别山热窿构造的核部，如主薄源岩体；第三类岩体或呈北东向截切造山带区域构造线，如白马尖岩体，或受晚期拆离构造带控制而呈北西西—南东东向展布，如同兴寺碱性正长岩、金寨苏仙石岩体等。

经过多年的地质调查工作，大别造山带内现已积累了不少中生代花岗岩的同位素年龄数据，尽管受诸多因素影响，不同测试方法获得的数据存在一定的差异，但综合分析表明，大别造山带中生代侵入体明显存在阶段性。在年龄统计图上，其峰值范围主要在 150～170 Ma、140～130 Ma、130～125 Ma 和 110～100 Ma，并以 130～125 Ma 的频率最高。

按照侵位的时间先后关系，结合大别地区中生代花岗岩年龄分布特征，由老至新分别选取八斗岩超单元、姚河超单元及鸡公山序列为例分述如下。

（1）八斗岩超单元。

八斗岩超单元分布在张家咀、长岭一带，主要包括石鼓尖和云峰顶两个单元，分布面积约为 74 km^2，与大别山岩群变质岩层呈侵入接触关系，与后期的天堂寨超单元呈超动侵入接触关系。八斗岩超单元经历了较为明显的构造变形作用，常发育有北东—北北东向的韧性剪切带。

石鼓尖单元分布在张家咀一带，为边缘不规则的椭圆形，呈北北东向延伸，面积约为 20 km^2，主要与大别杂岩呈侵入接触。北西侧为云峰顶单元脉动侵入，另有天河尖单元呈岩脉、岩枝状超动侵入岩体内部。石鼓尖单元从岩体内部到边缘发育有走向为北东—北北东向的片麻状构造，发育不均，具分带现象，是受北东、北北东走滑型的韧性剪切带构造影响所致。岩体内除发育有含量不均的斜长角闪片麻岩、英云闪长质片麻岩等捕虏体外，常见有细小的暗色镁铁质微粒包体。岩性为片麻状石英二长岩，主要矿物有 35%的斜长石、25%的钾长石、10%的石英和 25%的角闪石，次要矿物为 5%的黑云母，副矿物为锆石、磷灰石和磁铁矿。斜长石呈半自形板柱状，粒径一般为 2 mm，内有黑云母等包裹体，局部发育蠕英结构，An=24，属更长石；钾长石呈它形粒状，粒径为 1.2～2 mm，少量具钠长石条纹，局部有石英的包裹体；黑云母呈半自形，一般粒径为 0.6～1.2 mm，绿泥石化发育，常定向分布；普通角闪石呈半自形柱状，粒径一般为 2.5～1.5 mm，具浅黄-绿色多色性；石英呈不规则它形，粒径为 0.6～0.4 mm，波状消光发育。岩石呈块状-片麻状构造，细粒花岗结构。

云峰顶单元分布于张家咀—长岭一带，出露面积约为 53 km^2，与大别杂岩呈侵入关系，脉动侵入石鼓尖单元中，并被后期的三合单元、天河尖单元超动侵入。岩体中片麻状构造较为发育，一般呈北东、北北东向，构造应变强烈地区构成小型韧性剪切变形带。主要岩石类型为似斑状二长花岗岩。岩石呈灰白色-浅肉红色，块状-片麻状构造，似斑状结构，斑晶主要为钾长石，多已压扁、拉长而呈“眼球状”，钾长石斑晶一般长 1.5～2.5 cm，长轴与暗色矿物平行分布，体积分数变化较大，为 5%～30%，多数为 15%～20%。基质粒径在 0.5～2.0 mm，为中细粒结构，暗色矿物断续定向分布，基质矿物的主要组成矿物是 20%～25%的钾长石、25%～35%的斜长石，20%～30%的石英、3%～7%的黑云母，个别含少量角闪石。副矿物为磁铁矿、榍石等。石英普遍具波状消光，呈半自形-它形粒状，粒径一般为 0.3 mm，个别可达 1 mm。斜长石聚片双晶发育，呈半自形，粒径在 0.8 mm 左右。钾长石呈它形粒状，格子双晶发育，少量为条纹长石，粒径为 0.3～1.5 mm，多数在 0.5 mm 左右。

根据 CIPW（Cross、Iddings、Pirsson 和 Washington）所计算的标准矿物在 QAP 图解上落入石英二长岩区和二长花岗岩区。石鼓尖单元与大别山地区石英二长岩平均值（李石，1991）几乎完全一致，与中国石英二长岩的平均值相比（黎彤 等，1963）SiO_2 的含量偏低，FeO^T、MgO、CaO、Na_2O 的含量略有偏高，Na_2O/K_2O 的质量比值为 1.17，里特曼指数为 3.20～3.39、含铝指数为 0.85～0.91，属铝正常系列；云峰顶单元与中国二长花岗岩平均值相比，SiO_2 的含量偏低，Al_2O_3、CaO 的含量则偏高，Na_2O/K_2O 的质量比值为 1.03～1.27，平均里特曼指数为 2.75，铝饱和指数为 0.97～1.01，属准铝质-弱过铝质。在 SiO_2-AR 图解中石鼓尖岩体均属钙碱性岩，云峰顶单元略偏向碱性系列，在 FMA 图解中，岩体呈现了明显的钙碱性岩演化特征，从早到晚由富 Fe、Mg 向富碱方向演化。石鼓尖单元稀土

元素总量为 133.85×10^{-6}～332.75×10^{-6}，平均为 280×10^{-6}，平均 δEu 为 0.88，几乎无 Eu 异常，稀土配分曲线向右倾，LREE/LREE 平均为 19.61，平均$(La/Yb)_N$为 38.35；云峰顶单元稀土元素总量为 140×10^{-6}～299×10^{-6}，平均为 220.33×10^{-6}，δEu 为 0.84，Eu 异常不明显，LREE/LREE 平均为 30.33，$(La/Yb)_N$为 99.08。八斗岩超单元具有较为明显的轻重稀土分馏作用，且从早到晚分馏作用明显增强。稀土配分曲线基本协调一致，均为向右倾斜的平滑型，属轻稀土富集型。石鼓尖单元平均 Yb 的质量分数为 1.28×10^{-6}，Y 的质量分数为 15.56×10^{-6}；云峰顶单元平均 Yb 的质量分数为 0.41×10^{-6}，Y 的质量分数为 6.28×10^{-6}，重稀土 Yb 和 Y 严重亏损，均低于 10 倍球粒陨石丰度，这暗示源区有较多富含重稀土矿物（如石榴石、角闪石等）的残留，Eu 异常基本不显，说明斜长石为进入熔体，且没有发生明显的分离作用。各单元的 Sr、Ba 含量较高，石鼓尖岩体 Sr 的质量分数为 556.4×10^{-6}～$1\,293.4\times10^{-6}$，平均质量分数为 $1\,036.19\times10^{-6}$，Ba 的质量分数一般为 $1\,952\times10^{-6}$～$2\,568.8\times10^{-6}$，平均质量分数为 $2\,237.6\times10^{-6}$；云峰顶单元 Sr 的质量分数为 817×10^{-6}～957×10^{-6}，平均质量分数为 910×10^{-6}，Ba 的质量分数为 $1\,851\times10^{-6}$～$2\,115\times10^{-6}$，平均质量分数为 $1\,952\times10^{-6}$。在原始地幔标准化比值图上，岩石以高场强元素（Nb、Ta、Zr、Y、Yb）的明显亏损为特征，而大离子亲石元素（Rb、Th、Ba、Sr 及 La 等）相对富集。

石鼓尖单元的锆石 U-Pb 年龄为 166 Ma（李石，1991），角闪石 Ar-Ar 年龄为（154.4±0.9）Ma（简平 等，1996），表明其侵位于燕山早期的中侏罗世。八斗岩超单元的岩石地球化学分析显示，这些岩石具有高 Sr 低 Y 的地球化学特征，与埃达克岩的地球化学组成相似，如较高的 SiO_2 的质量分数（59.37%～70.17%）和 Al_2O_3 的质量分数（平均值大于 15%，为 15.14%～5.8%），高 Sr 的质量分数（在 556.4×10^{-6}～$1\,293\times10^{-6}$），低 Y 的质量分数（绝大多数小于 18×10^{-6}）和 Yb 的质量分数（$<1.9\times10^{-6}$），富集 LILE 而亏损 HFSE，岩石均不具有明显的 Eu 负异常（δEu 为 0.83～0.98），在 Sr/Y-Y 和$(La/Yb)_N$-Yb_N图解上都位于埃达克岩区内。高 Sr 低 Y 型花岗岩 Sr 富集、重稀土强烈亏损及不具 Eu 异常或微弱异常暗示，在高 Sr 花岗岩岩浆形成过程中，不仅源岩部分熔融残留相没有或几乎没有长石矿物的存在，而且熔体从源区抽取到大规模的结晶以前斜长石几乎没有发生分离结晶作用，否则必然会造成明显的 Eu 负异常或 Sr 含量的显著降低；重稀土的亏损暗示石榴石是源区残留相的重要组成矿物。尽管花岗岩体系中的一些副矿物如榍石、磷灰石等也是重要的稀土元素寄主矿物，但它们在全岩中所占的比例很小，因而对稀土元素总量的贡献可以忽略。因此，高 Sr 低 Y 花岗岩岩浆必须在源区石榴石作为残留相稳定、而斜长石消失进入熔体相的前提条件下产生。实验岩石学资料证实，深部地壳基性物质部分熔融形成埃达克岩必须在高温高压条件下部分熔融形成，其残留相为榴辉岩，它们是加厚陆壳底部的基性物质部分熔融产物，其熔融的深度至少大于 40 km。石鼓尖片麻状石英二长闪长岩具有较高的$(^{87}Sr/^{86}Sr)_i$和低的$\varepsilon_{Nd}(t)$，变化范围也相对较窄，其$(^{87}Sr/^{86}Sr)_i$为 0.707 12～0.707 28，平均为 0.707 2，$\varepsilon_{Nd}(t)$为−21～−17.4，平均为−19.4，两阶段 Nd 的模式年龄值在 2.4～2.7 Ga，平均为 2.5 Ga，这些特征说明其原岩应以古老的下地壳物质为主，幔源物质贡献可能相对较少。八斗岩超单元以高 Sr 低 Y 型为特征的花岗质岩石表明中侏罗世大别造山带处于一种碰撞的、陆壳增厚状态，在微量元素构造环境判别图解中，样品点都投影于火山弧或同碰撞花岗岩区域内。因此，八斗岩超单元可能是在南北陆块挤压、造山带隆升背景下，沿构造滑脱带侵位形成的。

（2）姚河超单元。

姚河超单元分布于霍山县查家湾—岳西县沈桥一带，出露面积约 187 km^2，岩体呈北西向带状平行造山带展布。姚河超单元由捉虎岭单元、火烧岭单元、后冲单元和独山尖单元 4 个单元体组成。

姚河超单元中各单元均发育不同程度的片麻理构造，其走向与岩体走向一致，且片麻理不均匀。岩体内含有规模不等的、大小各异的微粒镁铁质包体（mafic microgranular enclave，MME），多数界线模糊，少数界线清晰，均不显冷凝边，显示包体与寄主岩体间发生了程度不同的成分交换作用。岩体与围岩呈侵入接触关系，接触界线清晰且不规则。

捉虎岭单元为片麻状细粒二长闪长岩，岩石呈暗灰色，具片麻状-块状构造，细粒结构。主要矿物成分：60%～70%的斜长石（更、中长石），半自形板柱状，表面绢云母化；5%～10%的钾长石，呈不规则板柱状；石英的质量分数小于 5%，呈它形粒状；10%～15%的角闪石；5%～10%的黑云母。副矿物有榍石、磷灰石、磁铁矿等。矿物粒径一般为 0.3～2.0 mm。

火烧岭单元为片麻状含斑石英二长闪长岩，具中细粒结构-似斑状结构，块状-弱片麻状构造。斜长石（更长石）的质量分数为 50%～55%；钾长石的质量分数为 20%～25%；石英的质量分数为 5%～15%；黑云母的质量分数为 1%～5%；角闪石的质量分数为 5%～15%。

后冲单元为片麻状似斑状石英二长岩，岩石呈肉红色，具片麻状-块状构造，似斑状结构-中细粒结构。斑晶成分为钾长石，质量分数为 30%～40%，呈半自形-不规则板柱状，内部包裹交代斜长石和石英，略具定向排列，粒径一般为 5～10 mm，大粒径可达 15～25 mm。基质为中细粒结构，斜长石（更长石）的质量分数为 35%～50%，呈半自形板柱状，常见卡钠复合双晶、钠长石双晶，偶见环带结构；石英的质量分数为 10%～15%，被压扁拉长，亚颗粒发育，消光不均；角闪石的质量分数为 5%～10%；黑云母的质量分数小于 5%。副矿物有榍石、磷灰石、褐帘石、磁铁矿等，榍石质量分数可达 1%。基质粒径一般为 0.2～2.5 mm。

独山尖单元为片麻状似斑状石英二长岩-二长花岗岩，岩石呈浅灰色，具片麻状构造，似斑状结构。斑晶为钾长石，粒径在 10～15 mm，质量分数为 30%左右。斜长石的质量分数为 30%～40%；石英的质量分数为 15%～20%；角闪石和黑云母的质量分数各为 5%～10%，含少量榍石、磁铁矿等。总体特征与后冲单元相似，但石英含量明显偏多，暗色矿物和 MME 包体均偏少。

综上所述，姚河超单元在矿物成分和结构上具明显的演化趋势，从早到晚钾长石、石英递增，斜长石、暗色矿物递减；矿物粒度由细到粗变化，具同源岩浆演化特征。

姚河超单元各单元绝大多数多数属中性岩。SiO_2 质量分数变化为 58.82%→61.99%→64.13%逐渐增大，反映随着岩浆的演化，酸性程度逐渐增加。Al_2O_3 含量普遍较高，多数的质量分数均大于 15%，高者可达 17.45%。随岩浆演化，TiO_2、Fe_2O_3、FeO、MnO、MgO 等含量逐渐降低。质量分数 $Na_2O+K_2O+CaO>Al_2O_3>Na_2O+K_2O$，属正常类型。$K_2O/Na_2O$ 质量比值变化为 0.89→0.97→1.11，呈逐渐增加趋势。在 QAP 图解中，多数位于石英二长岩区内，少数为石英二长闪长岩和二长花岗质岩。CIPW 标准矿物中出现标准矿物分子，各单元岩石由硅酸弱饱和向硅酸过饱和过渡。ALK 值、碱度率值逐渐增加，在碱度判别图中，多数样品落入碱性岩区，部分则属钙碱性岩，这说明岩石具有不均匀的碱性含量。各单元铝饱和指数平均值变化为 0.87→0.86→0.93→1.02，均小于 1.1，且具递增趋势，属偏铝型。该超单元分异指数值变化为 62.21→70.5→78.92，里特曼指数变化为 3.31→3.57→3.94→3.6，均具递增趋势，固结指数逐渐降低，长英指数和拉森指数也逐渐增高，说明随着岩浆从早到晚的演化，岩浆分异结晶程度越来越高，符合同源岩浆演化的特点。在元素演化图上，从早到晚明显有由富镁、铁、钙向富钠、富钾的演化趋势。各单元从早到晚 Sc、V、Cr、Co、Cu、Zn、F、Ba、Ta、W 等含量具递增趋势。早期捉虎岭单元中 Sc、V、Cr、Co、Ni、Cu、Zn、Be、Sr、Ba、Ga、Zr、Hf、Nb、Ta、W 等相对富集，晚期后冲单元中 Rb、Th、Mo 等相对富集。各单元中 Cr、Ni 含量较高。各单元均有较高的 Sr、Ba 含量，从早到晚，Sr 的质量分数平均分别为 913.3×10^{-6}、856×10^{-6}、625.25×10^{-6}、467.2×10^{-6}，Ba 分别为 $1\,240\times10^{-6}$、$1\,735.75\times10^{-6}$、$1\,391.77\times10^{-6}$ 和 $1\,359\times10^{-6}$。在微量元素原始地幔标准化比值图上，4 个单元表现出一致的曲线形式，均表现为 LILE Ba、Rb、Th、K、La 等富集，而 HFSE Nb、Zr、Ti 等明显亏损。4 个单元的平均稀土元素总量分别为 379.38×10^{-6}、272.36×10^{-6}、378.39×10^{-6}、349.34×10^{-6}；$(La/Yb)_N$ 比值分别为 29.02、27.33、32.48、25.3，具有较强的轻重稀土分馏作用；δEu 值在 0.74～0.95，Eu 为基本不具亏损型-弱亏损。各单元稀土配分模式基本一致，皆为右倾型，轻稀土富集，Eu 异常不明显，但重稀土 Yb 等上翘，超过球粒陨石丰度的 10 倍。

《官庄幅 H-50-30-C 双塘埂幅 H-50-42-A 1∶5 万区域地质调查综合地质报告》（魏春景，1996）对后冲单元进行了同位素年龄测试，获得(174±5) Ma 的 Rb-Sr 等时线年龄值，因而将其时代置于早—中侏罗世；1∶25 万六安幅报告采用高灵敏度、高分辨率离子探针技术进行锆石 U-Pb 同位素年代学分析，获得片麻状角闪石英二长闪长岩锆石的 $^{206}Pb/^{238}U$ 表面年龄介于(127.2±2.6)～(139.2±2.9) Ma，$^{206}Pb/^{238}U$ 的谐和线年龄为(135±4) Ma，该年龄为岩体的结晶年龄，属于晚侏罗世末期。

（3）鸡公山序列。

鸡公山序列分布于玉皇顶一带，北西向展布，向北西、南东均延伸出图外。《麻城市幅 H50C001001 1∶25 万区域地质调查报告》（彭练红，2003）建名，包含武胜关单元和鸡公头单元。岩体西南侧超动侵入平靖关序列，沿内接触带见钾长石斑晶和黑云母的微定向组构显示出的弱面理构造，外接触带有硅化及褐铁矿化现象；东北侧超动侵入谭家河序列，西北部被周家墩序列侵入。岩体内普遍见有暗色矿物的析离体（包体）及早期花岗质片麻岩、平靖关序列的残留体。暗色包体（析离体）多为浑圆状、不规则状，大小一般为 3～8 cm，最大者不足 30 cm，分布不均匀，定向不明显，由斜长石（50%）、黑云母（15%～30%）及少量的角闪石组成，粒径为 0.5～1 mm。

鸡公头单元为斑状黑云母二长花岗岩，呈肉红色-粉白色，具似斑状结构，块状构造。由钾长石、斜长石、石英、黑云母等组成，钾长石含量略高于斜长石。斑晶为深肉红色的条纹长石和微斜长石，略具带状展布，体积分数一般为 5%～50%，以 10%～20%为多，大小为 2.5 mm×4 mm～4 mm×8 mm，最大达 12 mm×30 mm。晶体内见石英、斜长石、黑云母等矿物包裹体，且呈环状分布；但岩体西南缘的角闪石、辉石并没有包裹在斑晶中，说明岩体的同化混染作用是较晚期发生的。钾长石普遍具格子双晶，微斜长石中的钠长石或奥长石条纹嵌晶一般约为 5%。从岩体中部至边部，钾长石的含钾量略有增加，$2V_{NP}$ 角略有减小。基质主要为石英、斜长石、条纹长石及少量黑云母，矿物自形程度较斑晶差，具中细粒花岗结构。石英呈它形粒状均匀分布于岩石中，具玻状消光。条纹长石呈半自形板柱状，具卡氏双晶，常含黑云母、更长石等包裹体。斜长石（An=13～15）呈半自形板柱状及粒状，粒径为 1 mm×0.5 mm～2 mm×3 mm，普遍具黏土化，聚片双晶发育，双晶纹细密，近平行消光，个别地段见钾长石交代形成蠕英结构。黑云母呈鳞片状，粒径为 0.2～0.4 mm，多色性显著，分布不均匀，局部具微定向组构，并见其环绕在钾长石斑晶周围，部分已绿泥石化或白云母化。有些黑云母中偶见榍石、磷灰石等副矿物包体，据电子探针分析结果为铁镁黑云母。副矿物以磁铁矿、榍石、钛铁矿、磷灰石、褐帘石、锆石及黄铁矿为主，含少量白钛矿、萤石、绿帘石、方铅矿及角闪石等。锆石呈淡黄色-浅黄色，透明-半透明。

岩石化学成分与中国花岗岩平均值（黎彤 等，1963）相比，SiO_2、MgO 的含量偏低，Al_2O_3、K_2O、Na_2O 的含量偏高。岩石含铝指数平均值为 1.01，属饱铝型；碱铝指数平均为 0.80，里特曼指数平均为 2.74，属钙碱性系列。

岩石稀土元素总量较高，轻稀土明显富集，δEu 平均为 0.77，具负铕异常；科勒尔曲线向右倾斜。微量元素中，为强不相容元素富集型（$Rb_N/Nb_N>1$），具 K 富集，Th、Sr、P、Zr、Ti 亏损。

本序列超动侵入早白垩纪平靖关序列、谭家河序列，又被周家墩序列侵入。

2.2 火 山 岩

武当—桐柏—大别地区火山岩较为发育，岩石类型以基性火山岩、中-酸性火山岩为主，形成于新元古代青白口纪、南华纪，古生代奥陶纪、志留纪及中生代侏罗纪、白垩纪（表 2.6）。

表 2.6 武当—桐柏—大别地区主要火山岩类型表

<table>
<tr><th colspan="2">岩类</th><th colspan="2">岩石名称</th><th>产出地层</th></tr>
<tr><td rowspan="8">酸性火山岩（SiO_2 质量分数大于 70%）</td><td rowspan="4">（变）酸性熔岩</td><td rowspan="3">流纹岩</td><td>斑状流纹岩</td><td>青白口系武当岩群</td></tr>
<tr><td>玻璃质流纹岩</td><td>青白口系武当岩群</td></tr>
<tr><td>（球粒）霏细岩</td><td>青白口系武当岩群</td></tr>
<tr><td colspan="2">石英角斑岩</td><td>南华系耀岭河岩组</td></tr>
<tr><td rowspan="4">（变）酸性火山凝灰岩</td><td colspan="2">含砾、岩（浆）屑、晶屑酸性凝灰岩</td><td>青白口系武当岩群</td></tr>
<tr><td colspan="2">酸性凝灰岩</td><td>青白口系武当岩群</td></tr>
<tr><td colspan="2">石英角斑质凝灰岩</td><td>南华系耀岭河岩组</td></tr>
<tr><td colspan="2">安流质晶屑凝灰岩</td><td>青白口系武当岩群</td></tr>
<tr><td>中酸性火山岩（SiO_2 质量分数为 62%～70%）</td><td>熔岩</td><td colspan="2">英安岩</td><td>古元古界大别山岩群</td></tr>
</table>

续表

岩类		岩石名称	产出地层
中性火山岩（SiO_2 质量分数为 53.5%～62%）	熔岩	安山岩	古元古界大别山岩群
		石英粗面岩、粗面岩	志留系兰家畈群、梅子垭组
	火山凝灰岩	安山质角砾岩	志留系兰家畈群
		安山质凝灰岩	志留系兰家畈群
		粗面玄武质火山角砾岩	志留系兰家畈群、梅子垭组
基性火山岩（SiO_2 质量分数为 44%～53.5%）	次火山岩	辉绿玢岩	志留系兰家畈群
		玄武玢岩	志留系兰家畈群
	基性熔岩	橄榄玄武岩	上白垩统—古近系公安寨组
		（变）辉斑玄武岩	志留系兰家畈群
		细碧岩	南华系耀岭河岩组（?）、青白口系花山群、志留系兰家畈群（?）
		（变）玄武岩（斜长角闪岩）	南华系耀岭河岩组、青白口系花山群、志留系兰家畈群、志留系梅子垭组、古元古界大别山岩群、奥陶系蚱蛐组
		（变）辉石玄武岩	志留系兰家畈群
	基性火山凝灰岩	玄武质沉火山凝灰岩	南华系耀岭河岩组、志留系兰家畈群、青白口系武当岩群、奥陶系蚱蛐组、志留系梅子垭组
		含砾基性火山凝灰岩	南华系耀岭河岩组
		（变）玄武质火山角砾岩	志留系兰家畈群、梅子垭组
		基性熔结角砾岩	南华系耀岭河岩组
	粗面岩类	石英粗面岩	志留系兰家畈群、梅子垭组
		粗面岩	志留系兰家畈群、梅子垭组
		粗面玄武质火山角砾岩	志留系兰家畈群、梅子垭组
		变粗面质沉火山碎屑岩	志留系兰家畈群、梅子垭组
超基性火山岩（SiO_2 质量分数<44%）	超基性熔岩	苦橄岩（?）	志留系兰家畈群
		玻基橄辉岩	志留系兰家畈群

2.2.1 早元古代火山岩

根据《随州市幅 H49C001004 1∶25 万区域地质调查报告》（雷健，2003），早元古代火山岩是研究区最古老的火山活动的记录，分布于大别山岩群（变质表壳岩），由于已遭受后期的绿片岩相-角闪岩相变质作用，现为条带状黑云斜长片麻岩、角闪黑云斜长片麻岩、条带状斜长角闪岩等，围岩为含石榴石磁体浅粒岩、白云石英片岩等（长石砂岩、泥质石英砂岩等）。通过地球化学特征恢复其原岩为英安岩和安山岩/玄武岩，以英安岩为主，为分离结晶产物而非部分熔融的结果。

2.2.2 新元古代火山岩

新元古代火山岩主要分布于武当地区、新黄断裂以南的随枣地区，以及大别造山带西部和西南部，产于武当岩群（包括杨坪岩组、双台岩组、拦鱼河岩组）、花山群和耀岭河岩组中，以酸性火山岩为主，基性火山岩次之，广泛遭受区域变形变质改造。

1. 酸性火山岩

1）岩石学特征

（1）（变）酸性熔岩。变酸性熔岩变质后为钠长浅粒岩、二长变粒岩等。呈白色-灰白色，具变余斑状结构，岩石主要由钾长石（45%）、斜长石（35%）和石英（20%）组成。斑晶主要为钾长石（条纹长石）、斜长石（钠长石）、石英，质量分数一般为 15%～20%，粒径为 0.35～1 mm，形态不规则。基质主要由它形粒状变晶长英矿物集合体组成，粒径为 0.05～0.15 mm。

石英角斑岩一般呈层状或透镜状产出，厚度几十厘米至几米不等。岩石呈灰白色、深灰色，具变余斑状结构，块状构造。岩石主要由钠长石（77%）、石英（15%）等组成，含少量绿帘石、阳起石，副矿物有磷灰石、磁铁矿、钛铁矿等。斑晶主要为钠长石、石英，其中石英斑晶较粗大，粒径一般为 0.3～2 mm，大者达 6 mm。晶体表面常有裂纹，有的形成聚斑。岩石中钠长石呈板条状，杂乱分布，粒径为 0.8 mm 左右。基质主要由钠长石、石英等矿物组成，粒径为 0.01～0.04 mm。石英角斑质凝灰岩具它形粒状变晶结构。由钠长石（59%）、石英（30%）、绿帘石（10%）组成。钠长石呈它形粒状，少数见钠长石双晶，粒径为 0.02～0.05 mm。石英呈它形粒状，粒径与钠长石接近。绿帘石呈粒状，广泛分布在岩石中，粒径为 0.01～0.03 mm，少数达 0.1 mm，多顺片理面呈带状分布。

（2）（变）酸性火山凝灰岩。酸性凝灰岩具变晶屑（岩屑）凝灰结构。由钠长石（40%～45%）、石英（35%～40%）、白云母（5%～20%）及少量的钾长石、黑云母和黑硬绿泥石等组成。晶屑以钠长石为主，质量分数一般为 10%～20%，部分岩石中可见少量的岩屑。

安流质晶屑凝灰岩具变晶屑凝灰结构。由钾长石（35%）、斜长石（30%）、石英（25%）、白云母（5%）、黑云母（2%）及少量黑硬绿泥石等组成。晶屑的体积分数局部高达 60%。钾长石以条纹长石、正长石为主，呈晶屑者多为次棱角状、不规则状，粒径为 0.1～0.3 mm，凝灰质中粒径仅为 0.02～0.05 mm。斜长石以更-钠长石为主，呈不规则状，粒径为 0.05～0.3 mm。

2）岩石化学特征

数据详情见《随州市幅 H49C001004 1∶25 万区域地质调查报告》（雷健，2003）。综述如下。

酸性熔岩中质量分数 SiO_2>70%，质量分数 K_2O+Na_2O 较高，铁镁较低，为铝过饱和型；

质量分数 CaO<1%，K_2O>Na_2O，里特曼指数为 0.92～1.39，属钙碱性岩系，在全碱-SiO_2(TAS)图解中落入流纹岩区。分异指数较高，说明分异程度较高。稀土元素总量较低，具负 Eu 异常，为轻稀土富集型，科勒尔曲线左斜右平。微量元素为强不相容元素富集型，Sr、P、Nb、Th 亏损而 Zr、Ti、K 富集。

酸性凝灰岩具高 Si、K、Na，低 Fe、Mg 的特征，属正常类型，为钙碱性岩系。轻稀土富集，具负 Eu 异常。微量元素为强不相容元素富集型，Th、Zr 富集而 Nb、Sr、P、Ti 亏损。

2. 基性火山岩

1）岩石学特征

（1）基性火山岩以基性凝灰岩为主，含少量基性熔岩。岩石呈黄绿色、褐黄色，变质后为绿泥钠长片岩、绿泥绿帘钠长阳起片岩等，局部保留变余凝灰结构、变余杏仁构造。常与黏土岩、大理岩等伴生，说明为海相喷发成因。

（2）玄武岩呈透镜状、层状产出。岩石呈灰绿色、褐绿色，具鳞片花岗变晶结构，变余球粒结构，变余气孔杏仁构造、变余枕状构造、片状构造。主要矿物为钠长石、绿泥石、阳起石，副矿物为榍石、磁铁矿、磷灰石。杏仁体常被绿帘石、石英、方解石充填，呈椭圆状或圆形。球粒物质组成较复杂，具圈层结构，常见大圈套小圈，最多达 5 圈。重矿物组合类型为磷灰石-榍石-褐铁矿。锆石呈玫瑰色或浅红褐黄色，晶体呈正方双锥状、次棱角状-次圆状，金刚-玻璃光泽，微透明-透明，晶面常见麻点状或花纹状蚀象。

（3）含砾基性火山凝灰岩。岩石呈黄绿色，其中含有较多的角砾（浆屑），大小为 1～15 mm，灰白色，断续定向排列，成分为钠长石等。岩石中尚见有砂屑（石英、长石）和粉砂（石英、长石）。岩石中的副矿物主要为榍石、磷灰石、磁铁矿等。

2）岩石化学特征

岩石分析结果在ACF图解判断为钙碱性岩区，属钙碱性系列。稀土元素总量为 60×10^{-6}，均为轻稀土富集型。稀土配分曲线呈较平滑的向右倾斜。武当岩群中的基性岩的 Eu、Ce 异常不明显。

2.2.3 古生代火山岩

古生代火山岩主要分布于武当地区、新黄断裂以南的随枣地区及大别造山带西部及西南部；产于奥陶系蚱蛐组、志留系梅子垭组和兰家畈组中；岩石类型包括玻基橄辉岩类、辉斑玄武岩、玄武岩、粗面岩类等。

1. 超基性火山岩

1）岩石学特征

超基性火山岩产于安陆市孛畈一带志留系兰家畈组中。为玻基橄辉岩、苦橄岩（？）等。岩石呈暗绿、灰黑色，具斑状结构、流状构造，可见气孔、杏仁构造。斑晶为透辉石、橄榄石、棕色角闪石，质量分数一般为30%～40%，粒径为1.5～2 mm；基质为透闪-阳起石、蛇纹石、角闪石、绿泥石及少量钠黝帘石、榍石、磁铁矿等，粒径一般小于0.2 mm，蛇纹石为橄榄石蚀变的产物，透闪-阳起石为透辉石和角闪石的蚀变产物。

2）岩石化学特征

岩石化学成分（雷健，2003）中，SiO_2的质量分数为42%，在FAM图解中落入基性科马提岩区。为铁质超基性岩。固结指数大，分异指数小，分异程度不高。岩石稀土元素总量为179.09×10^{-6}，较高。LREE/HREE为9.56，轻稀土富集，科勒尔曲线向右倾斜，但无明显的Eu、Ce异常。

2. 基性火山岩

1）基性熔岩

（1）玄武岩，产于奥陶系蚱蛐组、志留系梅子垭组。奥陶系蚱蛐组玄武岩岩石学特征与新元古代玄武岩相同。志留系梅子垭组玄武岩呈灰绿色、黄绿色，可见气孔、杏仁构造。枕状体长轴与地层产状一致，大小不等，大的直径为50～100 cm，长为100～200 cm；小者为10～15 cm，一般为30～50 cm，呈椭圆形，有厚约1～2 cm的冷凝边，具气孔构造。枕状体间由绿泥石、方解石和绿帘石充填。岩石主要由透闪-阳起石、绿泥石、绿帘石、钠长石组成，岩石具鳞片变晶结构，局部见粗玄结构，填间结构、交织结构、似球颗结构、斑状结构、嵌晶含长结构、间粒结构。部分玄武岩尚保留有单斜辉石、拉长石、角闪石等。

（2）变玄武岩，产于志留系兰家畈组。岩石呈灰绿色、黄绿色，可见气孔、杏仁构造，在京山县厂河竹林塆见枕状构造，枕状体长轴与志留系梅子垭组玄武岩产状一致。在大洪山区的兰家畈组中可见粗玄岩，发育于熔岩中心部位。岩石呈墨绿色，矿物颗粒较粗，具辉绿结构、嵌晶含长结构。岩石主要由单斜辉石（33%～45%）、斜长石（45%～55%）及少量磁铁矿、钛铁矿、黄铁矿、白钛石组成。斜长石为自形板条状，尺寸为（0.1～0.7）mm×（0.5～2.5）mm。辉石为它形粒状，粒径为0.3～2.7 mm。

（3）变辉斑玄武岩，仅见于志留系兰家畈组中。岩石呈灰绿色，风化后呈黄绿色、黄褐色，具变余斑状结构，基质为花岗鳞片变晶结构、花岗纤状变晶结构、纤状变晶结构，并常见变余拉玄结构、变余间隐结构、变余玻璃结构和变余玻晶交织结构等，具片状构造及微具片理的块状构造，常见气孔杏仁构造。气孔杏仁含量可达10%，直径为1～2 mm，大者可达1 cm，局部见压扁。杏仁成分见钠长石、方解石、石英、绿帘石、绿泥石等。岩石中浅色矿物为半自形板条状钠长石（少数为钠奥长石）（0～59%），次生的绢云母（0～68%），绿帘石（0～35%）及黝帘石。暗色矿物有自形-半自形短柱状的普通辉石（0～30%）、次生阳起石（0～29%）、透闪石、黑云母（0～66%），绿泥石（0～48%）。副矿物主要为榍石、白钛石，质量分数共为2%～15%，钛磁铁矿的质量分数为1%～3%，偶见磁铁矿、钛铁矿、铬铁矿、磷灰石、方解石，另含1%～3%的褐铁矿。岩石中斑晶为普通辉石，呈自形-半自形短柱状，略带棕红及肉红色，多为单晶，少数为聚晶，质量分数为10%～20%，粒径为1 mm至数毫米，尺寸大者达1 cm×1.5 cm。见透闪石、阳起石、黑云母、绿泥石等反应边，局部全被替代而呈假象。局部见斑晶为钠长石及钠奥长石，则称为钠长（斑状）玄武岩、奥长（斑状）玄武岩。岩石基质细小，粒径小于0.1 mm，由半自形板条状钠长石

（少数钠奥长石）纤状透闪石、阳起石及片状黑云母、绿泥石组成，大致平行混杂排列，局部见基质全由脱玻化的基性玻璃组成。另外，在谢家店至同兴镇一带志留系兰家畈组中可见变绿泥石片辉斑玄武岩，宽约百余米至 1.5 km，分布于变辉斑玄武岩与变玄武质角砾熔岩间。其与变辉斑玄武岩区别在岩石中含有约 10%的内凹多边形绿泥石片体，片径数毫米，大者达 1 cm，由细小的毛毯状绿泥石集合体组成，相互平行排列。

2）基性火山凝灰岩

（1）玄武质沉凝灰岩，产于奥陶系蚱蛐组、志留系兰家畈组和梅子垭组。岩石呈灰绿色，具变余晶屑、岩屑结构、显微鳞片变晶结构，微片状构造。岩石中晶屑、岩屑质量分数一般为 5%～15%。晶屑成分为钠长石，粒径为 0.2～1 mm，岩屑粒径为数毫米至数厘米，为玄武质，并微具压扁拉长。岩屑、晶屑外形均不规则。岩石胶结物由细小的（<0.02 mm）钠长石+绿泥石等组成，具定向排列，主体为火山灰。岩石中常见有直径数毫米至 1 cm 的陆源砾石。

（2）（变）玄武质火山角砾岩，产于志留系兰家畈组和梅子垭组。岩石变质后为黑云绿帘钠长片岩、钠长黑云绿帘片岩、绿帘透闪-阳起片岩、黑云钠长片岩等。局部尚保留原生的沉积韵律。岩石具鳞片花岗变晶结构、变余晶屑、岩屑凝灰结构，片状构造。岩石由岩屑、晶屑及凝灰物质组成。岩屑、晶屑质量分数一般为 5%～20%，岩屑变质变形后呈透镜状，由钠长石、绿泥石或石英、黑云母、绢云母组成，晶屑主要为钠长石。原凝灰物质经变质后形成以钠长石、绿帘石、透闪-阳起石、黑云母等为主的矿物组合。透闪-阳起石为定向分布，不同程度被黑云母取代。

3）粗面岩类

（1）石英粗面岩。石英粗面岩见于随州市三里岗土门的志留系兰家畈组中（前人划为花山群）。野外见岩石呈紫红色，坚硬块状，似石英岩。岩石具粗面结构，似块状构造。由钾长石（87%）、石英（5%）、钠长石（3%）组成，另见少量磁铁矿、白钛石、绢云母、绿帘石等。钾长石以条纹长石为主，多呈它形不规则状，粒径为 0.05～0.15 mm。石英呈它形粒状，分布在条纹长石之间，粒径为 0.1 mm。磁铁矿呈它形粒状，粒径为 0.02～0.05 mm。

（2）粗面岩。粗面岩见于随州市洛阳店一带的志留系兰家畈组上部，岩石为黄褐色、浅灰色、灰黑色，具变斑状结构、变余交织结构、变余粗面结构、半自形粒状结构，片状及微片理块状构造、半流状构造等。斑晶为板条状碱性长石和钠长石，粒径小于 2 mm，质量分数为 20%。基质粒径小于 1 mm。板条状碱性长石、钠长石、绢云母、石英等大致呈平行、相间排列组成。碱性长石（条纹长石及微纹长石）和钠长石的质量分数为 35%～82%，一般质量分数为 50%～70%。长石次生的绢云母的质量分数为 2%～46%，一般质量分数为 10%～25%。次要矿物为 5%～8%的石英及微量的黑云母、绿泥石，偶见黝帘石、褐铁矿、方解石。岩石副矿物有磁铁矿、钛磁铁矿、榍石、白钛石、磷灰石等。在大廖家塆尚见质量分数约 30%、直径 20 cm 的半滚圆状砾石，砾石成分及胶结物均为变粗面岩。

（3）粗面玄武质火山角砾岩。岩石具砾状结构，角砾状构造，由粗面玄武岩岩屑（39%）、硅质岩屑（25%）、凝灰岩屑（20%）、火山灰（15%）、褐铁矿（1%）组成。矿物为钾长石、斜长石、绢云母、硅质、黑云母、褐铁矿。粗面玄武岩岩屑呈棱角状、次棱角状，主要由钾长石、斜长石及暗色矿物组成，具微晶交织结构，但其中见较多的钾长石，并有钾长石的斑晶，粒径达 0.3～0.7 mm，具卡氏双晶，多数粒径为 0.02～0.05 mm。硅质岩屑呈次棱角状、次圆状，岩屑粒径为 0.5～3 mm。凝灰岩屑的成分与粗面玄武岩岩屑相当，可见钾长石斑晶。岩石由于变质形成较多绢云母。

（4）变粗面质沉火山凝灰岩。岩石多见于随州市围山、刘氏祠及仙人脑一带。呈层状产出于志留系兰家畈组上部，具不明显的层理。岩石呈浅肉红色、浅灰色、浅灰绿及褐黄色，具变余晶屑、岩屑结构、显微鳞片变晶结构，片状构造。岩石中晶屑、岩屑的质量分数一般为 30%～70%。晶屑成分为条纹长石、钠长石、石英等，粒径为 0.2 mm 到数毫米，边缘见熔蚀现象。岩屑粒径为数毫米至数厘米，为变粗面岩、变正长斑岩，并微具压扁拉长。岩屑、晶屑外形均不规则。岩石胶结物由细小的（<0.02 mm）钠长石＋碱性长石（0～55%）、绢云母（5%～77%）、石英（0～38%）等组成，具定向排列，主体为火山灰。岩石中常见有直径数毫米至 1 cm 的滚圆状陆源砾石。

粗面岩类岩石化学特征总体上表现为硅、钾含量高而铁、镁含量低，属铝过饱和型。

2.2.4 中生代火山岩

研究区内的中生代火山岩广泛分布于北淮阳地区和大别造山带，少数产于随枣地区。其中北淮阳地区和大别造山带内的中生代火山活动具多旋回演化特点，形成了安山质、英安质、粗安质、粗面玄武质、粗面质、流纹质等火山岩组合，岩相变化复杂，多呈喷发不整合接触。北淮阳地区的火山喷发带（北带）可分为金寨、晓天、霍山-舒城（以下简称为霍舒）三个火山喷发沉积盆地，根据岩石组合及其演化特征，可分为毛坦厂旋回、响洪甸旋回、晓天旋回；大别地区中生代火山岩（南带）主要分布于怀宁县江镇、望江县与太湖县香茗山、岳西县桃园寨及桐城市挂车镇等地，可划分为桃园寨、彭家口、江镇三个喷发旋回。

2.3 脉　　岩

武当—桐柏—大别地区脉岩发育，种类齐全，从基性到酸性均有见及，常见类型有石英脉、碳酸盐岩脉、辉长（绿）岩脉、煌斑岩脉、正长斑岩脉、闪长（玢）岩脉、花岗斑岩脉、二长花岗岩脉、花岗岩脉、花岗细晶岩脉等。

按研究区岩浆岩时空分布和产出特征，结合该区地质构造演化，本节对本区岩浆侵入演化规律提出一些粗浅的认识。

2.3.1 新太古代基底形成阶段

该时期以洗马河岩体为代表的超基性岩（纯橄岩、辉橄岩等）、炉子岗片麻岩（角闪斜长岩、透辉石斜长岩、斜长角闪岩等）为代表的基性岩及 TTG 系列（英云闪长质片麻岩-奥长花岗质片麻岩-花岗闪长质片麻岩）就位，伴随着火山喷气型硅铁建造（阿尔戈马型 BIF）的沉积，指示了花岗-绿岩带的存在，该类物质组合共同组成了本区的最早陆核，是中新太古代中国古陆造陆阶段（大别运动）的产物。

2.3.2 古-中元古代初始裂谷发展演化阶段

大别地区运动结束后，古元古代处于稳定的沉积环境（大别山岩群）。中元古代时期，以大旗山岩体为代表的超基性岩（角闪石岩等）、汪铺岩体为代表的基性岩（辉长岩、辉长辉绿岩等）侵位及同时期的基性火山岩（西张店基性火山岩岩组）的广泛发育为特征，标志着中元古代处于板块裂解构造环境。

2.3.3 新元古代早期俯冲体系下的沟-弧-盆体系

以新黄断裂为界，岩石类型上存在较大的差异。新黄断裂以北桐柏—北淮阳—大别地区钙碱性、准铝质-弱过铝质侵入岩（浆溪店—花山水库—广水镇一带花岗岩、大别造山带内的两路口序列及狮子口片麻岩套、罗田片麻岩套、潜山片麻岩套、枫香驿片麻岩套、相公庙片麻岩套及燕子河片麻岩套、岳西片麻岩套、北淮阳五桥片麻岩套）的侵入，以及同时期的基-中酸性火山岩（武当地区双峰火山组合）的广泛发育，指示着该区处于岛弧或大陆火山弧环境，暗示着板块俯冲-碰撞作用的存在。新黄断裂以南的武当-随州地区，大量的幔源物质以壳幔相互作用的底侵和扩张裂谷喷发方式垂向涌入地壳，突出表现为新元古界武当双峰式火山岩系和壳下基性岩浆的板底垫托，并发育拉斑玄武岩性-钙碱性基性-超基性侵入岩，而缺乏同时代中-酸性弧岩浆，属于陆内裂谷环境。

从现有资料看，这一时期整个秦岭—大别造山带处于仰冲盘（岛弧或大陆火山弧环境），参考这一时期全球地质、构造背景（冈瓦纳大陆形成阶段），总体是板块向南汇聚，表现为“华北陆块”由北向南的俯冲，在俯冲带南侧形成以桐柏—大别为弧，武当—随州地区为盆的沟-弧-盆体系。上述不同组合和地球化学特征的岩浆岩就是在这一背景下就位的。

2.3.4 新元古代晚期—早古生代初期板块裂解阶段

新元古代晚期—早古生代初期秦岭地区仍处于岩石圈的裂解状态，裂谷体制向现代板块体制转变，直到早古生代初期，商丹带（松扒—龟梅带）已经扩张出现古秦岭洋。此时，秦岭岩群所在位置可能为岛弧，由于两大板块强烈的俯冲、碰撞，秦岭古洋壳很少保留，仅在豫陕交界处沿商丹带见零星分布的丹凤岩群古秦岭蛇绿岩残片。

华北板块在新元古代晚期，沿陆块南缘的栾川断裂带再一次发生大规模拉张活动，它与罗迪尼亚（Rodinia）超大陆形成后全球性的裂解事件相对应。陆块内部自震旦纪开始逐渐夷平，并最终形成统一的陆表海，接受稳定的台地型沉积。板块南缘在这一时期逐渐变为活动的大陆边缘环境。早古生代初期，板块南缘又发生扩张，具陆缘裂谷型弧后盆地性质特点的歪头山组复理石杂砂岩夹碳酸盐岩、基性火山岩沉积和二郎坪群弧后盆地基性火山岩、酸性火山岩沉积等。

扬子板块北缘新元古代晚期，处于被动大陆边缘构造环境，沉积了周进沟组、肖家庙组、陡山沱组陆源碎屑岩-碳酸盐岩建造。在持续的伸展体制作用下，武当岩群等发生变质固态流变和前进变质。

2.3.5 早古生代中期—晚古生代初期板块收敛俯冲期

早古生代，伴随着板块裂解、离散（秦岭洋的形成演化阶段），这一时期以银山寨岩体（蛇纹石化纯橄岩、蛇纹石橄榄岩、蛇纹岩和菱镁滑石岩）、悟仙山岩体（辉石岩、角闪石岩）为代表的超基性岩，以柏树湾岩体为代表的基性岩（辉长辉绿岩）侵位及广泛发育的双峰式火山岩喷出；至裂解末期，又出现钾质岩浆的溢出，如汪家湾岩体（钾长花岗质片麻岩）。

晚古生代时期，为秦岭洋消减关闭阶段（离散型转变为汇聚型），即扬子陆块向华北陆块靠拢并发生俯冲作用，在此环境下形成了以文殊寺序列为代表的钙碱性花岗岩、秦河片麻岩和三洞盖单元为代表的富钾侵入岩就位。

2.3.6 晚古生代晚期—早中生代岩浆活动空白期

研究区普遍缺乏晚古生代到早中生代岩浆活动的记录，仅在北淮阳地区出露极少量非造山 A 型花岗岩或过铝质 S 型花岗岩。由于上述因素的影响，研究区在该时间段内的演化过程的研究仍处于相对薄弱阶段。

2.3.7 中生代晚期板内阶段

印支期，受消减洋壳的牵引，扬子陆块与华北陆块发生陆-陆碰撞（A 型俯冲），随着扬子陆块向深部俯冲，深俯冲的物质发生部分熔融，在卡房—龟峰山小区形成以底辟形式上侵，具 I 型花岗岩成分特点的同构造侵入岩，它们代表着深部重熔型花岗岩的结构演化特点，如麻城东部地区的二长花岗质片麻岩-斑状二长花岗质片麻岩，即低位岩体。

晚侏罗世—早白垩世，随着陆-陆碰撞作用的加强，大别地区开始大规模抬升，造就了一批同碰撞（造山）花岗岩（如灵山超单元、鸡公山序列、商城超单元等），此时的花岗岩多具有高位岩体特征；至燕山期末期，造山作用转入松弛阶段，沿造山带边缘脆性断裂外缘形成山前盆地，内缘常形成一些后造山侵入花岗岩（如白鸭山序列、女人寨序列等）；晚白垩世尚有浅表性花岗岩的侵入（如银山序列、母山序列等）。

第3章

变 质 岩

武当—桐柏—大别造山带变质岩分布广泛，变质岩岩石类型齐全：有区域变质岩，动力变质岩、接触变质岩、气-液变质岩、混合岩。以区域变质岩分布最广，而动力变质岩贯穿各个构造时期，呈带状沿韧-脆性剪切带分布。

区内主要经历了 5 次大的构造事件，因而变质岩主要形成于这 5 大构造运动期，即大别运动、晋宁运动、加里东运动、海西-印支运动、燕山运动。

3.1　区域变质岩类型及原岩性质

根据岩石的矿物组合、主要矿物的百分含量及结构构造等特征进行命名。将区内的区域变质岩划分为板岩类、千枚岩类、片岩类、片麻岩类、粒岩类、角闪质岩类、麻粒岩类、榴辉岩类、大理岩类、钙硅酸盐岩类、石英岩类、含铁石英岩类、含磷灰石岩类、孔兹岩类共 14 类（表 3.1）。各类变质岩石的特点在不同地区区域地质调查成果报告中已有详尽描述，在此不赘述。

表 3.1　区域变质岩石分类一览表

<table>
<tr><th colspan="3">岩石类型</th><th>主要岩性</th><th>主要矿物成分</th><th>可能的原岩类型</th></tr>
<tr><td colspan="3">板岩类</td><td>泥质板岩、钙质板岩、含粉砂绢云母板岩、硅质绢云母板岩、凝灰质板岩、石英黑云绿泥板岩</td><td>石英（Qz）、绿泥石（Chl）、黑云母（Bi）</td><td>黏土质、泥质、粉砂质岩石</td></tr>
<tr><td colspan="3">千枚岩类</td><td>绢云石英千枚岩、含砾绢云石英千枚岩、黑硬绿泥石绢云千枚岩、石英绢云千枚岩、黑硬绿泥石石英绢云千枚岩、斜黝帘石绢英千枚岩、磁铁矿黑硬绿泥石绢云千枚岩</td><td>绢云母（Ser）、钠长石（Ab）</td><td>酸性火山凝灰岩、泥质岩、黏土岩</td></tr>
<tr><td rowspan="9">片岩类</td><td rowspan="5">云母片岩</td><td>白云母片岩</td><td>含磁铁白云母片岩</td><td>白云母（Mu）、石英（Qz）、磁铁矿（Mt）</td><td>含铁泥质岩</td></tr>
<tr><td rowspan="2">黑云母片岩</td><td>绿帘（钠长）黑云母片岩</td><td>黑云母（Bi）、钠长石（Ab）、石英（Qz）、绿帘石（Ep）</td><td rowspan="2">基性火山岩、沉火山凝灰岩</td></tr>
<tr><td>钠长黑云母片岩</td><td>黑云母（Bi）、钠长石（Ab）、石英（Qz）</td></tr>
<tr><td>二云母片岩</td><td>石英二云片岩</td><td>石英（Qz）、白云母（Mu）、黑云母（Bi）、钠长石（Ab）</td><td>砂质黏土岩</td></tr>
<tr><td>石榴云母片岩</td><td>石榴云母片岩</td><td>黑云母（Bi）、白云母（Mu）、石榴石（Gr）</td><td>深水泥质岩</td></tr>
<tr><td rowspan="4">石英片岩</td><td rowspan="3">云英片岩</td><td>白（二）云石英片岩</td><td rowspan="2">石英（Qz）、白云母（Mu）、黑云母（Bi）、石榴石（Gr）</td><td rowspan="2">泥砂质岩石</td></tr>
<tr><td>含石榴白云石英片岩</td></tr>
<tr><td>黑云石英片岩</td><td>石英（Qz）、黑云母（Bi）</td><td>富铝泥质砂岩</td></tr>
<tr><td>长英质片岩</td><td>白云钠长石英片岩</td><td>石英（Qz）、钠长石（Ab）、白云母（Mu）</td><td>黏土质粉砂岩、中酸性火山岩、火山碎屑岩</td></tr>
</table>

续表

岩石类型			主要岩性	主要矿物成分	可能的原岩类型
片岩类	绿片岩	阳起片岩	含榴钠长阳起片岩	石榴石（Gr）、钠长石（Ab）、阳起石（Act）	基性火山岩
			绿帘钠长阳起片岩	绿帘石（Ep）、钠长石（Ab）、阳起石（Act）	基性火山岩
		绿泥片岩	含方解钠长绿泥片岩	钠长石（Ab）、绿泥石（Chl）	基性火山（侵入）岩
			绿帘钠长绿泥片岩	绿帘石（Ep）、钠长石（Ab）、绿泥石（Chl）	基性火山（侵入）岩
			绿帘绿泥片岩	绿帘石（Ep）、绿泥石（Chl）	基性火山（侵入）岩
		绿帘片岩	阳起绿帘片岩、角闪绿帘片岩	阳起石（Act）、绿帘石（Ep）、角闪石（Hb）、镍磁铁矿（Tre）、石榴石（Gr）、黑云母（Bi）	基性火山（侵入岩）
	镁质片岩	蛇纹石片岩	蛇纹石片岩	蛇纹石（Sep）	超基性岩
		滑石片岩	含绿泥石、滑石片岩	绿泥石（Chl）、滑石（Tc）	超基性岩
	蓝片岩		含蓝闪（绿帘）白云钠长变粒岩	蓝闪石（Gl）、绿帘石（Ep）、白云母（Mu）、钠长石（Ab）、石英（Qz）、绿泥石（Chl）	中基性火山岩、泥砂质岩石
			含蓝闪钠长绿帘绿泥片岩		
	石墨片岩		白云石英（半）石墨片岩	石英（Qz）、石墨（Gph）	碳质黏土质砂岩
片麻岩类	富铝片麻岩		含石榴夕线黑云斜长片麻岩	夕线石（Sil）、黑云母（Bi）、斜长石（Pl）、石英（Qz）、石榴石（Gr）	富铝质岩石
			（含榴）白（二）云钠长片麻岩	钠长石（Ab）、石英（Qz）、白云母（Mu）、黑云母（Bi）	黏土质(石英长石)砂岩、角斑质岩石
	斜长片麻岩		黑云角闪斜长片麻岩	斜长石（Pl）、橄榄石（Ol）、石英（Qz）、黑云母（Bi）、角闪石（Hb）	花岗闪长岩、中性火山岩
	钾长片麻岩		（含）白云钾长片麻岩	钾长石（Kf）、石英（Qz）、白云母（Mu）	钾长花岗岩
	碱性长石及（二长）片麻岩		白云微斜钠长片麻岩	钠长石（Ab）、石英（Qz）、白云母（Mu）、微斜长石（Mic）	酸性火山岩、二长花岗岩
			二云二长片麻岩	微斜长石（Mic）、钠长石（Ab）、白云母（Mu）、黑云母（Bi）、石英（Qz）	二长花岗岩、酸性火山岩
			白云钠长片麻岩	钠长石（Ab）、石英（Qz）、白云母（Mu）	中酸性火山岩、碎屑岩
			角闪二长片麻岩、夕线黑云二长片麻岩	斜长石（Pl）、钾长石（Kf）、石英（Qz）、角闪石（Hb）、黑云母（Bi）、夕线石（Sil）	中酸性火山岩、碎屑岩

续表

岩石类型			主要岩性	主要矿物成分	可能的原岩类型
粒岩类	变粒岩	斜长变粒岩	（含榴）白（二）云钠长变粒岩	钠长石（Ab）、石英（Qz）、白云母（Mu）、石榴石（Gr）	中-基性火山岩、中酸性火山凝灰岩
		二长变粒岩	白（二）云二长变粒岩	白云母（Mu）、黑云母（Bi）、钠长石（Ab）、微斜长石（Mic）、石英（Qz）	中-酸性火山岩、火山凝灰岩
		钾长变粒岩	铁锰质钾长变粒岩	微斜长石（Mic）、石英（Qz）、锰（Mn）	碱性岩
	浅粒岩	钠长浅粒岩	含石墨白云钠长浅粒岩	石墨（Gph）、钠长石（Ab）、石英（Qz）	含碳质碎屑岩
			含榴（白云）钠长浅粒岩	钠长石（Ab）、石英（Qz）、石榴石（Gr）、白云母（Mu）	酸性火山岩、碎屑岩
		二长浅粒岩	白云二长浅粒岩	微斜长石（Mic）、钠长石（Ab）、石英（Qz）、白云母（Mu）	酸性火山岩、长石砂岩
			含榴二长浅粒岩	微斜长石（Mic）、钠长石（Ab）、石英（Qz）、白云母（Mu）	细粒二长花岗岩、流纹岩
		钾长浅粒岩	钾长浅粒岩	微斜长石（Mic）、石英（Qz）、白云母（Mu）	钾质流纹岩
		含碳质（石墨）浅粒岩	含碳质（石墨）浅粒岩	石墨（Gph）、钠长石（Ab）、石英（Qz）	含碳质碎屑岩
角闪质岩类	斜长角闪岩	块状斜长角闪岩	含榴斜长角闪岩	角闪石（Hb）、斜长石（Pl）、石榴石（Gr）	基性侵入岩
			绿帘斜长角闪岩	角闪石（Hb）、斜长石（Pl）、绿帘石（Ep）	
		片状斜长角闪岩	斜长角闪片岩	角闪石（Hb）、钠长石（Ab）	基性火山凝灰岩、基性火山岩（玄武岩）基性侵入岩
			含榴绿帘斜长角闪片岩	角闪石（Hb）、斜长石（Pl）、绿帘石（Ep）、石榴石（Gr）	
	角闪石岩	块状角闪石岩	石榴角闪岩	角闪石（Hb）、钠长石（Ab）、石英（Qz）、石榴石（Gr）	基性、超基性侵入岩
		片状角闪石岩	石榴角闪片岩	角闪石（Hb）、石榴石（Gr）	基性、超基性侵入岩
麻粒岩类			二辉麻粒岩、含紫苏辉石黑云斜长片麻岩	紫苏辉石（Hy）、斜长石（Pl）、角闪石（Hb）、透辉石（Di）	花岗岩、花岗闪长岩、英云闪长岩
榴辉岩类			榴辉岩	石榴石（Gr）、绿辉石（Om）	基性、超基性岩

续表

岩石类型		主要岩性	主要矿物成分	可能的原岩类型
大理岩类	大理岩	（含白云石英石墨）大理岩	硬硼钙石（Col）、石英（Qz）、白云母（Mu）、石墨（Gph）、绿泥石（Chl）	灰岩、白云质灰岩、泥砂质灰岩
	白云石大理岩	白云石大理岩、白云微斜石英白云石大理岩	白云石（Do）、石英（Qz）	白云岩、白云质灰岩
	滑石化大理岩	滑石白云石大理岩	滑石（Tc）、硬硼钙石（Col）、白云石（Do）	白云岩、白云质灰岩
	蛇纹石化大理岩	蛇纹石化大理岩	蛇纹石（Sep）、硬硼钙石（Col）	灰岩
	石墨（碳质）大理岩	含碳石英白云石大理岩	白云石（Do）、石英（Qz）	含碳质白云岩
	含生物碎屑大理岩	含生物碎屑大理岩	硬硼钙石（Col）、白云石（Do）	含生物碎屑白云质岩
钙硅酸盐岩类	透辉石岩	透辉石岩	透辉石（Di）	超基性侵入岩基性
	绿帘石岩	方解方柱透闪石岩	方柱石（Scp）	超基性（火山）侵入岩
		角闪绿帘片岩	绿帘石（Ep）、角闪石（Hb）	
		石英绿泥绿帘石岩	绿帘石（Ep）、石英（Qz）、绿泥石（Chl）	
		钠长阳起绿帘石岩	绿帘石（Ep）、钠长石（Ab）、镍磁铁矿（Tre）	
		含钠长透闪绿帘石岩	绿帘石（Ep）、钠长石（Ab）、镍磁铁矿（Tre）	
石英岩类		含锰石英岩	石英（Qz）、锰（Mn）	含铁锰质砂岩
		石英岩	石英（Qz）、绿帘石（Ep）、白云母（Mu）、钠长石（Ab）	硅质岩
含铁石英岩类		磁铁石英岩	石英（Qz）、磁铁矿（Mt）	化学沉积
含磷灰石岩类		磷灰石英岩	石英（Qz）、磷灰石（Ap）	含磷、化学沉积
		石英白云磷灰石岩	磷灰石（Ap）、白云母（Mu）、石英（Qz）	生物化学沉积
孔兹岩类		石榴夕线岩	石榴石（Gr）、夕线石（Sil）	含碳富铝泥质砂质沉积

3.2 变质相划分

根据研究区特征变质矿物及变质矿物组合的时空分布，结合其形成的变质温压条件，将区内变质岩分为 2 个变质相，一是以温度为主、压力为辅的变质相系，二是以压力为主、温度为辅的变质相系（表 3.2）：①绿片岩相（包括低绿片岩相、高绿片岩相）；②角闪岩相

表 3.2　区域变质岩主期变质相带划分一览表

地层分区		变质地层	变质相系	变质带	变质作用类型
武当—桐柏—大别北侧地层分区	北淮阳地层小区	南湾组、佛子岭岩群	绿片岩相	绿泥石带	中低压区域低温动力变质作用
		卢镇关岩群	高绿片岩相	铁铝榴石带	中压区域中温动力变质作用
		霍邱岩群	角闪岩相	夕线石带	中压区域高温动力变质作用
桐柏—大别地层分区	桐柏（基底）地层小区+大别（基底）地层小区	桐柏岩群、大别山岩群、木子店岩组	麻粒岩相、角闪岩相	夕线石带	中压区域动力热流变质作用
		福田河片麻岩岩组、西张店基性火山岩岩组	低-高角闪岩相	蓝晶石-十字石带	超高压压中温动力变质作用
		榴辉岩、榴闪岩	榴辉岩相	蓝晶石-夕线石带	中-高温-高压变质作用
武当—桐柏—大别南侧地层分区	随南地层小区	陡岭岩群	高角闪岩相	夕线石带	中压区域动力热流变质作用
		武当岩群、陡山沱组、灯影组	高绿片岩相	铁铝榴石带	中压区域动力热流变质作用
		武当岩群、耀岭河岩组	蓝片岩相	蓝闪石带	中高压区域动力热流变质作用
		寒武系—志留系	低绿片岩相	绿泥石带	中低压区域动力热流变质作用
扬子地层区	中扬子北缘地层小区	打鼓石岩群、六房岩组、土门岩组及绿林寨岩组	低绿片岩相	黑云母带	中低压区域低温动力变质作用

（包括低角闪岩相、高角闪岩相）；③麻粒岩相等；④蓝片岩相；⑤榴辉岩相等。

3.2.1　绿片岩相

绿片岩相多出现在武当地区、随南—大悟地区、大别山的木兰山区及北淮阳的部分地区。根据特征变质矿物及矿物组合特征，进一步可分为低绿片岩相、高绿片岩相。

1. 低绿片岩相

低绿片岩相主要分布于武当岩群、六房岩组、土门岩组、绿林寨岩组、耀岭河岩组、陡山沱组及早古生代大部分地层与火山岩中，原岩多为泥质岩、砂质岩、钙质岩及中基性-酸性火山岩等。特征矿物组合显示，总体经历了中低压、低温、有动力、热液参入的区域变质作用，形成以变质粉砂岩、变质砂岩、板岩、千枚岩为主，其次为结晶灰岩、石英岩、片岩等岩石组合。岩石普遍具变余碎屑结构、显微鳞片变晶结构，板状构造、千枚状构造及变余微层理构造，以出现大量绢云母、绿帘石、绿泥石等低级变质矿物为主，且黑云母多呈雏晶产出为特征。代表性的矿物共生组合如下。

（1）变基性岩：钠长石+绿泥石+绿帘石±石英±阳起石、绿泥石+黑硬绿泥石+钠长石+石英±阳起石（绿泥石）+白云母。

（2）变酸性岩：钠长石+石英+绢云母+绿帘石±阳起石。

（3）变泥质岩：钠长石+绢云母+白云母±绿泥石+石英±黑云母（雏晶）、石英±斜长石+黑云母（雏晶）+白云母、硬绿泥石+绿泥石+绢云母+石英。

（4）变砂质岩：石英+绢云母±钠长石±绿泥石±硬绿泥石±黑云母（雏晶）。

（5）钙质岩：方解石+石英+透闪石+白云母。

该相形成温压条件为 P=0.5～0.66 Pa、T=320～450 ℃。

2. 高绿片岩相

高绿片岩相主要分布于新黄断裂以北的桐柏地区、卡房—龟峰山构造区的边缘、大悟—河口构造区、二郎坪—高桥—永佳河蛇绿混杂岩带及武当地区武当岩群杨坪组和双台岩组内，出露地层较多。岩石中出现鳞片-细叶片状的黑云母及较多的白云母，并见特征变质矿物铁铝榴石零星出露。黑云母多呈浅褐色-棕红色的多色性，沿长轴方向与白云母相间平行分布。代表性矿物共生组合如下。

（1）变泥（砂）质岩：钠长石+石英+白云母+绿帘石±黑云母、钠长石+微斜长石+石英+白云母±黑云母。

（2）钙质变质岩：方解石±白云石±白云母±透闪石。

（3）基性变质岩：绿泥石+阳起石+绿帘石+钠长石+石英、普通角闪石+钠长石+白云母+绿帘石。

该相形成的温压条件为 $P=5.4\times10^{8}$ Pa、T=420～550 ℃。

3.2.2 角闪岩相

1. 低角闪岩相

低角闪岩相主要分布于新黄断裂以北的桐柏地区、卡房—龟峰山区的大别山岩群变质杂岩、变质表壳岩、古老侵入体及东大别的大别山岩群中。在变质表壳岩中常保留早期高角闪岩相的痕迹。后期部分岩石发生退变。该变质相典型矿物组合分为如下几类。

（1）泥质岩：斜长石+石英+黑云母+铁铝榴石±钾长石±白云母±蓝晶石。

（2）基性变质岩：普通角闪石+斜长石（$20<An<30$）+黑云母+铁铝榴石±钾长石±石英。

（3）泥质碳酸盐岩：中长石（An=50）+透辉石+钙铝榴石+方解石±绿帘石±透闪石。

与高角闪岩相相比该相中黑云母及角闪石颜色较浅，斜长石牌号略低（$17<An<30$）。1∶25 万麻城市幅、六安市幅、随州市幅、枣阳市幅、襄樊市幅、十堰市幅等区域地质调查报告显示，该相形成的温压条件：$P=(3\sim5.5)\times10^{8}$ Pa、T=520～650 ℃，属中压角闪岩相。

2. 高角闪岩相

高角闪岩相主要分布于大别山地区木子店岩组及大别山岩群中，其他地区零星分布。沿麻粒岩相周边地区分布，主要岩性有：含红柱石（夕线石）黑云石英片岩、含石榴石（夕线石）黑云斜长变粒岩、含石榴石（红柱石、夕线石）黑云斜长片麻岩、斜长角闪岩等，典型矿物组合分为如下几类。

（1）变泥质岩：斜长石（An>30）+石英+黑云母+石榴石±夕线石±钾长石。

（2）变质基性岩：单斜辉石+角闪石+斜长石+石英、普通角闪石+斜长石+石英+黑云母±钾长石±石榴石。

（3）富钙变质岩中以出现方柱石为特征。

该相形成的温压条件为 $P=(6\sim8.5)\times10^8$ Pa、$T=650\sim750$ ℃，属中压高角闪岩相。

3.2.3 麻粒岩相

麻粒岩相变质岩石是区内变质程度最高的区域变质岩石类型，以岩石中含紫苏辉石及方柱石等高温变质矿物为特点，包括部分夕线石、钾长石等岩石组合。该类岩石是造山带抬升剥露最深的根带物质。岩性包括各种含紫苏辉石的片麻岩、大理岩、含铁岩石及基性-超基性层状堆积岩残留体。

麻粒岩相主要分布在英山—罗田隆起核部木子店镇一带的木子店岩组中。呈孤岛状、透镜状残留于大别山岩群变质杂岩中。呈不规则的带状，透镜状等产出在主造山期深熔低位花岗质岩石之中。《1∶5 万木子店等幅区域地质调查报告》（湖北省第六地质大队，1991）成果显示，该类岩石形成的温压条件为 $T=750\sim850$ ℃、$P=(0.8\sim1)$ GPa。在黄土岭紫苏片麻岩（麻粒岩）中，王江海（1991）根据辉石-石榴石-斜长石-石英压力计和共生的黑云母-石榴石温度计、斜方辉石温度计求得：抬升前的温压条件为 $T=750\sim900$ ℃、$P=(0.89\sim1.04)$ GPa，与木子店一带麻粒岩相变质岩石的温压条件基本一致。抬升后的封闭温压条件可由石榴石、堇青石温压计求出 $T=700\sim870$ ℃、$P=0.44\sim0.56$ GPa，抬升降压矿物转化标志为石榴石+石英→堇青石+紫苏辉石。

3.2.4 蓝片岩相

蓝片岩相呈北西向带状产于武当—桐柏—大别造山带低绿片岩相中，以蓝闪石出现为标志（主要为青铝榴石和镁钠闪石），多分布在陡山沱组之中，在耀岭河组及武当岩群上部也见少量出现。一般细小，呈针状变晶，两者均有被绿泥石交代的现象。常见变质矿物组合如下。

（1）变基性岩：蓝闪石（青铝闪石/镁钠闪石）+（黑硬）绿泥石+钠长石±绿帘石±阳起石±多硅白云母±石英。

（2）变酸性岩：青铝闪石+多硅白云母+绿帘石+石英±钠长石±锰铝榴石±红帘石±霓辉石。

（3）变泥质岩：蓝闪石（青铝闪石/镁钠闪石）+多硅白云母+钠长石±石英±黑硬绿

泥石。

（4）碳酸盐岩：镁钠闪石+方解石/白云石±钠长石±石英±绿泥石±滑石。

无硬柱石、硬玉，说明其为蓝闪绿片岩相、用角闪石压力计和多硅白云母温压计算温压条件为 T=400～500 ℃、P=0.65～0.7 GPa。

3.2.5 榴辉岩相

榴辉岩相由绿辉石及含钙的铁镁铝榴石等组成，主要分布于大别地区，呈带状或宽带状产出，北西向或北西西向展布，可划分为高压和超高压榴辉岩两类，由南向北依次为宣化店—高桥—永佳河高压榴辉岩带、七里坪高压向超高压过度榴辉岩带、檀树岗蓝晶石榴辉岩带、泗店—田铺柯石英榴辉岩带、英山—安徽五庙金刚石榴辉岩带等，总体属于偏低温高压-超高压榴辉岩带，而位于北淮阳浒湾高压榴辉岩带则属温度偏高的高压榴辉岩带。

3.3 原岩恢复及构造环境

区域变质岩原岩恢复是一项非常复杂的工作，本节以区域变质岩岩层野外地质产状、岩石的变余结构构造为基础，同时结合岩石化学特征等，对武当—桐柏—大别地区各构造单元不同变质地层的主要变质岩原岩进行恢复及其构造环境的探讨。

3.3.1 群-组中特征岩石组合及构造环境

1. 武当—桐柏—大别地区的弧-盆体系

（1）卢镇关岩群：卢镇关岩群包括小溪河岩组和仙人冲岩组。

小溪河岩组下部岩性主要为青灰色、灰白色、灰黄色长英质糜棱岩夹绢云石英片岩、含石榴石千枚岩、灰黄色中薄层千枚岩。原岩为一套长石砂岩、石英砂岩夹少量泥质组成的沉积建造，为次深海-浅海相沉积；上部岩性主要为青灰、灰绿、灰黄色千枚岩、绢云石英片岩、变粒岩夹灰白色大理岩及含榴石花岗质糜棱岩、长英质糜棱岩、变安山岩、英安岩、绿帘角闪岩、斜长角闪岩。原岩为一套泥砂质夹砂质岩石、碳酸盐岩，为浅海-浅海槽盆相沉积，中酸性-中基性火山岩组合，具有岩浆弧建造特征。

仙人冲岩组下部为灰白色厚层糜棱岩化黑云石英片岩、中部为灰白色中-厚层白云质大理岩夹绢云石英片岩及灰黑色含石墨白云石英片岩，常伴生有磷和石墨；上部为灰黄色白云片岩及含绿帘云母石英片岩。石英片岩的原岩可能为泥沙质、砂质沉积建造；大理岩的原岩可能为白云岩、灰质白云岩沉积建造。

（2）武当岩群：青白口纪武当岩群岩石组合在 1.1.3 小节中已涉及，此处不再论述。

（3）耀岭河岩组：耀岭河岩组岩石组合在 1.1.3 小节中已涉及，此处不再论述。

（4）肖家庙岩组：肖家庙岩组主要由云母片岩、云英片岩、云斜片（麻）岩、变粒岩及绿片岩、（斜长）角闪（片）岩、大理岩、石英岩等组成。野外在长英质（云英质）岩石中隐约可见变余砂状结构，层状构造。根据肖家庙岩组中南部石英岩-石英片岩-片岩-大理岩（斜长角闪片岩）组合构成的变质沉降旋回，表明其原岩可能为陆源碎屑岩；在肖家庙岩组中北部角闪质岩石中可见变余斑状结构，发育方解石杏仁体等，反映其原岩可能为基性火山岩。

岩石化学成分及尼格里值、稀土元素含量及特征参数、微量元素含量分析数据引自《1∶5万桐柏县幅区域地质调查报告》《1∶5万游河等五幅联测区域地质调查报告》。在西蒙南(al+fm)-(c+alk)-si图解、TiO_2-SiO_2图解和Al_2O_3-(K_2O+Na_2O)图解上，云英片岩、云斜片岩、绿片岩分别落入泥砂质沉积物区；角闪岩落入基性火山岩区；角闪片岩落入沉凝灰岩区。据此表明肖家庙岩组总体为一套泥砂质碎屑岩夹碳酸盐及基性火山岩和沉凝灰岩，其岩石的成熟度指数平均为2.7，反映了近源快速堆积的特征。

肖家庙岩组泥砂质碎屑岩（长英质岩石）稀土元素总量变化较大，但稀土元素配分型式非常相似，具明显的负Eu异常，均表现为轻稀土一侧向右陡倾、重稀土一侧相对平坦的V形，与澳大利亚活动大陆边缘基本一致；变基性火山岩（角闪质岩石）稀土元素总量较高，具弱Eu异常，稀土元素配分型式呈向右缓倾斜式。变质基性火山岩微量元素大洋中脊玄武岩（mid oceanic ridge basalt，MORB）标准地球化学模式与龟山岩组变质基性火山岩和格雷戈里裂谷板内拉斑玄武岩非常相似。变质碎屑岩主量元素有关特征参数与澳大利亚不同构造环境砂岩相比，与活动大陆边缘较为接近。

综上所述，肖家庙岩组泥砂质碎屑岩夹碳酸盐及基性火山岩和沉凝灰岩可能形成于被动边缘构造环境。

2. 扬子北缘大洪山地区弧-盆体系

（1）土门岩组：土门岩组岩石组合在1.2.2小节中已涉及，此处不再论述。其原岩为一套岛弧火山-沉积组合。

（2）绿林寨岩组：以变（杏仁）玄武岩为主，发育变枕状玄武岩、气孔（杏仁）玄武岩、变粗玄岩、变熔结角砾岩、变基性火山碎屑岩、变凝灰岩等，原岩为一套弧后盆地玄武岩。

3.3.2 特征变质岩石及可能的地质意义

本小节特征变质岩石主要是指有固定的沉积环境及有特定的变质环境的变质岩石及组合，包括含铁岩石类、榴辉岩类、蓝片岩类，麻粒岩相变质岩石及混合岩类等。

1. 含铁岩石类

含铁岩石类是区内分布广泛的一类区域变质岩石。根据原岩建造、矿物组合，结合可能形成的时代等大体分为三类：①山带隆起核部出露的以火山-化学沉积为主的麻粒岩相变质（含紫苏辉石）的磁铁（角闪）石英岩，该类岩石在木子店一带分布较多；②牛车河—贾庙一带出露的大量含铁岩石（沿弧形构造的相同构造部位分布，其他地段零星出露）。它们既有化学沉淀的磁铁石英岩，也有较多的碎屑沉积的含铁岩石（磁铁变粒岩及磁铁浅粒岩等），部分磁铁角闪石英岩则可能是富凝灰质的化学沉积（淀）物质，它们常与碳酸盐类物质稳定共生；③江北一带（浠水以南地区）出现较多的变质程度偏低的含铁片状岩石，具火山-化学沉积特点。

以往的 1∶20 万及 1∶5 万区域地质调查基本未对其形成环境进行区分，均划归晚太古代—早元古代大别山岩群，仅根据其南北差异划分出上、下含铁岩石组合。近期的《1∶5 万刘河镇幅、停前街幅区域地质图说明书》（湖北省地矿局鄂东北地质队，1992）、《蕲春县幅 H50E011006 1∶5 万区域地质说明书》（周仁君 等，1996）等幅区域地质调查将蕲春盆地以东的相当于长江以北一带的含铁岩石组合划归新元古代（根据其变质程度及组合特点），对其环境意义未做讨论。通过综合分析，认为该三大套含铁岩石组合是不同地质时期、不同构造沉积环境下分别形成的含铁岩石组合，这一划分对建立区内总体地层序列具有十分重要的意义。

（1）罗田隆起核部木子店一带出露的含铁岩石组合，具有麻粒岩相变质特点，与其共生的副变质岩石，具中基性火山沉积特点，推定其应是一套形成于晚太古代的地壳早期形成演化阶段的硅铁建造（阿尔戈马型 BIF），它们与伴生的基性-超基性岩石（经受了麻粒岩相变质）共同显示出太古宙绿岩带的岩石组合特点。是绿岩带形成阶段的火山-化学沉积物质。其麻粒岩相变质作用改造时代应在晚太古代末期（2 550 Ma），相当于区内最早的一次造陆-造山运动（大别运动）。

（2）罗田隆起核部周边地区弧形构造带中出露的含铁岩石组合（贾庙—关口一带）；多经受角闪岩相变质作用改造。原岩建造显示的是陆缘碎屑沉积及稳定台缘的碳酸盐-化学沉淀铁建造（苏必利尔型 BIF）。全球的早期地壳演化特点表明，该类铁建造仅出现于早元古代，其高峰年龄约为 2 300 Ma。在以后的地质年代里，该类铁建造没有再现。它们可以与碳酸盐岩沉积相伴生，也可以少见碳酸盐岩沉积，但组合中或多或少有碳酸盐岩沉积。印度的该类铁建造常与碳酸盐岩建造紧密伴生，以泰米尔纳德地区最为发育，因此，也有人将与碳酸盐岩建造稳定共生的铁建造称为“泰米尔纳德型 BIF”。

（3）江北一带的含铁岩石组合，以变质程度低（板岩-千枚岩级），北西向延伸较稳定等特点与前两者有明显差异，它们常与拉斑玄武质变质岩、泥质岩等共生而不与碳酸盐岩共生，反映出深海-半深海含铁硅质岩-基性岩组合的特点，显示出火山-化学沉积的特点。根据与之伴生的早古生代基性-超基性岩堆积杂岩体等，推定它们可能是早古生代时期板块离散边界附近及较稳定洋盆的沉积物质，属残留的蛇绿混杂岩的一部分。

全球板块构造研究表明，太古宙绿岩建造中的阿尔戈马型 BIF，不同于早元古代的苏必利尔型 BIF，它们在后来的地质历史时期中，在某些适合的环境下（如板块离散边界等）将会再现。从全球特点看，其再现的高峰年龄是古生代，且保存得较好。区内江北一带，该套 BIF 的特点与大别山内部的 BIF 变质程度差异明显。野外检查证实，其周边常见有新元古代或更新的地层分子，它们与含铁岩石的变质程度大体相当，属于低绿片岩相（板岩-千枚岩级）。

2. *榴辉岩类*

大别山区的榴辉岩早在 20 世纪 80 年代以前就被确定，并在一些地区作为金红石矿产资源进行过较详细的地质调查工作。进入 80 年代以后，湖北、河南、安徽三省分别对其区域分布特点进行了不同程度的地质调查，为后来的深入研究奠定了基础。自从大别山榴辉岩中发现金刚石、柯石英、蓝晶石等之后，这里的榴辉岩被引入了超高压变质作用的概念。大别山区内的榴辉岩大体可划分为高压和超高压榴辉岩两类。

（1）高压榴辉岩。以 C 型榴辉岩为主，分布于超高压榴辉岩的偏南侧，区内仅见于张家塝以东的地区。区域上总体呈北西向带状展布，其主体部分出露于西大别（红安地区）的红安、大悟、麻城等地区，向西过京广线后出露比较零星，但断续延伸到秦岭南坡，东大别主要见于张家塝至太湖一线。常以含蓝闪石、钠云母为特征，多硅白云母丰富，石榴石中镁铝榴石分子的质量分数一般小于 15%，而铁铝榴石分子则多达 60%以上。所有该类榴辉岩均呈群体出现，单体一般较小，呈透镜状、脉状、带状及豆荚状等形式产出，一般为 10～100 m^2，部分可稍大或稍小，最小者不足 1 m^2，大多数与围岩呈构造整合接触，常具片理化。在西大别红安地区见该类榴辉岩近对称分布于超高压榴辉岩南北两侧（也称南带和北带）。南侧榴辉岩与北侧榴辉岩虽然空间分布位置不同，但均沿含石墨片岩层分布，它们的（直接）围岩可以是白云石英片岩、白云钠长片麻岩、大理岩、绿色片岩和其他岩石，并常见明显的接触界面，界面附近常出现大量的多硅白云母。榴辉岩退变质现象明显，常出现片状构造（可能是由推覆或滑覆的剪切作用改造所致）。

研究成果表明，红安地区榴辉岩带常见有大量的基性岩及数以百计的蛇纹岩（超基性岩）与榴辉岩伴生，而且有时二者靠得很近，但基本未见二者的直接关系。它们在含石墨片岩组合层中既相互伴生，又相互包裹、相互穿插。这说明区域上经过高压变质和未经过高压变质的不同岩块在空间上并存是可能的。

（2）超高压榴辉岩。常含有特定的超高压变质矿物柯石英及金刚石等，同时也包括部分形成温压条件与之相当的矿物组合（如蓝晶石+硬玉等）。以 B 型榴辉岩和 C 型榴辉岩为主，A 型榴辉岩基本未见。超高压榴辉岩主要分布于湖北省红安、英山，安徽省岳西、潜山、太湖及河南省新县、乐山等县境内，其他地区有时也有少量出露。湖北省内主要见于英山县东部至省界一带，蕲春、罗田县境内可能有少量零星出露，常与低角闪岩相变质区相伴生，在高角闪岩相及麻粒岩相变质区域基本未见出露。野外露头上与围岩总是呈“假整合”接触，其产出地区主要是一套混合岩化作用较弱的斜长角闪岩、片麻岩（变粒岩）夹大理岩组合，呈透镜状、团块状及条带状产出，说明其具有构造层位意义。

在花岗质岩石大面积出露的基底岩石分布区，各类榴辉岩基本未见，从构造意义上来讲，高压、超高压变质物质应是主造山隆起之前即已叠置于“基底杂岩”（隆起核部物质）之上的构造叠置岩片。它们与中压变质的隆起核部物质之间应是一多期活动的复合构造面。既有折返时的仰冲作用遗迹，又具有隆升时的滑脱折离作用的印迹，更晚期的逆冲推覆作用界面也常作为高压变质与中（低）压变质体的边界。此外，野外可观察到榴辉岩与片麻岩、大理岩等的接触界面十分清楚，相互之间没有明显的物质交换。榴辉岩本身边缘退变质较明显，有细粒化和片理化等退化变质变形现象。

在罗田隆起核部的木子店—洗马河一带，出露有石榴辉石岩（似榴辉岩），它们产出于麻粒岩相变质区，主要由透辉石质单斜辉石和钙铝-钙铁榴石组成，有时含紫苏辉石、方解石及石英等，石榴石退变不明显，部分单斜辉石退变成透闪-阳起石，有的更进一步退变成黑云母及绿泥石等。该类岩石常呈透镜状、团块状与含紫苏辉石的片麻岩、磁铁（角闪）

石英岩及基性-超基性岩伴生，是与围岩等同变质的似榴辉岩，而非高压、超高压变质的榴辉岩。二者应严格加以区分，以往曾有人将其作为榴辉岩对待，扩大了大别山区高压榴辉岩的分布范围，使各种构造解译出现了较大的偏差。

从已有的测年资料看，大别山区的榴辉岩似以印支期形成为主，但不排除晋宁期形成的可能。

总之，榴辉岩与基性岩、超基性岩相伴产出，呈带状展布。

3. 蓝片岩类

区域上，整个蓝片岩带全长超过 1 700 km，西起南秦岭，东至皖中、苏北一带。湖北省内出露长度超过 600 km（又称鄂北蓝片岩带），大体可划分为白桑关、余店及木兰山三个蓝片岩段，鄂北蓝片岩带最大宽度超过 15 km（周高志 等，1991）。

区域资料显示，蓝片岩主要产于商丹断裂、新黄断裂南侧的新元古代浅变质地层之中，其延伸方向与区域构造线基本吻合。由于后期的构造破坏，其横向上的连续性不是很好。四望地区晚震旦世晚期地层及之后的古生代地层中缺失蓝片岩，且整个含蓝片岩地质体整体呈逆冲推覆岩片覆盖于中生代红色沉积盆地之上（喜山期构造作用迹线）。蓝片岩之上整合（?）覆盖着震旦纪晚期（或早古生代）地层至二叠纪的稳定地台型沉积物质。

木兰山蓝片岩段的地质产状总体南倾，与白桑关、余店蓝片岩段北倾的地质产状有差异。从岩石特征看，长英质蓝片岩比不含蓝闪石的围岩相对富钠贫钙，这可能是它们之所以能形成蓝片岩的一个原因。基性蓝片岩主要发育于白桑关一带的下震旦统耀岭河组之中，其他地区耀岭河组中仅有少量出露。该类岩石矿物组合较为复杂，除含蓝闪石外，还见有黑硬绿泥石、红帘石、多硅白云母等高压变质矿物和钠长石、阳起石、绿泥石、白云母等低绿片岩相变质矿物。另外，在部分变质砂岩及大理岩中也见有蓝闪石类矿物。无论何种类型的蓝片岩其内部镁钠闪石的含量与岩石的 Na_2O 的含量均呈正比。

除上述层状地层中的蓝片岩外，还有地质产状极不相同的蓝片岩，即依附在强应变构造面上的蓝片岩和呈细脉状生长的蓝片岩。定向产出于强应变剪切构造面中的镁钠闪石，这种现象在余店及木兰山等地的强变形带中均可见及，新生的蓝闪石线理常可作为构造运动方向的指向标志；呈鸡爪状或蒿状产出的镁钠闪石，基本未受到后期改造，可能形成于静态压力环境。

综上，蓝片岩类的原岩具有广泛性，地质产状具有复杂性，形成时间也可能有多期性或多阶段性，形成机制具有多样性。它们明显地受到原岩化学成分（可能是主要的）、构造作用、变质作用 *P-T* 条件等多种因素的控制。

1）鄂北蓝片岩带的地质事实及地质意义

鄂北蓝片岩带赋存于武当—桐柏—大别造山地区偏南侧的新元古代裂陷沉积物中，其覆盖物（盖层?）主要是初始变质（或基本未变质的）早古生代—中生代的地台型沉积物质，区域上二者呈平行不整合（局部可见到角度不整合）接触，后期的构造叠加改造痕迹明显。从区域整体情况看，蓝片岩与上覆物质之间常表现为平静式的非造山式的接触关系（?），两者之间有时出现相似的表层构造特征（与蓝片岩带形成之后的构造变动可能有关），这是否预示着鄂北蓝片岩带的主体形成时代比现今认为的印支期要早呢?

随着拉张作用的加强，逐渐从大陆裂谷向大陆边缘裂谷转化，出现以拉斑幺武岩、拉斑玄武质火山岩为主，间夹有泥质岩、硅质岩及浊积岩等的岩石组合，初始洋壳局部开始形成，细碧-角斑岩化使得所有该时代物质富钠而相对贫钙，有利于蓝片岩形成。至晚震旦世，裂谷已开始快速收缩，沉积物质迅速转化为泥砂质沉积，含磷、锰、碳质等台缘沉积及碳酸盐岩台地型沉积，进而上升成陆，形成与上覆寒武纪地层之间的区域性沉积间断面。

2）印支期形成鄂北蓝片岩带的认识

目前仅依据其与北侧榴辉岩的对应关系确定，虽然近年对高压、超高压榴辉岩的同位素年代学测定，得到一系列 200～260 Ma 的 K-Ar、$^{39}Ar/^{40}Ar$ 及少量 Sm-Nd 年龄值，从同位素年代学的角度出发,可以肯定二叠纪—三叠纪时期确有一次强烈的构造变质变形事件，认为它就是造成区内高压、超高压变质作用的地质事件，尚需大量的地质学、构造地质学及同位素年代学等方面工作的进一步证实。另外，据不完全统计，扬子北缘高压变质带的同位素年龄多在 850～650 Ma，说明元古代时期肯定存在一个强烈的构造热事件。

3）蓝片岩相变质作用的基本认识

区内蓝片岩带即具有蓝闪绿片岩相变质特点，可能是绿片岩相变质环境下，局部（线状）构造超压及富钠物质的相转变共同作用的产物，与大规模的俯冲作用可能没有关系（不排除有限俯冲作用的可能）。

4. 麻粒岩相变质岩类

麻粒岩相变质岩类是区内最高级的区域变质岩石类型，以岩石中含紫苏辉石及方柱石等高温变质矿物为特点，包括部分夕线石、钾长石组合岩石。该类岩石主要分布于罗田隆起核部的木子店一带，在大崎山隆起南侧、东侧（黄土岭）一带也有少量出露。古太古界木子店岩组均经受了麻粒岩相变质改造。岩性包括各种片麻岩、大理岩、含铁岩石及基性-超基性层状堆积岩残留体，呈不规则的带状，透镜状等产出在主造山期深熔低位花岗质岩石之中。区域上，在安徽省金寨县的燕子河，曹家河等地也有出露。麻粒岩是其典型岩性，常呈不等粒镶嵌结构，粒柱状变晶结构、块状构造。《1∶5 万木子店等幅区域地质调查报告》（湖北省第六地质大队，1991）成果显示，该类岩石形成的温压条件为 T=700～850 ℃、P=0.8～1 GPa，属中压相系的变质岩石。

木子店岩组岩石主体经受了麻粒岩相变质作用改造，目前仅见于造山带核部隆起区，是造山带抬升剥露最深的根带物质。根据麻粒岩相变质作用的 2 550 Ma 左右的变质年龄推断，“木子店岩组”是中—晚太古代的绿岩带物质组合（前地层部分已有详细讨论），且麻粒岩相变质作用之前存在一期绿片岩相变质［麻粒岩相变质岩石中偶见少量高级变质矿物中保留有早期绿片岩相矿物残留（游振东 等，1995）］，它们可能便是绿岩带形成时的绿片岩相变质痕迹。伴随麻粒岩相变质，TTG 片麻岩（也可能是更深部的）发生部分熔融，形成晚太古代同构造钾质花岗岩系。目前所编地质图上缺失该期侵入岩，可能与造山期的深熔改造作用有关，它们大部分可能转变成了主造山期的深熔低位岩体和部分上侵的高位岩体，因显示出新的花岗质岩石外貌而划归了同主造山期的花岗岩。

5. 混合岩类

区内混合岩化作用强烈，各种混合岩发育，大体可划分出三类混合岩化强度区，即混合片麻岩-混合花岗岩区（现称“深熔低位侵入岩”区）、混合岩-混合片麻岩区及混合岩化作用较弱区。混合片麻岩-混合花岗岩区、混合岩-混合片麻岩区出露的主体范围是造山带隆起核部地区，围绕隆起核的弧形构造区则属于混合岩-混合片麻岩区，混合岩化作用较弱区是高压超高压变质地体（岩片）的主要特点。江北一带变质较浅，基本未发生混合岩化作用。

前人对混合岩化作用的研究主要集中在混合岩的形态分类及可能的成因方面，往往忽略了构造变形的改造作用。现在看来，除深部岩基的顶盖及平缓边缘出现的规律分布的边缘混合岩外（部分可能也不例外），目前所确定的各类形态混合岩均与构造作用密切相关。混合岩实际上是一种超变质岩石，是含水（挥发分）岩石达到一定变质温度向部分熔融过渡状态下的一类变质岩，受构造应力的影响，便形成各种形态“混合岩”。因此，它实际上是变质岩与重熔型花岗岩之间的过渡类型变质岩石。前人所定的各种混合岩大体可鉴别为5种情况：①TTG质岩石（或称“TTG系列”）与基性镁铁质岩石构造变形拉伸相间排列的构造混合（杂）岩；②钾长花岗岩（脉）与TTG质岩石构造混合物；③花岗质岩石剪切变形形成的糜棱岩；④TTG质侵入岩与绿岩带物质（可能包括了部分覆盖物质）接触带构造混杂岩；⑤古老物质（也可以是构造深埋物质）经变质深熔作用、分泌作用、热交代作用等在开放或封闭环境下形成的混合岩，该类混合岩是真正意义上的混合岩。

混合岩的认识关键是对其脉体（新成体）进行识别和认识。作为深变质区，排除纯花岗质侵入岩，与混合岩化作用有关的浅色脉体广泛分布于各类片麻岩之中，一般宽几厘米至十几厘米，部分仅达毫米级。常断续分布，顺层或斜切片麻理产出，有时与基体（古成体）呈黑白相间的条带状产出。根据脉体的矿物成分和产出特点，大体可划分为两种成因类型，即深熔脉体（常具贯入特点）和原地分异脉体。深熔脉体是片麻岩遭受重熔作用形成的低限熔体，常具有4个特点：①脉体矿物成分主要由微斜长石、钠长石和石英组成，与“微粒交生体”成分相当，部分可含有斜长石残留晶；②一般呈块状构造（排除后期的构造改造），常与暗色包体相伴生，有时具有镁铁矿物聚集形成的暗色边；③有时具有与脉体平行的暗色矿物的定向排列；④块状构造的脉体常斜切围岩片麻理，且界线清楚；⑤有时可见阴影状脉体。原生分异脉体，它形成于变质变形前，在区域变质作用过程中，与围岩一起发生塑性变形，它是古深成侵入体的分异脉，特点有：①脉体的矿物成分与围岩对应，如英云闪长质片麻岩中出现的斜长石质脉体，花岗闪长质片麻岩中则出现二长石质脉体；②脉体中石英的含量变化很大，从无石英一直变化到以石英为主的脉体；③多数脉体受到变形改造，石英常被拉长，其延伸方向与围岩片麻理一致；④局部脉体斜切围岩时，脉体内石英的拉长变形方向出现与脉壁斜交的现象，且常与围岩片麻理相连。对多期构造变形叠加的复合造山带，应全面地理解以上各特点的意义，脉体的成分特点变得更加重要，深熔脉体受到后期构造改造，其构造特点与原生分异脉体并不是很容易区分。总之，从同构造期角度看，深熔脉体常形成于变形作用之后，而原生分异脉体形成于变形作用之前。

大别山区混合岩化作用形成的脉体大体有5种表现形式。①斜长石质脉体，脉体中基本未见微斜长石，它们是TTG片麻岩中早期混合岩化作用形成的脉体，属原生分异脉体。

②强烈变形的长英质（二长质）脉体，在残留的早期钙碱性侵入岩中，多属原生分异脉体，在英云闪长质片麻岩及木子店岩组、大别山岩群中则具有岩浆贯入特点，应属深熔型脉体。③变形较弱（或基本未变形）的长英质脉体，常具初始熔体特征，是主造山期的深熔脉体。④断续分布的富钾质脉体，多见于变形侵入岩（部分可能是深熔低位侵入岩）中，常具较多的透镜状钾长石新成斑晶，变形改造不是很强烈，但明显可见脉体的展布方向基本与片麻理一致，有时具同步褶皱，它们是主造山期同构造深熔岩浆的分泌或交代作用的产物，属原生分异脉体。⑤基本未变形且厚度较大的长英质（花岗质）、伟晶质脉体，它们是造山作用过程中构造后（或同构造偏晚阶段）的贯入脉体，严格地讲应属侵入岩，与区域上规模较大的伟晶岩脉、细晶岩脉，花岗（白岗质）岩脉具有大体相同的成因。常见于混合岩化较弱的地区（区内高压、超高压变质区具有这一特点）。以上各类脉体是不同构造时期的混合岩化作用产物。

从以上讨论情况看，区内的混合岩化作用可大体划分为三个阶段（时期），各阶段混合岩化作用既有差异，又有相同的特点。①前大别期（阜平期），以原生分异型的斜长质脉体大量出现为特点，晚期可能有二长质脉体形成。②大别期（五台期—滹沱期）、扬子期（晋宁期）既有原生分异脉体，又有深熔脉体，但均被变形改造。同构造侵入岩中的亲缘性脉体多属原生分异脉体，其余的则以深熔脉体为主，常具变形的贯入特点。③印支—燕山期，混合岩化作用强烈，以深熔脉体为主，分泌及交代钾质脉体也可见，后者多为岩浆期后残余熔浆成分。该期各种混合岩化新成脉体的最大特点是变形相对较弱，常不具有复杂的变形形态。

3.4 区域变质作用特点及相关问题

区内不同时期、不同构造单元的岩石，经历了自身的构造演化历史及演化途径，常经受了不同类型或多期变质作用的改造，它们的相互叠加交替形成了现今出露于大别山区的不同变质程度、不同变质类型的复杂变质岩石。

3.4.1 前大别期低压区域热流变质作用

前人对该期变质作用事件没有系统讨论，到目前为止，仅游振东等（1995）在研究黄土岭一带出露的麻粒岩相变质岩石时，发现麻粒岩相高温变质矿物内部有早期绿片岩相的残留。根据全球早前寒武纪的地质研究成果，绿岩带在未受到明显的后期构造热事件改造时，多以绿片岩相变质为主（与当时的薄地壳高地热梯度及地幔岩浆热和一定厚度的覆盖等因素有关），它们常是形成阶段的自变质产物。现代板块构造理论同样揭示出大洋中脊岩石，在形成后受地幔热的影响，在很薄的覆盖下，便发生低压型变质作用，最高变质级别可达到绿片岩相。绿岩带的形成热环境与现代大洋中脊地幔热上升部位非常相似，因此，推测区内前大别期（可能是阜平期）花岗绿岩地体形成时，发生了低压相系的绿片岩相变质作用。由于后期构造热事件的叠加改造，这一变质事件的印迹变得十分模糊而难以识别。

3.4.2 大别期中压区域动力热流变质作用

该期变质作用形成了区内以麻粒岩相变质作用为主体的各类变质岩石。改造的物质主体是晚太古代的木子店岩组类绿岩组合，变质作用时代大约在 25.5 Ga，变质温压条件为 T=750～900 ℃，P=0.89～1.04 GPa［黄土岭紫苏片麻岩（王江海，1991）］或 T=700～850 ℃，P=0.8～1 GPa（湖北省第六地质大队，1991），反映出中压变质相系麻粒岩相变质特点。伴随该期变质作用可能有重熔型钙碱性花岗质（富钾质）侵入岩的形成，但它们的存在是完全可能的（大别山区大量＞2 000 Ma 的花岗质岩石的 U-Pb 一致曲线上交点年龄，也说明该类侵入岩是存在的）。至于 2 900 Ma 左右的 TTG 片麻岩侵位年龄，则有可能代表了花岗-绿岩带的形成时代。

原认为早元古代末的大别造山运动，并没有十分充足的依据，更缺乏可靠的相应地质事件记录。现有资料表明：大别山岩群上部碎屑碳酸盐岩建造围绕大别山核部罗田隆起（花岗-绿岩带物质）呈弧形（环状？）分布，看不出大的构造界面及地层缺失界面。原认为的早元古代晚期钙碱性（钾质）侵入岩，现在认为可能是三个部分组成的杂岩。①残留的晚太古代大别期（钾质）钙碱性侵入岩（常被改造得面目全非，野外不易辨认）。②晚元古代同构造类科迪勒拉型侵入岩（侵位时代 800～1 000 Ma？）；③早—中侏罗世同造山深熔低位侵入岩（隆起区核部出露，改造了早期各类岩石）。因此，早元古代末是否存在大的造山型构造运动及变质作用事件是值得商榷的问题。区域上从大别山岩群到“红安群”，具有大体同时的从角闪岩相到高绿片岩相的递减变质特点，其间没有明显的变质级的跳跃特点，从这一点看早元古代末期可能不存在大的造山型构造运动。从早元古代大别山岩群物质组合中，无法确定有同造山的痕迹。相反地，大别山岩群物质从下部到上部反映的是从稳定地台型沉积逐渐活动的裂隙沉积演化（早元古代末期开始裂解）。理论上讲，其主体裂谷沉积物即是中元古界的“红安群”（非区域上现认为的红安群）。

3.4.3 中元古代时期变质作用

深部热流在总体上较早元古代为少，变质岩系的原岩建造可形成于较大的海盆或狭长的槽形盆地、裂陷带或拗陷，褶皱和断裂作用对岩石的改造更为明显而深刻，从而出现带状或较大面积的区域低温动力变质岩石，许多属单相的低绿片岩相或绿片岩相，也有不少地区（如北秦岭）是低压、中低压或中压区域动力热变质所形成的（低）绿片岩相到角闪岩相岩石。其中有的显示带状或小穹隆状递增变质现象，有的地方还见到花岗质侵入体，甚至伴生有边缘混合岩化作用。

3.4.4 晋宁期变质作用

1. 武当—桐柏—大别地区

区内晋宁期所处的大地构造背景决定了其具有双变质带的变质特点，即板块汇聚边界的双变质带特点。

晋宁期大别地区处于碰撞造山阶段的仰冲盘位置。尽管当时的构造格局目前尚不是十分清楚，后期改造十分复杂，现今不同变质类型物质的空间分布特点，并不能完全反映当时板块碰撞、俯冲的特点，但根据造山带变质物质及与俯冲碰撞有关的地质事件所反映的地质特征等依然可反演当时可能的地质构造演化特点。区内大量出露的新元古代同构造（造山）的类科迪勒拉型花岗岩，应属洋壳俯冲到深部部分熔融的产物，侵位部位相当于大陆边缘或边缘岛弧环境，反映当时存在大规模的俯冲碰撞造山作用（B 型俯冲）。区内出露的高压、超高压物质，是该时期洋壳向深部俯冲的变质产物。近年来，许多学者认为大别山区的高压、超高压变质物质的形成与秦岭—大别造山带在中—新元古代时期（晋宁期）存在大型的 B 型俯冲作用有关。

俯冲盘为高压-超高压榴辉相岩变质。大别地区出露的高压-超高压榴辉岩属俯冲盘的产物（定位于仰冲盘），其主要岩性为高压-超高压榴辉岩。变质矿物组合为绿辉石+石榴石+石英±蓝晶石±斜黝帘石。特征变质矿物有绿辉石、石榴石、蓝晶石、斜黝帘石。仰冲盘表现为中低压角闪岩相变质作用。其主要岩性为黑云斜长片麻岩，变粒岩，石榴角闪岩，特征变质矿物有铁铝榴石、普通角闪石。

晋宁期变质作用的特点大体可推测如下。①中元古代洋壳物质（包括被动大陆边缘沉积物质）作为俯冲盘向地壳深部俯冲，部分可能刺穿下地壳进入上地幔而发生低温高压变质作用。前缘常以超高压变质作用为特点，形成变化很大的 20～100 km 的温压条件（特别是压力条件）。现今地表出露的横向并置实际是多次折返后的构造拼贴，相邻的高压、超高压岩片形成的温压条件可能有明显的差异。②作为仰冲盘，经受的变质作用则是（中）低压相对较高温的变质作用，在仰冲盘伴随有同造山的大陆边缘（或岛弧）型的钙碱性侵入岩（两路口序列）。

由于受晚期造山作用动力热流变质作用的影响，该期中（低）压变质作用印迹与印支—燕山期变质作用印迹可能相互重叠，不易区分。从大别山岩群及上部中元古界福田河片麻岩岩组、西张店基性火山岩岩组的变质特点看，该期热变质作用的最高级别可达高角闪岩相，变质压力属中-低压，在白果镇幅鲍家大屋附近鲍家岗岩组黑云斜长变粒岩中求得变质温度为 540～670 ℃，变质压力约为 0.65 GPa，地热梯度为 22.5～28.5 ℃/km，属角闪岩相。反映出仰冲盘的变质特点。向上部层位，其变质温度应逐渐降低，主体应属绿片岩相-角闪岩相，形成从浅向深，从远离岩浆热源向靠近岩浆热源的递增变质带。

2. 扬子板块北缘大洪山地区

晋宁期变质作用在扬子板块北缘长岗—三里岗—三阳断裂（区域上为襄广断裂）南侧大洪山构造带表现明显。变质物质组成由花山群不同时期、不同沉积环境和构造背景形成的低级变质岩系组成，主要岩石类型有板岩、千枚岩、变玄武岩、变质碎屑岩，同时伴随岩浆活动。区域地质调查资料显示，三里岗花岗岩体为岛弧环境的 I 型花岗岩，同位素年龄为 876～858 Ma（锆石 ICPMS），花山群土门岩组一套低级变质岩系是一套岛弧火山岩，同位素年龄 841 Ma（锆石 U-Pb 定年）。三里岗岩浆弧的南西侧为大洪山弧后盆地，由花山群一套浊积岩、弧后盆地玄武岩及基底碎块组成。弧后盆地玄武岩同位素年龄为 835 Ma（锆石 U-Pb 定年）。表明在新元古代早期，调查区大洪山构造带存在洋壳消减汇聚事件。

伴随俯冲-汇聚作用的持续发展，在应力作用下形成具有板理或千枚理的低级变质岩系，在新生板理或千枚理上见显微鳞片状的矿物组合（绢云母、绿泥石、微粒石英）强烈定向分布，变质程度显示绿片岩相绢云母-绿泥石组合级别，是一种区域低温动力变质作用。该套低级变质岩系被新元古代南华纪末期变质地层莲沱组不整合覆盖，表明大洪山构造带低温动力变质作用是晋宁期俯冲-碰撞造山作用过程中的反映。

3.4.5 海西—印支期变质作用

海西-印支期可分两个阶段：①早古生代末期，武当—桐柏—大别地区总体处于伸展背景，发育一套基性-超基性岩石，表现为绿片岩相变质作用；②晚古生代，晚古生代变质作用特点，主体与晋宁期类似，是古秦岭洋消失时，与 B 型俯冲作用相配套的变质作用，俯冲盘发生低温高压变质（目前地表是否出露值得怀疑），仰冲盘则发生（中）低压偏高温变质作用，其变质作用级别为绿片岩相至角闪岩相。由于大量的热液存在，长英质物质可能被熔融，形成麻粒岩相变质的可能性不大（晋宁期的高温变质作用也具有此特点）。许多学者将区内的高压、超高压变质作用作为印支期的俯冲盘的变质产物并非毫无道理，但从板块构造各地质现象的配套情况看，很多现象则不易解释。因此，在没有将晋宁期与印支期构造及变质作用严格区分开来的前提下，讨论变质作用特点可能是不适宜的，尚需做大量的基础地质研究工作，逐步解决。

这里提出加里东期的类大洋脊扩张处的岩浆热变质问题，如同现代大洋中脊的（扩张脊附近的）物质一样，在岩浆及沉积物覆盖下，洋脊的扩张物质常发生低压的葡萄石-绿纤石相至绿片岩相变质，局部可能会达到低角闪岩相。因此，早加里东晚期，蛇绿混杂岩带物质可能已发生了低压变质作用。目前对此尚未做工作，具体变质情况不太清楚。

3.4.6 印支—燕山期变质作用

印支期的变质作用是与 B 型俯冲相适应的双变质带特点。到燕山期，随着洋壳消失，俯冲作用由 B 型逐步转化为 A 型，其变质作用特点也相应发生变化。由于大量的上地壳物质发生俯冲，地幔热源的影响逐渐变小。仰冲盘上以深熔物质的上侵为主要特点，在其围岩附近则以区域性的热液水化退变为特点，表现为中-低压绿片岩相退变质的特点，且多以矿物组合的部分改变表现出来，退变质作用不完全。至于高压、超高压变质物质是否在该期退变为角闪岩相至麻粒岩相的岩石，值得商榷（大量的热液渗入对麻粒岩的形成是极其不利的）。

白垩纪构造体制转换为滨太平洋构造域，大别造山带发生大规模伸展垮塌事件。巨量花岗岩侵位，形成大量斑岩型金属矿床，并且发育大量北东向韧性-脆韧性剪切带及脆性断裂带。花岗岩的侵位年龄主要发生在 140～120 Ma，少数为中侏罗世 160～140 Ma（Wang et al.，2007）。将白垩纪花岗岩分为两种类型，早期岩体（143～132 Ma）通常具有 Sr/Y 和 La/Yb 高质量比值特征，被称为“埃达克质岩”，岩体中含少量暗色包裹体，也具有较弱的变形，被后期岩体和岩脉侵入，是碰撞加厚的岩石圈拆沉过程中下地壳受热部分熔融的结果；晚期岩体（128～105 Ma）通常不具有 Sr/Y 和 La/Yb 高质量比值特征，主要表现为均一无变形的花岗岩，指示了加厚的地壳已经减薄，此时造山带伸展垮塌已经完成。岩体周围地层以区域性的退变、接触变质及气-液变质为主，表现为中-低压绿片岩相，向外逐渐降低。韧性-脆韧性剪切带中以动力变质为主，形成糜棱岩类岩石。尔后伴随断陷盆地的产生，武当—桐柏—大别造山带完成了其主造山作用过程，进入了以脆性动力变质作用为主的改造阶段，沿不同方向断层内形成碎裂岩系，并发生绢云母化、高岭土化、硅化等水热蚀变现象。

综上所述，武当—桐柏—大别造山带变质作用与所处大地构造环境密切相关。不同时期，不同大地构造环境，有着不同的构造作用、变质作用和岩浆活动，而相同时期、相同构造环境，构造作用、变质作用、岩浆活动存在着复杂的内在联系。在这一联系中，构造作用和岩浆活动控制着变质作用，变质作用又有着自己的特定环境和重要地位。

▶▶▶ 第4章

地质构造特征及演化

4.1 构造单元划分原则

现有资料表明，新太古代为古老陆核形成阶段，是地壳生长的重要时期，此时地球表面出现洋陆分异，岩石圈进入板块构造演化阶段。历经哥伦比亚超大陆、罗迪尼亚超大陆和潘基亚超大陆形成和裂解等。

秦岭—大别造山带经历了早期陆核形成、裂解、汇聚-碰撞的复杂构造过程，由一系列规模不等的弧-弧、弧-陆碰撞结合带和其间的岛弧或地块拼贴而成，呈明显的条块镶嵌结构。此外，板内裂谷也是重要的大地构造环境。基于上述基本认识，本书拟定了以下构造单元划分原则。

（1）首先依据地质、地球化学性质、地球物理探测等研究的最新综合成果，从武当—桐柏—大别成矿带及邻区地表地质现状实际出发，充分结合地质历史的发展演化，以大陆板块构造和大陆动力学思想为指导，并以探索区内地质构造发展演化过程、动力学背景及与成矿作用的关系等研究为目的，以尽可能客观地反映其时空的基本构成现实与演化为原则进行构造单元的划分。

（2）扬子陆块和华北陆块是中国大陆的主要组成部分，其间的秦岭—大别造山带先后经历了特提斯、环太平洋、喜马拉雅三大构造域的叠加作用，这是该区现今构造状态的基本控制因素，也是研究划分武当—桐柏—大别地区构造单元的现实基础。

（3）一级构造单元划分依据是区域地质演化的共性与差异，包括克拉通和造山带。目的是反映不同地区的组成特征、形成时代和构造活动性，同时突出大陆拼合的镶嵌与叠覆的结构特征。在此需要指出的是，此处的缝合带是指含蛇绿岩、变基性岩及外来岩块等复杂物质组成的构造混杂岩带，其中混有洋壳、地幔岩、洋底盆地、海沟及陆基等多种构造环境中的沉积物。对于早前寒武纪的古老结晶基底，一级构造单元以陆块群表示。由于研究程度较低，次级构造单元以微陆块表示，对其间的古老造山带不予标示。

（4）构造单元的边界是古老大洋、分隔重大岩相带或成岩相带突变的深大断裂。克拉通或板块为早前寒武纪固结形成的稳定区，实际上是由更古老的陆壳、陆缘杂岩和洋壳残余，以及其上的盖层组成的，所以克拉通区的二级单元是基底和盖层。基底内根据时代和组成，进一步划分更古老的造山带和古陆的残片，作为三级单元，盖层根据时代和构造背景进一步划分为裂谷、被动陆缘、弧后盆地和前陆盆地等，作为三级单元。

（5）造山带是南华纪以来地质作用比较活跃的地区，由南华纪以来的陆缘杂岩或岩系、洋中岛屿（古岛弧或洋岛）和海洋的残余等组成。造山带主要有两类，多数为陆缘环境形成的弧-陆碰撞造山带，其次为陆间环境形成的陆-陆碰撞造山带，陆块内部形成的陆内造山带划分到陆块大相中。在大洋构造体制中划分出结合带、近陆岛弧、弧后盆地、弧前盆地、洋内岛弧带或洋岛等不同级别的构造单元；在大陆构造体制中划出地块、前陆褶冲带、断隆带、陆缘弧、前陆和后陆拗陷带或盆地、裂谷盆地、逆推带等。注意确定各单元形成以前的基础环境（包括基底、岩浆活动等）的研究及其对该单元形成演化的贡献和影响。

（6）陆块区基底构造单元的划分应以各时期陆壳物质的组成、物质来源和形成环境为基础。盖层主要按地层形成的构造背景划分不同的盆地类型和构造单元，并以各运动期的最终定型构造作为断点进行次级构造单元的划分。

（7）采用动态的理念进行构造单元的划分，充分考虑不同时期构造运动的特点，按阶段进行构造单元的划分，各阶段分区尽可能地体现该阶段造山运动结束之后的大地构造格局。

4.2 主要断裂特征

区内断裂构造十分发育，主要断裂多经历了长期演化，受板块（微块体）边界条件的制约，定型期的构造形迹具有较明显的展布规律（图 4.1）。它们大多形成于新元古代以后，按照构造变形层次可划分为发育于中深构造层次的韧性剪切带和发育于浅部构造层次的脆性断层。前者主要分布在大别造山带，后者在大别造山带、北淮阳构造带及中生代盆地内均有分布。

4.2.1 重要边界断裂

1. 商丹—龟梅断裂带

该断裂带是秦岭（桐柏）—大别造山带与北秦岭—北淮阳构造带的构造边界。在秦岭地区西起商县，向东经丹凤、商南、西峡后没于南襄盆地，称商丹断裂带。大多数研究者认为，商南—丹凤断裂带在秦岭造山带构造演化进程中具有重大的地质意义，是华北、扬子板块相互碰撞的主缝合带（张国伟 等，1988a；李春昱 等，1978）。该断裂带形成于中新元古代，在后续的地质演化过程中具有明显的活动性。张国伟等（1988b）将商南—丹凤断裂称为“商丹断裂边界地质体”，其演化过程经历了加里东期板块俯冲、印支期碰撞造山和中新生代板内变形三个阶段。在桐柏—大别地区，该断裂经南襄盆地，向东是沿桐柏、大别变质杂岩北侧延伸，还是由南侧通过，有不同的看法。目前，大多数研究者认为断裂带与信阳—舒城断裂（即龟山—梅山或八里畈—磨子潭—晓天断裂带）连成一体，该断裂剪切带也是北秦岭—北大别（北淮阳）构造变质地体与南秦岭—南大别变质地体之间的构造边界，同时也是华北与扬子板块汇聚造山作用的主缝合带，剪切带两侧不仅变质作用类型不同，岩浆活动图像不一样，而且地壳基底及盖层沉积建造的大地构造属性也不一致。剪切带南侧变质岩系衍生于扬子板块北缘基底及上覆沉积物，出现高 P/T 变质岩石组合；北侧岩系衍生于华北板块基底及盖层，具中低压相对高温变质组合，同时有大量加里东期、海西期和印支期变形变质花岗岩、闪长岩和辉长岩与之共存。断裂剪切带在南襄盆地以东，对应着一条显著的重磁异常梯度带，其形迹展布于桐柏、信阳、磨子潭、晓天、桐城一线，宽为 5～10 km，向北陡倾的糜棱岩化带，内部出现网状分布的糜棱质碎裂岩、角砾岩带。在桐柏—大别山北坡，该剪切带既控制着海西期辉长岩岩墙的侵位，同时又使其剪切变形。

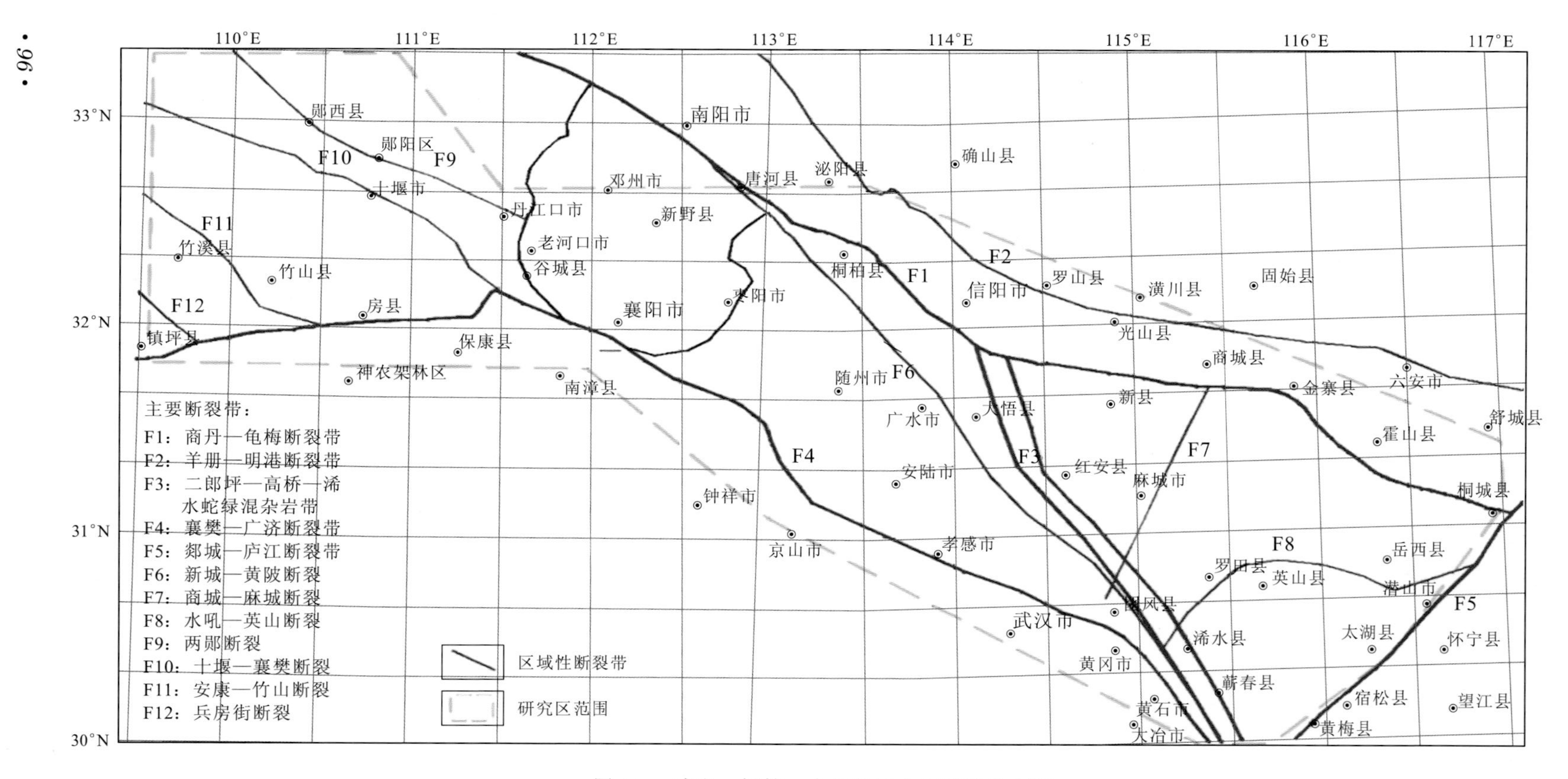

图 4.1　武当—桐柏—大别地区主要断裂分布图

因此，该剪切带至少在海西期即已出现。据剪切带内变形特征判断，它先后经历了韧性推覆、韧性走滑、脆性伸展和脆性挤压等活动阶段。

2. 羊册—明港断裂带

该断裂带为区域上栾川—维摩寺—羊册—红石洞—明港断裂带的一部分。断裂带呈北西—南东向延伸，西起卢氏县黑沟，向东经栾川县南、嵩县铜河、南召县头道河、方城县维摩寺、泌阳县羊册、桐柏庙西庄至信阳市明港东没入第四系。该断裂是稳定的华北南缘陆块与北秦岭构造带的边界断裂。

断裂带两侧的物质组成、岩浆活动、变质变形特征均存在差异。断裂带北侧出露的主要为长城系熊耳群陆缘大陆裂谷钙碱系列火山岩系和新元古界栾川群浅海相陆缘碎屑-碳酸盐岩；南侧出露的为中—新元界宽坪岩群裂谷型火山岩-碎屑岩-碳酸盐岩。断裂带两侧变质变形特征明显不同，北侧熊耳群、栾川群为低绿片岩相-绿片岩相变质，褶皱以平缓开阔褶皱为主，断裂多具脆性-脆韧性特征；南侧为绿帘角闪岩相-角闪岩相变质，褶皱以紧密的相似褶皱为主，同斜、尖棱、叠加褶皱、A 型褶皱常见，断裂多为韧性剪切带。在中段（铜山—天目山之间）沿断裂带主界面南、北两侧的宽坪岩群谢湾岩组斜长角闪岩和栾川群鱼库组大理岩中形成宽上百米的角闪质变晶糜棱岩带、钙质构造片岩带。构造面理和拉伸线理总体倾向南；西段（铜山以西）沿断裂带叠加数百米至上千米的构造片理化带和构造角砾岩带。该断裂的作用主要表现：一方面，对南襄盆地的北东边界起到了积极的控制作用；另一方面，断裂带两侧的熊耳群、栾川群及宽坪岩群表现出不连续或缺失。

在布格重力异常平面等值线图上，断裂带表现为重力异常梯度带，北侧重力低，梯度缓，梯度带呈北西走向；南侧重力高，梯度陡，梯度带呈近东西走向。据南侧重力梯度陡的资料推测，断裂带的深部倾向与地表倾向相反，向北倾斜。磁异常断裂带北侧基本上为负值，磁场比较单一，局部异常宽缓，形态也不一致；磁异常断裂带南侧为正值，异常呈北西西向串珠状（链状）分布，反映断裂带两侧具有不同的基底特征。区域上深部人工地震剖面反映，该断裂带两侧的地壳结构具明显差异，北侧出现三个波速层，由上到下波速递增，将地壳划分为上、中、下三层，层次简单，属于稳定陆块的地壳结构；南侧近断裂带一段除莫霍面外地壳内部未发现反射层，说明深部构造复杂、地壳高度变形，且有后期岩浆活动，破坏了地壳深处的分层结构，为深部地壳叠覆所致。大地电磁测深资料反映断裂带两侧的地壳结构存在差异。断裂带北侧为一相对低热流密度带，该带与华北板块南部内缘活化带对应，大地电磁测深表明它是一个电阻率极高的“冷”区，200 km 内未发现软流圈，与热流密度有很好的对应关系；断裂带南侧表现为由北向南增高的大地热流密度梯度带，大地电磁测深表明北秦岭活动陆缘的深部软流圈明显上隆，且壳内与上地幔顶部 50 km 深度范围内有很厚的低阻层。

该断裂带具规模宏大、性质复杂、多期活动等特点。早期主要表现为韧性剪切变形，晚期为脆韧性-脆性变形的叠加。在铜山花岗岩体以东，断裂带宽度一般在 1～1.5 km。横切断裂带，其变形也是有差别的，总体表现为中部或偏中部变形强烈，发育糜棱岩或糜棱岩化岩石，形成近百米宽的糜棱岩带，由糜棱岩带中心向两侧剪切变形强度逐渐减弱，由糜棱岩逐渐转变为糜棱岩化岩石。断裂面主体向南西倾斜，倾角为 45°～80° 不等。局部地段断面倾向反转，向北东倾斜。在中段糜棱岩中“S-C”组构、拉伸线理、石香肠构造和剪切褶皱发育。拉伸线理由矿物定向排列或矿物集合体显示，倾伏向为180°～235°，倾伏角为25°～60°，反映出近南北向上的运动矢量；石香肠构造由发育在长英质糜棱岩中的能干岩层显示；剪切褶皱在断裂带北侧发育，在主界面附近以A型褶皱、平卧褶皱、不协调褶皱为主，远离主中界面为AB型斜歪褶曲和平缓开阔B型褶皱。该断裂带脆性断面产状变化复杂，主体显示向北东倾斜，倾角为45°～80°不等。局部地段断面倾向南西，倾角陡、缓不一。

根据剪切带糜棱岩中发育的小型构造等判断，该断裂早期具自北向南滑覆的性质。但据区域重力资料推测，断面在一定深度转为北倾，据此表明其早期活动应为由北向南的逆冲推覆，发生时间大致在古生代。晚期具南盘下降的张性正断层性质，沿断裂带有晚侏罗世熊庄—中鲁庄超基性角砾岩体群产出，该断裂控制南襄盆地北部边界，根据上述现象综合判定，晚期活动主要发生在侏罗纪。

3. 二郎坪（—宣化店—吕王）—高桥（—永佳河）—浠水蛇绿混杂岩带

该岩带由一系列北西、北北西向断裂（剪切带）及其间不同属性（基性、超基性岩石，深水沉积的岩石及台地相物质）的岩片组成。岩片呈条块状、楔状，以断裂（剪切带）为界相互拼贴在一起，呈北西向展布，不连续出露。在大悟—红安地区，出露长 100 km 左右，展布宽一般为0.5～2 km，局部可达4～5 km。其北西端被早白垩世灵山超单元花岗岩体所截断，而南东端则被麻城—新洲盆地白垩系—古近系公安寨组中厚层状中细粒砂砾岩和第四系沉积物覆盖。在蕲春清水河地区呈北西—南东向展布，出露长为 12 km，宽为1.2～2.5 km。在安徽省宿松二郎河地区断续出露约为10 km。

在研究程度相对较高的大悟—红安地区，该带由一系列剪切带及其间的透镜状或长条状岩片共同组成空间上三维网结状剪切系统。沿该构造带，不同的区段产状各不相同。地球物理资料显示，该构造带为武汉幔隆与大别山幔陷之间的过渡带，线型特征明显，两侧重磁场异常的变化反映了剪切带的深部特征及分划属性（图4.2，彭练红，2003）。沿该构造带，深部构造面总体北东倾，在河口—永佳河镇一带，由于受后期构造的改造，地表面构造面向南倾，但向下发生反转，转为向北倾斜，该剪切带总体走向为北西向，向北东倾斜。

组成该混杂岩带的岩片的物质组成、形成时代各不相同，以构造岩片的形式拼贴在一起。该带宽为500～2 000 m，其影响范围可达4～5 km，总体表现为韧性，发育糜棱岩及构造片岩。带内岩石变形强烈，强烈片理化，顺片（麻）理褶皱现象发育，常表现为紧闭不对称褶皱、钩状褶皱或片理面上的褶纹线理。带内岩石蚀变作用普遍。常见蛇纹石化、滑石化、绿泥石化和硅化等现象。沿该带内出露一系列古生代基性-超基性岩，遭受后期变形变质作用的影响，岩石普遍片理化。

该断裂带形成于早古生代，经历了晚古生代至中新生代时期的构造演化。存在着不同方式先后交替的构造变形阶段：由北向南的韧性剪切推覆（顺层顺片）→近东西向的韧性走滑转换→近南北向伸展、拆离→由南向北的逆冲推覆→碰撞（伴随着走滑调整）→隆升拆离及喜马拉雅期待挤压逆冲（韧脆性）等过程。总之，该构造带是华北与扬子板块在古生代—中新生代的汇聚造山作用的主缝合带（彭练红，2003）。

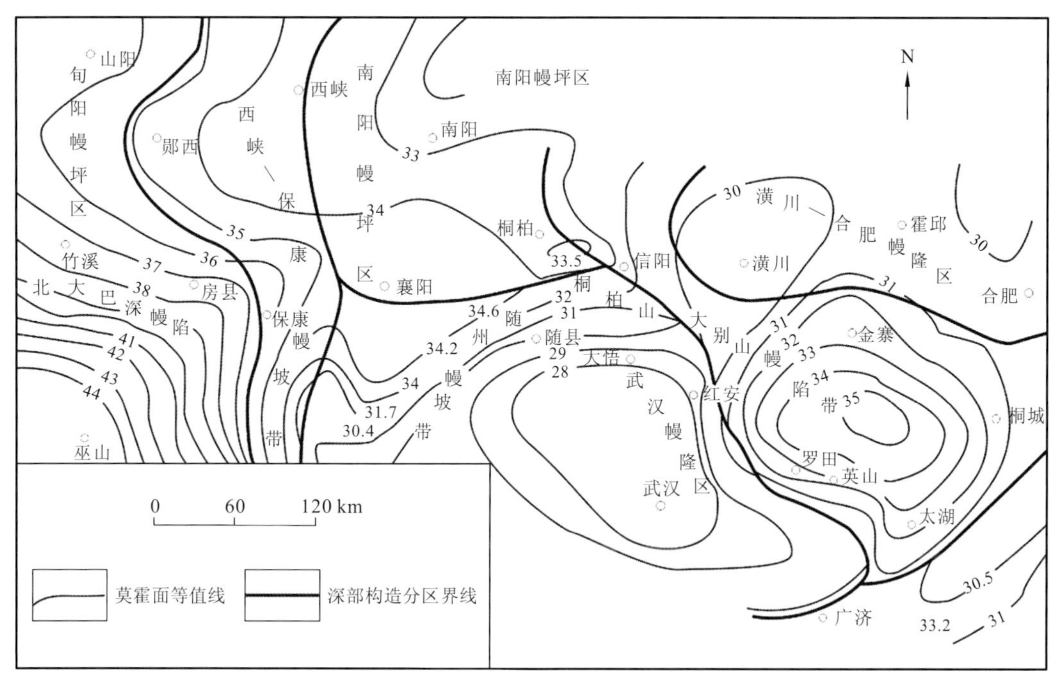

图 4.2　秦岭—大别造山带地壳等厚线图

4. 襄樊—广济断裂带

襄樊—广济断裂（襄广断裂）带是秦岭—大别造山带与扬子板块之间的分界线。一般认为其向西与略阳—勉县断裂带相连，向东经湖北房县、襄阳（襄樊）、广济与郯庐断裂相交，区域上习称城口—（房县）青峰—襄樊—广济断裂或扬子陆块北缘弧断裂。总体呈波状起伏向北倾斜，倾角为25°～75°，呈北西—近东西向并向南西突出的弧形分布。在地球物理上显示出重磁异常梯度带的特点，并随着延拓高度的增加，梯度带明显向北偏移，反映断裂深度向北缓倾，有可能在武当山地区深部与白河—十堰断裂或两郧（郧西—郧县）断裂相连，而在桐柏—大别地区则与新城—大悟—浠水断裂相通，是一条大型的推覆逆冲断裂带。该断裂控制着自元古代以来的沉积作用、岩浆活动及构造变形的发展与演化。

南华纪时期（或以前），断裂北侧发育武当岩群、耀龄河岩组变火山-沉积岩系，已有资料表明其形成于大陆板内裂谷环境，为陆缘裂陷（或弧后扩张盆地），可能与区域上罗迪尼亚超大陆的裂解相关联。在邻近的神农架地区则发育一套河流相-滨岸相碎屑沉积和大陆冰川沉积（莲沱组和南沱组），由此表明当时沿断裂已具初始活动并控制了两侧的沉积分异及发展。震旦纪—寒武纪初，断裂南侧为浅水碳酸盐岩台地沉积，向北依次为台间（半深海槽）盆地相碳泥硅质沉积、碳酸盐岩台地沉积。寒武纪—志留纪，南侧以碳酸盐岩台地浅海陆棚相碎屑沉积为特征；北侧为陆缘裂谷槽盆沉积，其中志留系梅子垭组等层位发育有玄武岩、次火山岩、粗面岩等基性、碱性火山岩或侵入岩，反映早古生代断裂北侧存在深部地质背景下的伸展裂陷作用，具同沉积正断裂的部分特征。泥盆纪—中三叠世，断裂两侧相对平静，北侧未见同期物质出露，而区域上更北则见浅海陆屑-碳酸盐岩建造；南侧基本上为一套连续的浅海陆屑-碳酸盐岩建造。中三叠世以来，随着扬子板块与华北板块发生碰撞，扬子北缘发生构造反转，由早期的构造伸展向晚期的挤压逆冲转化。形成现今代表印支—燕山期以来大规模由北往南的逆冲的巨型推覆剪切带（青峰大断裂）。受构造变形改造及多期变质作用的影响，早期的伸展构造变形在露头上往往难以识别，所以现今出露的地表界线是经变形改造变位的沉积边界。综上所述，可以推断现今青峰—襄樊—广济断裂沿线的扬子北缘地区在南华纪发生了古地理分化，构成扬子陆块北缘碳酸盐岩台地与大陆边缘裂谷带的沉积边界。

该断裂是一组不同时期、不同性质、不同特点的多条断层复合构成的区域性断裂构造带，根据沿该断裂构造带不同时期、不同地段地质调查研究资料揭示，其发生、发展与演化可识别出 4 期构造变形形迹：①第一期构造变形主要见于造山带外带，以韧性剪切带为主，出露于门古寺镇、桃花沟、梅花山、六里峡和青峰一线，产状倾向北或北西，倾角为 25°～65°，一般宽数十米至几百米，最宽可达 2 km。带内硅质糜棱岩、钙质糜棱岩、糜棱岩化岩石及绢（白）云钠长石英构造片岩发育，同构造分异石英脉、不对称褶皱、石香肠构造、“S-C”型构造及折劈理常见，并指示由北到南的逆冲推覆运动特征。其构造样式表现出由北向南的逆冲推覆型脆韧性剪切变形带与岩片叠置的特征，应为印支期陆-陆碰撞造山作用的产物；②第二期构造形成于燕山期，以脆韧性逆冲推覆变形为主，表现为一组相互平行的逆冲推覆断裂构造带的特征，造山带物质由北东向南西推覆，并破坏早期韧性变形。在石花街以南地区的观音坪、黄瓜河、芹菜沟等地见不同规模的构造窗和飞来峰，竹溪丰溪地区武当变质岩系直接逆冲于前陆褶皱带物质沉积盖层物质之上；③第三期构造主要表现为造山后期的伸展作用，沿该带形成一系列断陷盆地，控制了白垩纪—古近纪的一套红色磨拉石沉积建造。以脆性变形为特征，在盆地边缘常形成北西向正断层，受后期构造影响及盆地沉积超覆的掩盖，破坏了前期构造的连续性；④第四期构造变形为现今襄樊—广济断裂的定型构造，形成于喜山期，以浅层次脆性变形为特点。区域上形成由南向北的脆性逆断层，断面南倾，倾角低缓，造成前陆褶皱带逆冲于造山带外带之上，从而掩盖了前期控盆断裂或部分与造山期造山带外带分划型断层复合。在房县梅花山—金鸡沟一带表现为前陆沉积盖层的震旦纪—二叠纪地层逆冲于白垩纪—古近纪红盆沉积和造山带变质地体之上，构成典型的飞来峰构造。

综上所述，青峰—襄樊—广济断裂并非单一断层，而是由数条逆冲断层、破碎带及脆-韧性剪切带和逆冲推覆构造共同组成的由北向南的脆-韧性推覆剪切带，局部被由南向北的浅表层次逆冲断层叠加改造，总体具长期发育历史及多期活动的特征。初步认为，该断裂大致经历如下三个发展阶段：①早期（南华纪—早古生代）为区域性同沉积正断层活动阶段，并控制同期南秦岭区与扬子区的差异沉积与发展，而后续泥盆纪—中三叠世为相对稳定演化期；②中期（晚三叠世—侏罗纪）伴随扬子板块和华北板块全面碰撞对接及陆内俯冲而发生构造反转，大规模由北向南的脆-韧性推覆剪切是其显著特征，并造成秦岭区新元古代—早古生代浅变质地层直接覆于南侧扬子区震旦纪—早古生代末期变质地层之上；③晚期（白垩纪—新近纪）为脆性伸展与挤压逆冲变形阶段，一方面它构成沿线断陷盆地的活动边界并控制其沉积，另一方面又使北侧老地层直接覆于新地层寺沟组之上，同时局部见由南向北的浅表层次逆冲断层叠加改造，从而在剖面上呈现南北对冲的构造格局，但仍以由北向南的逆冲为主。

5. 郯城—庐江断裂带

郯城—庐江断裂（郯庐断裂）带是我国东部规模巨大的深断裂带之一。其南起长江北岸的湖北广济，经安徽庐江、江苏宿迁、山东邦城和渤海，过沈阳后分为西支的依兰—伊通断裂带和东支的密山—抚顺断裂带。总体呈北北东向延伸，绵延 2 000 多千米。地质及地球物理资料显示郯庐断裂自南向北切割深度逐渐增大，且具有明显的分段性。关于郯庐断裂过襄广断裂后是否南延的问题目前取得了较为一致的认识，构造、沉积和地球物理资料均指示郯庐断裂向南消失于与襄广断裂交汇点，并未再向南延伸。郯庐断裂带南段构成桐柏—大别造山带的东界。

在漫长的形成演化历史中，郯庐断裂带曾经历过多期构造运动，构造力学性质发生多次变化。左旋走滑是其最主要的构造变形形式。在大别山东端，郯庐断裂带左旋走滑作用将大别超高压变质带牵引至苏鲁一带，造成大别造山带与苏鲁造山带左行错开。详细的地质、同位素年代学研究显示郯庐断裂主要经历了两阶段的左行剪切，早期韧性剪切时间应该不晚于 220 Ma，晚期韧性剪切走滑时间可能为 130～110 Ma。在晚白垩世—古近纪时期，该断裂带表现为强烈伸展，沿该带出现了一系列大规模的伸展断陷盆地，并伴随有新生代玄武岩喷发。同时，在中生代、新生代，随着太平洋板块向欧亚大陆俯冲，中国东部大陆构造应力场发生重大改变，它的活动不仅对中国东部中生代、新生代构造运动产生深刻影响，而且对区域岩浆活动、断陷盆地的发育及成矿作用也起到一定作用。

4.2.2 区域性大断裂

1. 新城—黄陂断裂

新城—黄陂断裂（新黄断裂）为发育于桐柏—大别造山带南缘的一条巨大的以脆性为主的断裂，区域上其西起新城，东至黄陂，长约 200 km。该断裂在区内具分支复合现象，由多条次级断裂组成（岩子河—李店断裂、岩子河—姚家店断裂等），向东与大悟芳畈—觅儿寺断裂相连。断裂呈北西—南东向延伸，主断裂面倾向为北东向，倾角为 60°～80°。区域航磁资料显示，深部断裂面仍向北东倾，倾角约 40°。局部受喜山期构造的影响，断面向南倾，倾角约 50°。断裂的南西侧，构造线走向为北西 60°左右，以脆（韧）性变形为特征，常表现为大型逆冲推覆断层和褶皱构造，共同组成区域上的褶冲式构造；北东侧构造线总体走向为北西 40°，以韧性变形为特征，表现为新元古代以来的盖层物质不整合盖在前期基底之上。各地层单位岩石变形十分强烈，主要表现为强烈的顺层韧性剪切，形成透入性片（麻）理及无根褶皱。随着不断地挤压隆升，构造层次变浅，发育中浅层次的逆冲推覆构造，主要表现为三维空间上的强变形带与弱变形块体规律配置的特点。

新黄断裂是一条长期活动的区域性断裂。目前至少可识别出 4 期构造变形：①第一期为脆韧性变形，表现为宽度在 100～1 000 m 的剪切变形带（糜棱岩带）；②第二期为北西向的脆性逆冲断裂变形，形成宽窄不一的碎裂岩带；③第三期主要表现为向南倾的张性拉裂，形成角砾岩、断层泥等；④第四期为南向北的脆性改造，发育南倾的逆断层。其中，前两期形成于印支—燕山期的主造山阶段，具相同的特点：由北东向南西的逆冲推覆，第三期为造山晚期松弛阶段的产物，第四期为喜马拉雅期由南向北挤压形成，局部具反冲特点。尤以二、三期最为发育。在空间上断裂带构造岩具分带性，各带具不同的特征。

2. 商城—麻城断裂

商城—麻城断裂是大别山区重要的边界断裂（剪切带）。它将大别山分成西段和中段。《福田河幅 H50E004005 1∶5 万区域地质图说明书》（毛雪生 等，1996）称其为团麻强应变带，带内断层岩为角闪岩相，部分退变为绿片岩相的糜棱岩，出露宽度为 2.5～4 km，糜棱面理倾向北西，倾角为 20°～40°，其中的运动学标志指示其运动性质为右行正断。断层带总体产状为 270°～280°∠20°～50°，碎裂岩和角砾岩受到不同程度的硅化、碳酸盐化、褐铁矿化和高岭土化，北段有花岗岩体（白鸭山花岗岩）的侵入。断裂带西侧南段为白垩纪红色砂岩，北段为潜山—英山—新县榴辉岩带和苏家河混杂岩带，东侧主要组成为"罗田穹窿"的条带状片麻岩。

3. 两郧断裂

两郧断裂即前人惯称的汉江断裂，西起陕西省漫川关，东经郧西、十堰郧阳至均县，然后伏于南阳盆地，总体走向为 40°～70°，倾向北东。区内长近 100 km，宽数十米到几百米不等。两郧断裂由一系列北西向平行断层组成，平面上具分支复合现象，主要发育于武当岩群和耀岭河岩组分布区。航片上断裂影像反映清楚，地貌上显示负地形，并构成平坦的廊道，沿线可见断层崖和断层三角面。航磁表现为线性异常带特征。

早古生代时期，大致以该断裂为界，北侧主要发育一套浅水碳酸盐岩台地相沉积；南侧为相对较深水槽盆相的碳泥质沉积，且两侧沉积厚度有明显差异。这似乎反映了同沉积活动断裂的特征。此外，新元古代侵位的基性岩墙（脉）群的展布方向与断裂走向基本一致，主要分布于南侧，北侧零星，暗示同沉积活动断裂可能是在早期伸展扩张活动背景上的继承与发展，进而控制了两侧的沉积分异。

断裂主要活动时期为印支—燕山期。早期（印支—燕山早期），断裂带内发育糜棱岩、挤压片理及构造透镜体，并伴有强烈硅化，剖面上呈叠瓦冲断结构，平面上地层明显发生牵引。断裂对小型红色盆地有控制作用，可能与白垩纪—新近纪的北东—南西向的引张应力作用有关。断层表现为正断层特点，明显切过红层，近断裂处红层内尚发育与之平行的褶皱和断层，有时可见变质岩系斜冲于白垩系—新近系之上，说明白垩系—新近系沉积后有一次以挤压为特征的活动。另外，陶岔第四系中断层的发现表明两郧断裂具有活动断裂的特点。该断裂与其他断裂交汇处发现了 Fe、Cu、Pb、Hg 等矿化现象，因此，它是一条重要的控矿断裂构造。

4. 十堰—襄樊断裂

十堰—襄樊断裂又称白河公路断裂，总体呈北西西向展布，经白河、十堰市，南东端至谷城盛康—茨河段与青峰—襄樊—广济断裂汇聚，尔后没入南襄盆地并被第四系掩盖，区内长近 200 km，宽数十米到几百米不等。按延伸方向分为黄龙滩以西，黄龙滩—青徽铺以及以东三段。西段走向为 270°～295°，断面倾向北，倾角约 80°；中段走向约 290°，断面向北，倾角 52°～71°，东段走向 325°，断面倾向北东，倾角约 40°。

《1∶25 万十堰市幅、襄樊市幅区域地质调查报告》（湖北省地质调查院，2007a）研究表明，其两侧新元古代地层连续性较好，不具控盆控相特征。不过，断裂北侧及两郧断裂之间广泛分布大致顺层的新元古代变基性侵入岩，总体呈北西向线状展布，宏观上显示区域性扩张伸展环境岩墙就位特点，而断裂之外仅零星露布，扩张活动特点表现不明显。已有资料表明这些岩体形成于南华纪晚期的裂谷扩张环境，这可能暗示了断裂当时具初始伸展活动。此外，断裂北侧于银洞山等地见一较大型的早古生代碱性超基性含钛磁铁矿杂岩体，似乎也反映了其伸展活动控岩特征。由上不难看出，尽管该断裂对新元古代（区外包括早古生代）沉积相不具控制作用，但对岩浆活动却有一定的控制。因此，本断裂在新元古代—古生代时期可能具初始伸展活动。

断裂之主断面倾向北东，倾角为 40°～60°。鲍峡以西，断裂明显切割古生代地层，尚见寒武纪地层覆于志留纪地层之上，显示北东→南西向的逆冲特征。鲍峡—六里坪段，主要发育于武当岩群变质岩系中，平行密集的断层成带分布，宽广的破碎带内发育碎裂岩、构造磨砾岩（挤压透镜体）、挤压片理、糜棱岩化岩石和构造片岩，局部见牵引褶皱和不对称褶皱，断面上尚见擦痕及阶步，二者共同指示北东→南西向的逆冲和南东→北西向左行剪切的双重特征。上述事实表明其为一压剪性的脆-韧性断裂。本断裂对白垩纪—古近纪谷城盆地的形成与发展具明显控制作用，反映白垩纪—古近纪时期断裂具北降南升的同沉积断裂性质，燕山晚期—喜山早期它仍具强烈的伸展裂陷活动。

综上所述，十堰—襄樊断裂在新元古代—古生代时期可能具初始伸展活动，但主体是印支—燕山期以来形成的脆-韧性变形断裂，早期为南东→北西向左行走滑兼北东→南西的逆冲脆-韧性剪切，晚期为近南北向的拉张伸展，至今仍在活动的断裂带。

5. 安康-竹山断裂

安康-竹山断裂又称为石泉—安康—竹山断裂，北西向展布，北西端延至陕西安康、石泉，南东经秦古、宝丰，至房县与青峰断裂汇聚。区内长 300 km，宽 1～3 km。

断裂旁侧见早古生代碱性超基性岩及碳酸盐岩的分布，如庙垭岩体、刹熊洞岩体，而且同时期的其他基性岩、碱性岩则集中分布在断裂的南侧，显然当时断裂已具初始伸展扩张活动并控制了岩浆活动及其分布。

断裂在宝丰以西由多条平行排列的断层组成宽数千米的断裂带，常造成地层的缺失并破坏两侧褶皱的完整性。宝丰—黄柏寨一线见武当岩群明显覆于南侧寒武系—志留系之上，显示北东→南西向的逆冲性质。宝丰以东，断裂明显分离为南北两支，北支经竹山插入武当山逆冲推覆-褶皱穹隆构造亚区内，南支沿竹山褶皱-逆冲推覆构造区北缘延伸至门古与青峰断裂汇聚。断裂面形态极不规则，呈舒缓波状。断裂构造岩带总体具时分时合的特点，一般宽 10～1 000 m，断面主体倾向北东，走向为 290°～310°，倾角为 30°～70°。根据构造岩的特征，断裂带大体可划分为角砾岩及碎裂岩带、糜棱岩及构造透镜体带和构造片岩带三个构造岩带。断裂带中北部以发育糜棱岩和构造片岩为主，宽为 50～1 000 m，产状为 10°～20°∠25°～35°，糜棱岩中常见剪切不对称褶皱、石香肠构造及拉伸线理（产状为 10°～20°∠10°～30°）等韧性变形现象，并指示北北东→南南西向的推覆剪切运动特征。片理面上拉伸线理发育，产状为 10°～20°∠20°～25°，常与片理一起形成“S-L”型构造，总体反映了早期较深层次韧性剪切变形特征。白垩纪—古近纪时期，沿断裂带北侧形成安康盆地、宝丰—溢水盆地，具南断北超的特征，后期又受到明显的破坏和改造。

综上所述，安康—竹山断裂是一自早古生代以来，早期为伸展扩张，主期为由北东往南西的脆韧性逆冲，晚期为伸展扩张，至今仍在活动的多期活动性断裂。

6. 兵房街断裂

兵房街断裂为区域上规模较大的断裂，也是竹山—竹溪、随南裂谷带和兵房街构造区的分界断裂。展布于该区中部郑家院—老庄子—牛头店一线，总体呈北西向（约 300°）延伸。东端郑家院一带截止于青峰断裂，具以下特征。①断层上盘为青白口系武当岩群—南华系耀岭河岩组，下盘为南华系耀岭河岩组—寒武纪地层。上盘地层多老于下盘，且变形强度明显高于下盘。断面总体呈波状，平面上构成向南西方向突出的弧线。主断面上下地层构造面理产状基本一致，局部被晚期脆性断层叠加改造发生错移。断层两侧均可见剪切不对称的褶皱，其轴面劈理发育，与主断面平行。②构造分带明显，横切断层走向，自北东向南西可分为碎裂岩带、糜棱岩带和构造片岩带。主断面倾角十分平缓，一般在 10°～20°。碎裂岩带较陡，倾角在 45°～78°，伴生发育铲式断层。③靠近主断面发育构造片岩，厚度大小不等，在几米至几十米，为逆冲推覆构造形成的润滑层，出现高压变质矿物-黑硬绿泥石和多硅白云母，并形成剪切面理。与构造片岩相伴常发育糜棱岩，多呈面状产出，糜棱面理产状与主断面产状近一致。常见由石英残斑组成 σ、δ 型旋转碎斑系统及石英条带组成的不对称剪切褶皱。④根据矿物生长线理、糜棱岩化钠长浅粒岩中的旋转碎斑系、剪切不对称的褶皱等运动学指向标志，其逆冲推覆方向为北东—南西。

4.3 构造演化阶段及构造单元划分

本书以板块理论为指导，采用动态的理念对武当—桐柏—大别成矿带进行构造单元的划分，各阶段分区尽可能地体现该阶段造山运动结束之后的总体大地构造格局。

1. 太古宙古陆核形成阶段

太古宙古陆核形成阶段仅在大别山核部出露新太古界木子店岩组，在武当—随枣地区出露陡岭岩群，其物质组成与扬子黄陵地区崆岭岩群可以类比，共同组成了扬子陆块的早期基底。早前寒武纪基底分布零星分散，并经历了后期多阶段的岩浆活动、变质变形作用的改造，难以对各基底的边界、范围和构造属性进行有效界定，因此将早期物质特征类似的基底划归陆块群，次级单元为微陆块。以桐柏北部羊册—明港断裂为界将此阶段划分出两个一级构造单元：扬子陆块群、华北陆块群，如表 4.1 和图 4.3 所示。

表 4.1 晚太古代（>2 500 Ma）大地构造单元

一级构造单元	二级构造单元
I 华北陆块群	I-1 华北陆块南缘微陆块
II 扬子陆块群	II-1 桐柏—大别微陆块
	II-2 武当—随枣微陆块
	II-3 中扬子微陆块

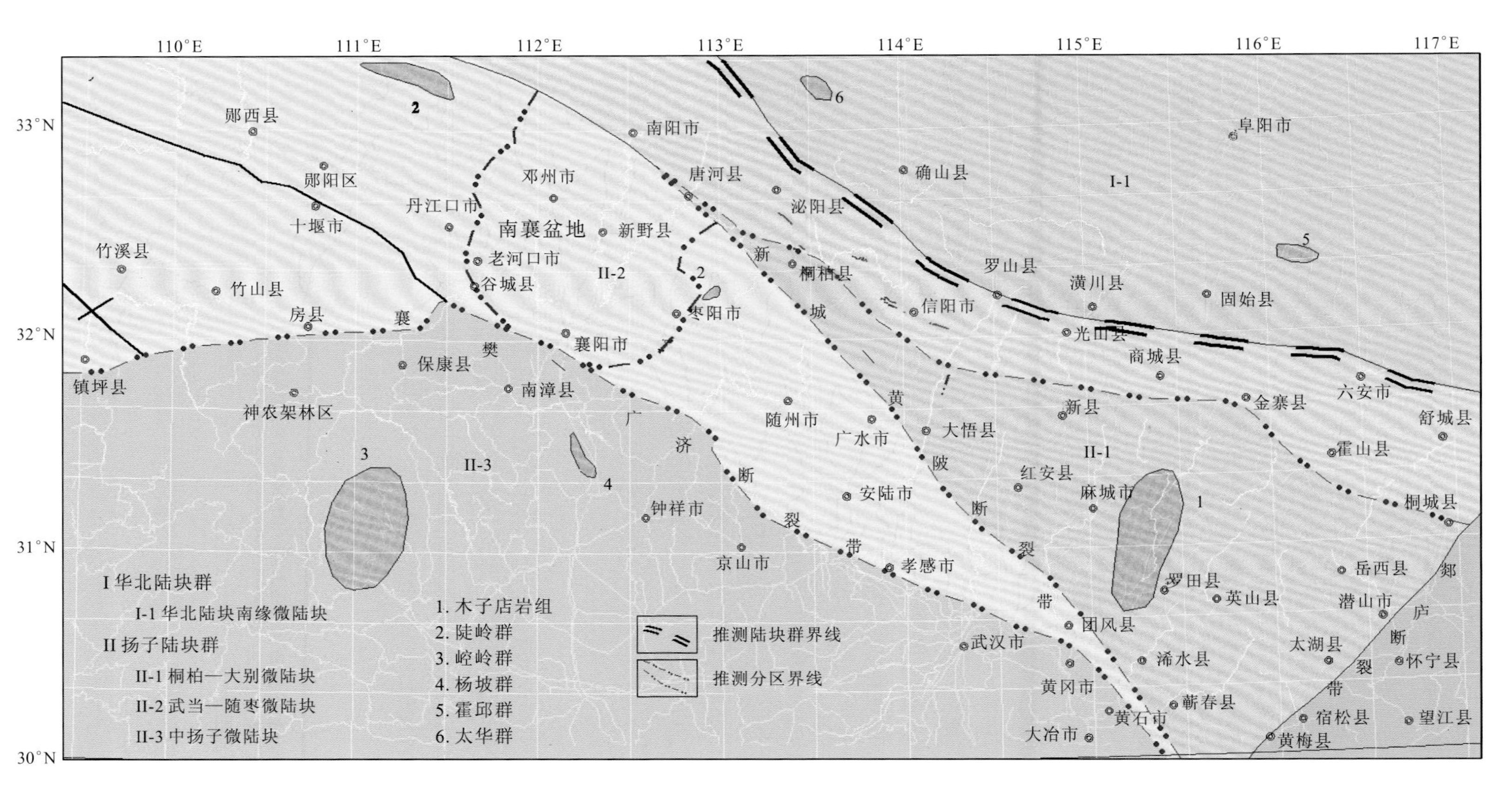

图 4.3　晚太古代（>2 500 Ma）构造分区图

I 华北陆块群。在太古宙晚期，这些古老陆核/微陆块不断增大、拼贴增生、块体数目逐渐减少，最终形成东部陆块、鄂尔多斯陆块和阿拉善陆块，构成华北陆块群太古宙基底的重要组成部分。

I-1 华北陆块南缘微陆块。其最早陆核形成于太古宙，主要由黑云角闪片麻岩、英云闪长质与奥长花岗质片麻岩和条带状含铁建造组成。华北陆块南缘微陆块的突出特点是具有明显的双层结构，即具有与华北陆块相同的早前寒武纪统一结晶基底和中元古代以来的盖层岩系。

II 扬子陆块群。该陆块包含众多的前寒武纪地块，是历经早期结晶基底形成演化和1 000～800 Ma 晋宁期超大陆拼合而最终形成的古陆块。扬子陆块群中的这些古陆块内部均具有双重基底、双重盖层的地壳组成特征，普遍有岩体侵入。结晶基底形成的陆核小，褶皱基底分布广，共同构成了扬子陆块群的组成部分。

II-1 桐柏—大别微陆块。该陆块主要出露新太古界木子店岩组，其主体物质为一套绿岩-TTG系列，出露于麻城—罗田一带，呈不规则形态产出于片麻状花岗岩之中，其上为元古代盖层物质覆盖。从核部向周边地区变质作用程度变低，深熔及混合岩化作用减弱，沉积物质组成自老变新，反映出该区由北向南构造变形逐渐变弱的总体特点。其平面总体形态为不规则卵圆形，共同组成“麻城—罗田隆起”构造，也是我们常说的大别山地区最早陆核。

II-2 武当—随枣微陆块。该区北侧的早前寒武纪结晶基底为陡岭杂岩，出露于商丹带南侧的豫陕交界的豫西浙川和西峡县之间，主要由黑云斜长片麻岩、石榴石黑云斜长片麻岩、石墨岩及少量斜长角闪岩、大理岩等组成。原岩以陆源碎屑岩为主夹火山岩，并有TTG质深成杂岩贯入其中，遭受多期变形变质，变质程度达高角闪岩相。由锆石Hf同位素分析推测陡岭杂岩中的闪长质-花岗质片麻岩是扬子克拉通北缘古—中太古代地壳在2500 Ma再造的产物。

II-3 中扬子微陆块。该陆块出露于黄陵背斜的崆岭岩群是扬子板块古老结晶基底的代表，它形成于中晚太古代3 200～2 700 Ma，并遭受到古元古代（1 950～1 850 Ma）构造热事件的改造。崆岭杂岩实为一套中、高级变质杂岩系，被黄陵花岗岩基侵入隔开成南、北两个区块。

2. 古元古代阶段

古元古代是地质历史中动力学与热力学格局转变的重要时期，该阶段发生了哥伦比亚超大陆聚合与裂解事件，在扬子陆块群和华北陆块群中均存在相关的地质记录。但由于区内出露基底有限，且研究程度低，仍以微陆块表示。将该阶段的构造划分为扬子陆块群和华北陆块群两个一级构造单元，与之对应分为 5 个二级构造单元（表 4.2，图 4.4）。各构造单元的基本特征如下。

表 4.2 古元古代（2 500～1 600 Ma）大地构造分区

一级构造单元	二级构造单元
I 华北陆块群	I-1 华北陆块南缘微陆块
II 扬子陆块群	II-1 北秦岭微陆块
	II-2 桐柏—大别微陆块
	II-3 武当—随枣微陆块
	II-4 中扬子微陆块

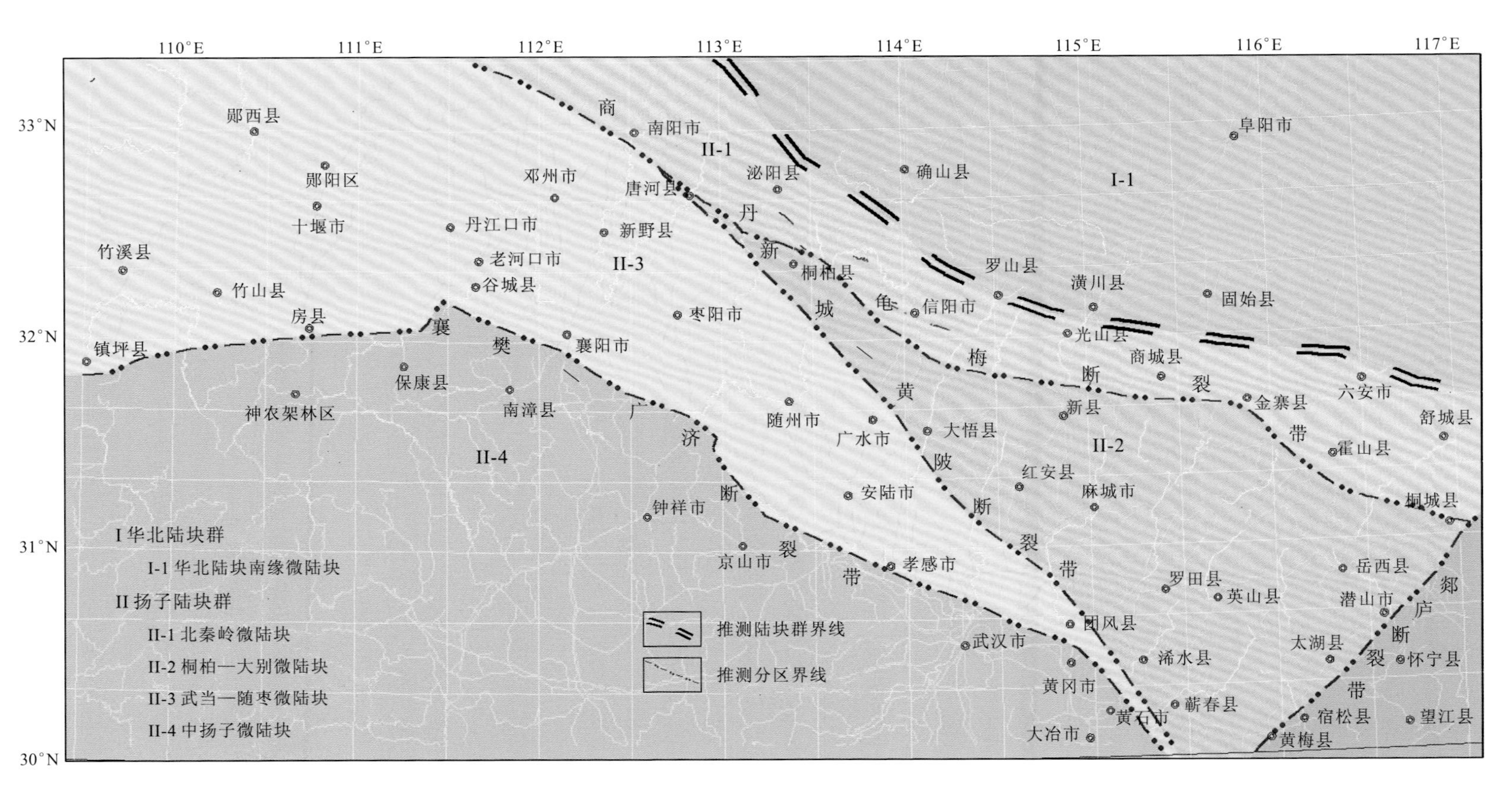

图 4.4　古元古代（2 500～1 600 Ma）大地构造分区图

I 华北陆块群。古元古代时期，华北陆块群主要由东部陆块、西部陆块（鄂尔多斯）和阿拉善陆块组成，并对应发育两条古元古代造山带：孔兹岩带（丰镇活动带）和中部造山带（晋豫活动带），其中发育高压-超高压岩石、混杂岩、大规模逆冲构造、韧性剪切带等。

I-1 华北陆块南缘。该区盖层岩系以区域性构造不整合于下伏早前寒武纪结晶基底之上，主要发育古元古界篙山群、五佛山群。目前，主流观点认为，华北陆块南缘经历了2 500 Ma微陆块体的拼合及1 850 Ma华北东、西部陆块的拼合，并在1 800～1 600 Ma期间发生陆块的裂解，进而形成一系列诸如基性岩墙群、斜长岩、碱性花岗岩及奥长环斑花岗岩等具有陆壳减薄破裂指示意义的岩石。

II 扬子陆块群。该区包含众多的前寒武纪地块，是历经早期结晶基底形成演化和1 000～800 Ma晋宁期超大陆拼合而最终形成的古陆块。古元古代时期的物质记录主要分布在崆岭岩群、后河杂岩、桐柏岩群、大别山岩群、秦岭岩群等中。在桐柏—大别地区也存在古元古代中期的构造热事件记录，这次热事件表现为强烈的角闪岩相区域变质和地壳深熔作用，在扬子其他地区表现为一次重要的成壳事件，可能反映了扬子陆块统一基底的形成。该基底在晋宁晚期被黄陵新元古代花岗岩基侵入。

II-1 北秦岭微陆块。该陆块位于羊册—明港断裂以南，商丹断裂带以北，北秦岭至今并未发现出露地表的太古宙基底。古元古代时期主要出露秦岭岩群，岩性主要为云斜片麻岩和斜长角闪片麻岩。云斜片麻岩原岩可能为副变质的泥砂碎屑岩，斜长角闪片麻岩原岩主要为一套中基性火山岩或侵入岩，其中泥砂质碎屑岩成分复杂，成熟度低，具近源快速沉积的特点，微量元素Ba、Zr含量较高，Sr含量低，稀土元素总量高，属轻稀土富集型，负Eu异常明显，具活动大陆边缘沉积的特征。综上所述，秦岭岩群主要为一套形成于活动大陆边缘环境的长英质陆源碎屑岩-碳酸盐岩夹基性火山岩建造。对于北秦岭微陆块的构造属性划分依然存在争议。

II-2 桐柏—大别微陆块。该陆块主要分布于大别造山带和桐柏造山带的核部，古元古代主要为由大别山岩群、桐柏岩群组成的被动陆缘表壳岩系。大别山岩群包括贾庙（岩）组、鲍家岗（岩）组和骆驼坳（岩）组，主要以大小不等、形态不一的包体形式出现，包括了火山-沉积建造（斜长角闪岩、斜长片麻岩、浅粒岩、变粒岩等）、碳酸盐岩建造（大理岩、白云石大理岩）、硅铁建造（磁铁石英岩、磁铁角闪石英岩等）和富铝泥质岩建造（夕线石片麻岩、含刚玉片麻岩、刚玉浅粒岩等）。物质组成总体相当于稳定"地台"及大陆边缘环境，以表壳沉积为特点，出露"地台"型沉积物组合：苏必利尔型BIF铁建造、孔兹岩建造及碎屑-碳酸盐岩建造。古元古代末期，在碎屑-碳酸盐岩建造中夹有少量双峰式火山-沉积建造，表明该区已从稳定的"地台"沉积环境逐渐向活动的裂谷沉积环境过渡。桐柏岩群与大别山岩群的沉积组合类似，其形成可能与哥伦比亚超大陆的聚合有关。

II-3 武当—随枣微陆块。该微陆块主要由太古宙陡岭岩群组成结晶基底，古元古代时期未见相关的沉积、岩浆作用等相关地质记录。

II-4 中扬子微陆块。该区包括了不同时代、不同性质和不同来源的构造岩块，出露有最老的崆岭高级变质岩系，为古太古代的陆壳物质，包括>3 200 Ma的早期表壳岩和2 900 Ma的奥长花岗岩侵入体，形成了较为稳定的陆壳。在崆岭高级变质岩中的奥长花岗岩和变沉积岩的形成时代分别为（1 992±16）Ma和（1 928±18）Ma（凌文黎 等，2000），表明在古元古代晚期崆岭地区发生了一次强烈的构造热事件。这次热事件在崆岭太古宙陆核区表现为强烈的角闪岩相区域变质和地壳深熔作用，在扬子其他地区表现为一次重要的成壳事件，扬子陆块统一基底形成。该基底在晋宁晚期被黄陵新元古代花岗岩基侵入。

3. 中元古代—南华纪末期阶段

此阶段主要经历了中元古代的裂解和新元古代的板块俯冲汇聚等过程，其形成与罗迪尼亚超大陆的聚合与裂解作用有关。此阶段一级大地构造单位划分为华北陆块、武当—桐柏—大别构造带和扬子陆块，并进一步划分出6个二级构造单元，详细分区见表4.3和图4.5。各单元的基本特征如下。

表 4.3　中新元古代（1 600～630 Ma）大地构造单元

一级构造单元	二级构造单元（相）
I 华北陆块	I-1 华北陆块南缘
II 武当—桐柏—大别构造带	II-1 北淮阳弧前盆地
	II-2 桐柏—大别岛弧带
	II-3 武当—随枣弧后盆地
III 扬子陆块	III-1 大洪山弧盆系
	III-2 中扬子陆块北缘

I 华北陆块。研究区仅涉及华北陆块南缘。

I-1 华北陆块南缘。位于羊册—明港断裂带以北地区，是一套强烈变形的太古代—古元古代的角闪岩相结晶基底，上层覆盖与裂谷有关的中新元古代火山岩，海相碎屑岩和碳酸盐岩序列。

II 武当—桐柏—大别构造带。该阶段广泛发育了新元古代中期（830～750 Ma）的岩浆岩和火山-沉积组合，岩浆岩以大规模的花岗岩和酸性火山岩为主，其次为玄武岩和基性侵入体，主要出露在现今扬子陆块的周缘。对其成因主要有三种认识：地幔柱模式、俯冲-碰撞模式和板块-裂谷模式，但普遍认为扬子陆块在新元古代时期经历了多期次的板块俯冲增生造山作用。新的资料表明：武当—桐柏—大别地区相当于岛弧（大陆火山弧）-弧后盆地环境。理由如下。

（1）武当—随枣地区该时期的主要发育一套活动大陆边缘-弧后盆地沉积物质。它们记录了该区从岛弧（大陆边缘）火山-碎屑沉积与弧后盆地裂解整个过程。

（2）在大悟的大磊山、双峰尖及蕲春黄厂地区的青白口纪安山岩-流纹岩组合及在桐柏—大别地区广泛发育的类科迪勒拉 I 型花岗岩[区内广泛分布的新元古代石英闪长岩-石英二长岩（花岗闪长岩）-二长花岗岩组合]则是这一时期岩浆活动的直接标志。

（3）变质与变形特征：晋宁运动汇聚造山阶段，具双变质带的变质特点，俯冲盘表现为高压-超高压榴辉岩相变质；仰冲盘表现为中低压、相对高温环境的变形变质。

总之，晋宁期北淮阳地区总体相当于弧前盆地，桐柏—大别相当于岛弧带，而武当—随枣地区则相当于弧后盆地环境。

II-1 北淮阳弧前盆地。中元古代时期，北秦岭地区主要出露宽坪岩群。新元古代时期，总体表现为向南俯冲，在北淮阳地区浒湾、庐镇关等地出露的杂岩及相关岩石的原岩形成时代为新元古代，属于扬子陆块北缘的一部分。由于后期岩浆活动、构造变质事件叠加及晚期的沉积覆盖，目前对该区新元古代弧前盆地的物质组合、性质等尚不能定论。

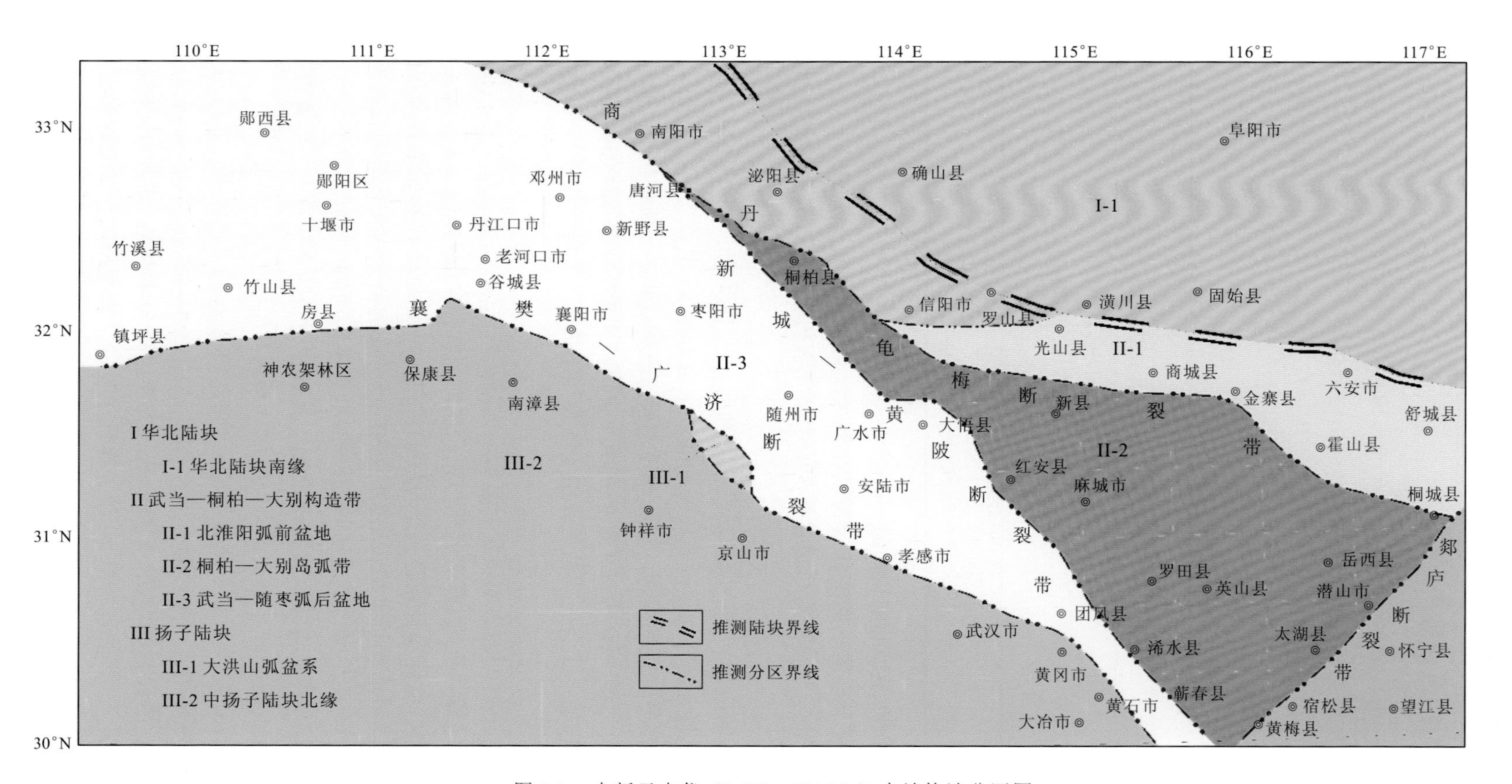

图 4.5　中新元古代（1 600～630 Ma）大地构造分区图

II-2 桐柏—大别岛弧带。中元古代时期，该带的北侧主要发育有福田河片麻岩岩组和西张店基性火山岩岩组，分布在西大别卡房—龟峰山一带（彭练红，2003）。从福田河片麻岩岩组到西张店基性火山岩岩组，表明该区从古元古代稳定环境向中元古代裂解环境的转变。青白口纪—南华纪，大别地区相当于岛弧-弧后盆地环境（彭练红，2003）。这一时期，大别岛弧带广泛发育安山岩-流纹岩组合及类科迪勒拉 I 型花岗岩。已有的资料表明：扬子板块北缘在新元古代存在大洋俯冲和岛弧岩浆作用。而且西部陡岭杂岩中存在约 840～780 Ma 的变质事件，可能与岛弧和活动大陆边缘增生造山事件有关。

II-3 武当—随枣弧后盆地。该盆地广泛出露中新元古代的武当岩群（郧西岩群）和耀岭河岩组，凌文黎等（2007）通过对该区武当岩群、耀岭河岩组及基性侵入岩群锆石U-Pb同位素定年方法，得出武当岩群的形成时代为（755±3）Ma，而耀岭河岩组火山岩和基性侵入岩群分别为（685±5）Ma的结果，分别对应于峡东剖面的莲沱组和略早于南沱组。武当岩群的同位素年龄（808～746 Ma）和地球化学特征研究表明该岩系是新元古代时期南秦岭一套岛弧-弧后盆地沉积，而新元古界耀岭河岩组火山岩具有扩张裂谷型火山岩特征。武当与扬子克拉通内部和陆缘区时代相同的830～780 Ma岩浆事件记录，指示了区域内存在晋宁期基底岩系或来自扬子克拉通北缘晋宁期物源区的沉积物，表明新元古代时期南秦岭武当地区是现今扬子克拉通北缘的组成部分。

III 扬子陆块。扬子陆块仅涉及扬子陆块北缘构造带与大洪山弧-盆系。

III-1 大洪山弧盆系。中扬子陆块北缘的大洪山地区在新元古代经历了俯冲增生造山作用，形成了以三里岗岩浆弧和花山弧后盆地为主的弧盆系，岩浆弧的主体形成时代为 870～840 Ma，弧后盆地中基性岩和碎屑岩的主体形成时代为 820～790 Ma，其上被约 780 Ma 形成的莲沱组砾岩角度不整合覆盖，大致约束了该弧盆系的闭合时限。

III-2 中扬子陆块北缘。主要出露震旦纪—志留纪一套碎屑-碳酸盐岩建造。发育北西向逆冲断层、不对称褶皱，共同组成逆冲推覆构造体系。

4. 南华纪末—志留纪阶段

新元古代造山后的早古生代时期，南秦岭地区转化为稳定陆台环境，并于早古生代中晚期向裂谷环境转化。依据已有资料，划分出华北陆块、吕王—高桥—浠水裂谷带和扬子陆块三个一级大地构造单元。并根据区内裂谷系的发育特征，将华北陆块和扬子陆块进一步划分出若干个二级大地构造单元（表 4.4，图 4.6）。各构造单元的基本特征如下。

表 4.4　早古生代（630～420 Ma）大地构造单元

一级构造单元	二级构造单元（相）
I 华北陆块	I-1 华北陆块南缘
	I-2 北秦岭弧盆系
	I-3 大别地块
II 吕王—高桥—浠水裂谷带	—
III 扬子陆块	III-1 武当—桐柏地块
	III-2 两竹—随南裂谷带
	III-3 兵房街陆坡带
	III-4 中扬子陆块

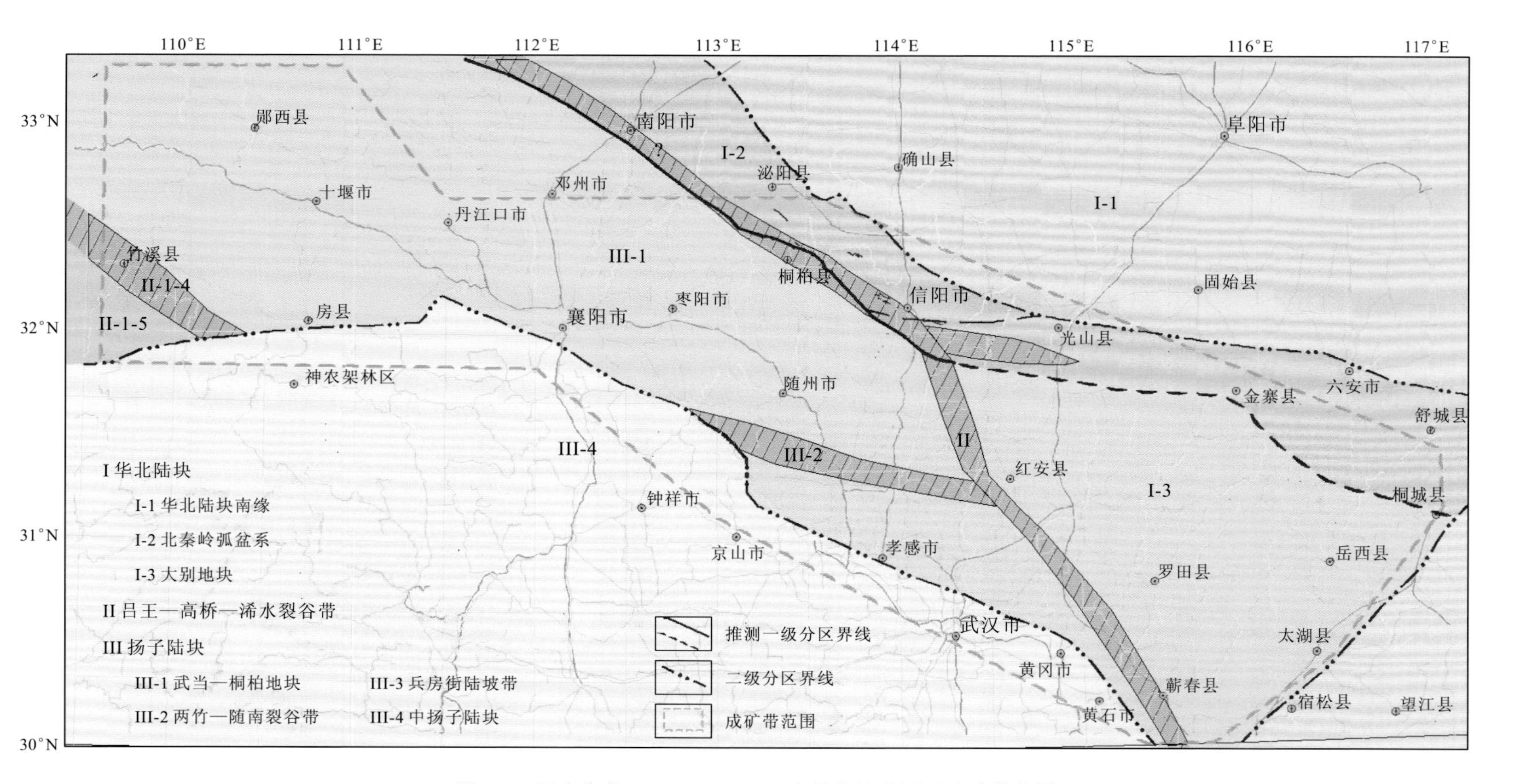

图 4.6　早古生代（630～420 Ma）大地构造分区及成矿带范围

I 华北陆块。早古生代时期，华北陆块主体表现为稳定克拉通大陆特征，主要由震旦系—寒武系的向北东缓倾的滨海-浅海相陆源碎屑岩组成。各群组间呈整合或平行不整合接触，并缺失奥陶纪、志留纪沉积。反映华北陆块主体在古生代时期主要发生相对隆升和陆表海盆地与沉积。

I-1 华北陆块南缘。华北板块南缘构造带的震旦系—寒武系盖层整体是一套新元古代晚期至古生代初期的华北克拉通沉积，平行不整合于栾川群之上，普遍缺失奥陶系岩层。无构造变形变质和岩浆活动，为华北陆块的重要组成部分。

I-2 北秦岭弧盆系。位于桐柏—商城（桐城）断裂以北地区。信阳地区主体物质为一套轻微变质的基性火山-沉积建造，为裂解环境的产物。

I-3 大别地块。介于商麻断裂与郯庐断裂之间，由各种片麻岩、斜长角闪岩与花岗岩类组成，并含（超）高压榴辉岩与（超）基性岩类。

早古生代时期扬子北侧的大地构造属性主要涉及南秦岭—大别地块的归属，以及东秦岭多岛小洋盆问题。从基底演化及地质发展历史上看应归属扬子地区，但从构造特征上应独立划出。

大别山北麓近年来发现了一系列重要的古生代化石，主要包括信阳群南湾组中泥盆纪孢粉、几丁虫等化石（高联达，1991），苏家河群浒湾组早奥陶世几丁虫、微古植物等化石（张仁杰 等，1998，1996），以及桐柏新集银洞沟组（或称蔡家凹大理岩片）发现早寒武世高肌虫和小壳类等化石（张仁杰 等，1996）。这些化石与华南同期化石属相同的种属，推测大别山北麓与华南应属同一生物地理区。

新的资料表明，在大别山北坡，广泛分发育古生代地层：石门冲（岩）组、歪庙（岩）组、南湾（岩）组、胡油坊（岩）组及杨小庄（岩）组，总体为一套相对稳定环境下的沉积组合，局部区域裂解，发育火山岩。

II 吕王—高桥—浠水裂谷带。早寒武世，大悟—红安—浠水地区主要沉积了一套陆棚边缘环境的碎屑-碳酸盐岩建造；中寒武世沿吕王—高桥—浠水一线发生裂解，至早志留世，裂解最大，形成了二郎坪—高桥—浠水裂谷带（洋裂）。该洋裂为主裂，桐柏—商城（桐城）断裂是“二郎坪洋裂”的东延部分，另一支裂为竹山—随州裂谷带（出露于竹溪—随南及北淮阳地区），共同组成区域上的三叉裂谷系。三叉裂谷之间为武当—桐柏地块和大别地块。

《草店幅 I-49-144-A 殷店幅 I-49-144-C 1∶5 万区域地质图说明书》（胡立山，1994）、《麻城市幅 H50C001001 1∶25 万区域地质调查报告》（彭练红，2003）和《随州市幅 H49C001004 1∶25 万区域地质调查报告》（雷健，2003）分别在桐柏地区、大悟地区发现大量海百合茎类生物化石碎片、三叶虫碎片、腕足类化石碎片（双壳类）、层管藻（中国地质大学余素玉教授鉴定）[附图 3～附图 12（湖北省地质调查院 1∶25 万麻城幅项目组，2001）]。反映该区在早古生代时期存在多条北西向裂谷或低洼地带。

吕王—高桥—浠水裂谷带呈北西向不连续分布于湖北省大悟县吕王镇、红安县高桥镇、蕲春县清水河镇等地。主要物质包括超铁镁质岩，基性火山岩及硅质岩、泥质岩构成的洋中脊物质组合，具有蛇绿岩带物质的组成特点。地球化学特征表明其既具板内玄武岩又具 N 型 MORB 特征。年代学研究表明其形成于加里东期。因此，该带可能是初始裂谷-小洋盆构造环境的产物。早古生代末期，该裂谷系发育成洋盆，形成蛇绿岩套，两侧的大陆发生离散漂移，而周边的其他裂谷则逐渐夭折，以拗拉槽沉积为主。

Ⅲ 扬子陆块。新元古代末的晋宁运动形成了统一的扬子地台基底，在新元古代碰撞拼合后发生裂解。早古生代时期，扬子陆块北以商丹古结合带与华北板块隔洋相邻，南以茶陵—郴州断裂带与华夏地块隔海相连，其沉积构造特征经历了早期伸展裂谷-被动大陆边缘的演化特征后，在晚期出现分异。扬子南侧出现前陆性质盆地充填，扬子主体发生相对隆升和陆表海盆地与沉积，而扬子北侧则形成陆缘三叉裂谷系。

Ⅲ-1 武当—桐柏地块。其主体桐柏杂岩由二长片麻岩、钠长片麻岩、花岗质岩与高压变质岩系组成，间夹少量大理岩、云英片岩。原岩相当于火山-沉积岩系，区域变质以角闪岩相为主，局部为绿帘角闪岩相（周高志，1991）。上部地层武当岩群由浅变质沉积-火山岩系组成，在武当岩群隆起的边部分布着新元古界耀岭河岩组、震旦系陡山沱组和灯影组。区内寒武纪早期硅质岩、碳质板岩平行不整合于震旦系灯影组白云岩之上。奥陶系主要为板岩、粉砂质板岩及碳质板岩，志留系主要为一套复理石建造，志留纪末期该区可能上升为陆，与上覆泥盆系为平行不整合接触。

Ⅲ-2 两竹—随南裂谷带。与前述二郎坪—高桥—浠水裂谷带同期相伴的大陆裂谷，出露于竹山、竹溪—随南地区。该区早古生代表现出半稳定-活动型的沉积特征，具典型的大陆裂谷系特点，并在不同阶段表现为不同的沉积演化特征。寒武纪初始裂解，形成一套（深水）岩相稳定、厚度较小的沉积组合，并夹部分火山喷发沉积；奥陶纪发育沉积厚度大、活动性的碎屑流沉积，反映同沉积断裂的强烈活动；志留纪相继接受裂谷盆地环境碳硅质沉积-基性、碱性火山碎屑岩沉积-台地碳酸盐岩与碎屑岩混积，并且形成了一条北西西向的由铁镁质岩脉和火山杂岩组成的岩浆杂岩带，表明裂解程度增大，出现辉斑玄武岩（下志留统辉斑玄武质的兰家畈群即是裂谷东段的海底基性熔岩）。该带物质主体属大陆裂谷系沉积物质，而非大洋型沉积，裂谷延伸到随南，基性物质增多（局部出现超基性火山岩），说明裂谷水体变深，可能与东侧的洋盆相连。

Ⅲ-3 兵房街陆坡带。位于城口—房县断裂与曾家坝断裂所夹持的区域，主要发育寒武系—奥陶系。南秦岭区，在完成震旦纪深水盆地（外陆棚）相碳硅质碎屑岩沉积后，开始出现岩相古地理分化。该区在寒武纪由盆（外陆棚）相碳泥质沉积向陆棚相碳酸盐岩沉积转化（鲁家坪组）。奥陶纪沉积陆棚斜坡相碳酸盐重力流沉积（黑水河组）、陆棚碳酸盐岩与碳泥质岩沉积（高桥组）、斜坡相碎屑重力流沉积（权河口组），见滑塌褶皱和细粒重力流沉积。该区与北部两竹（竹山、竹溪）地区早古生代裂谷带的沉积组合和沉积厚度差异较大，但断裂两侧并不存在截然不同的沉积及构造演化，而是一个连续渐变的整体。

Ⅲ-4 中扬子陆块。该区在早震旦世以大陆沉积为特征，为海陆分布明显的古地理面貌，沉积物以陆源沉积为主，局部见火山沉积。到晚震旦世则以被动大陆边缘沉积为显著特征，演变为碳酸盐岩台地广布的陆表海环境，沉积物以碳酸盐岩沉积为主，其次为泥质和硅质沉积。晚奥陶世开始，除扬子板块北缘仍处在被动大陆边缘外，扬子板块其他地区均表现出挤压收缩的构造背景。到早志留世，扬子板块西缘川中隆起的范围不断扩大；扬子板块南缘的黔中隆起与康滇古陆相连，形成了滇黔桂古陆；扬子板块东南缘前陆隆起带不断向扬子克拉通盆地方向推进，形成前陆隆起带和前陆盆地。

5. 泥盆纪—中三叠世阶段

一级大地构造单位划分为：华北陆块、武当—桐柏—大别造山带和华南板块。它们分别以商丹—龟梅断裂或八里畈—磨子潭—晓天断裂构造带，襄樊—广济断裂带为彼此界线。详细分区见表4.5和图4.7。各一级构造单元内的二级、三级构造单元介绍如下。

表 4.5　晚古代—中三叠世（420～220 Ma）大地构造单元

一级构造单元	二级构造单元（大相）	三级构造单元（相）
I 华北陆块	I-1 华北南缘前陆构造带	I-1-1 华北陆块南缘褶冲带
		I-1-2 北秦岭—北淮阳构造带
II 武当—桐柏—大别造山带	II-1 大别构造带	II-1-1 大别变质基底
	II-2 吕王—高桥—浠水蛇绿混杂岩带	—
	II-3 武当—随枣构造带	II-3-1 桐柏变质基底
		II-3-2 武当—随枣逆冲推覆构造带
III 扬子陆块	III-1 扬子北缘构造带	III-1-1 扬子北缘前陆褶冲带
		III-1-2 中扬子前陆盆地

I 华北陆块。古生代时期，华北陆块的震旦系—寒武系盖层整体是一套新元古代晚期至古生代初期的华北克拉通沉积，缺失奥陶系；石炭系至三叠系的沉积多缺失，其岩层组合和华北地块内部一致，群组间为整合或平行不整合界面。岩浆活动不发育，仅见一些沿断裂或片理化带贯入的石英脉。构造变形相对简单，以浅层次为主。整体上反映为稳定的克拉通陆块特征。

I-1 华北南缘前陆构造带。沉积建造为稳定陆台浅变质或未变质的蓟县系汝阳群、青白口系洛峪群陆源碎屑岩建造和震旦系陆源碎屑岩-泥岩夹冰碛岩建造及寒武系碳酸盐岩建造。

I-1-1 华北陆块南缘褶冲带。该带褶皱发育，褶皱主体显示轴面近直立或略向北东倾斜，枢纽倾向为北西西或南东东，倾伏角较小，大型褶皱具有枢纽向东西两端翘起的特征，次级主要有宽缓褶皱、箱式褶皱、斜歪褶皱，此外尚有少量早期紧闭同斜褶皱和无根褶皱等的残存。该带断裂以发育与主构造线一致的北西西—南东东向或近东西向的韧性-脆韧性断裂、平移走滑断裂等为特征，并有大量的北东向—北东东向脆性断裂及逆冲推覆断裂叠加。逆冲推覆断裂主体显示由北向南的逆冲推覆性质和由南向北逆冲推覆特征，平移走滑断裂以左行韧性走滑性质为主。这些断裂常将地层切割成菱形块状，组成复杂的网络系统。根据区域资料对比，其形成时间为印支期—燕山早期。

I-1-2 北秦岭—北淮阳构造带。呈东西向长条状展布，大地构造位置对应于华北板块南缘活动陆缘和南北陆块汇聚的地带，其岩石组成极其复杂。主要由新元古界庐镇关岩组、早古生界至泥盆系佛子岭岩群、泥盆系南湾组和石炭系梅山群等几套构造岩片组成，各物质间呈构造岩片叠置关系。晚古生代海相生物组合呈华北和扬子混生型。中生代以后，多被陆相火山-沉积盆地覆盖。

II 武当—桐柏—大别造山带。晚古生代，武当—桐柏—大别地区从离散型逐渐转变为汇聚型，即扬子板块（华南板块）向华北板块靠拢并发生俯冲作用。晚古生代，该区泥盆系-中三叠统主体部分为扩张裂陷的裂谷地堑与相对隆升的地垒陆表海沉积，形成了南秦岭造山带内独特的沉积盆地。而在武当—随枣地区，晚古生代的物质记录有限。中三叠世时期，扬子陆块与华北陆块发生俯冲碰撞造山，由于缺乏相应的岩浆活动记录，对该期造山

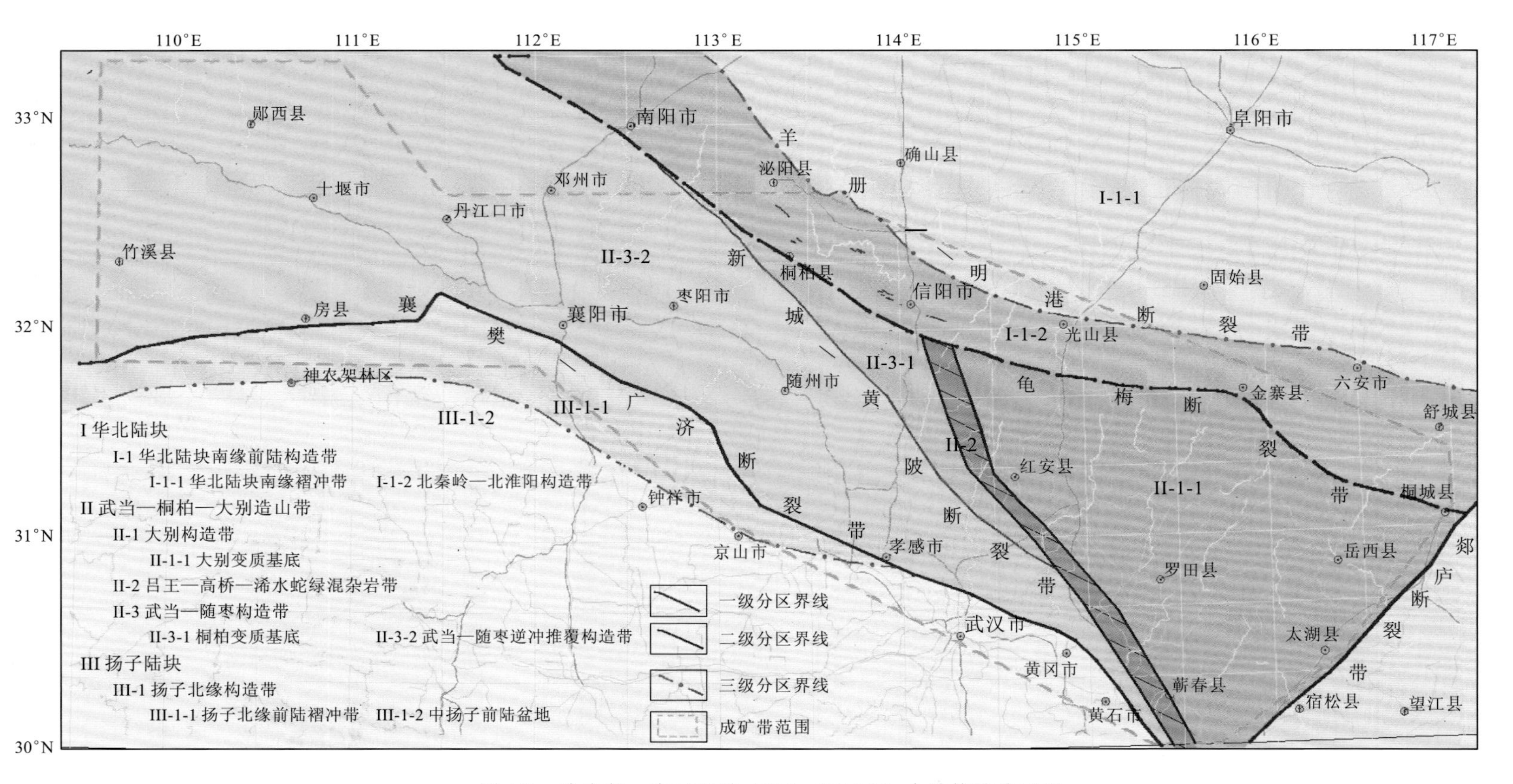

图 4.7　晚古代—中三叠世（420～220 Ma）大地构造分区图

作用缝合带的位置、形成时代等问题至今争议不断。彭练红（2003）认为二郎坪—高桥—浠水蛇绿混杂岩带为俯冲造山作用的结合带，并将武当—桐柏—大别造山带划分为大别构造带、吕王—高桥—浠水蛇绿混杂岩带和武当—随枣构造带等三个二级单元。

II-1-1 大别变质基底。该带北以晓天—磨子潭断裂为界与北秦岭—北淮阳构造带相邻，并被郯庐断裂和吕王—高桥—浠水蛇绿混杂岩带所围限形成三角区域。区内发育变质杂岩、晋宁期花岗片麻岩、中生代岩浆岩及一些构造就位的变质超镁铁质岩块与高压-超高压变质杂岩等，构成造山带古老陆核基底。

该基底岩系主要为构造岩片堆叠而成的变质岩系，构造岩片是其基本的结构形式。根据其物质组成、变质变形特点，从北向南依次划分为罗田—岳西变质杂岩带、英山—潜山超高压岩片、宿松变质岩片三个构造岩片，其间均以大型韧性剪切带接触。作为大别山造山带整体组成部分的三大构造岩片，具有相似的构造变形特征，又因三大构造岩片各自具有不同的构造背景，因而在一定程度上它们具有不同的变形变质特点。北大别变质杂岩带为大别山造山带主体，该带为普遍混合岩化的麻粒岩相-高角闪岩相准原地体，经过多期强烈的韧性变形改造，变质表壳岩主要呈包体或构造透镜体出现在变形变质侵入体中。南大别超高压岩片分布在大别山南部，以水吼-英山韧性剪切带与罗田—岳西变质杂岩带为界，主要由酸性片麻岩、片岩、大理岩及榴辉岩等组成，其中大小不等，呈透镜状、布丁状的榴辉石及其共生超高压岩石呈“岩块”形式分布于花岗质正片麻岩之中，历经复杂的多期变形变质作用。宿松变质岩片主体由一套稳定环境下的被动大陆边缘浅海台地相沉积岩（大新屋岩组和柳坪岩组）与以酸性火山岩为主的双峰式火山岩组成（虎踏石岩组），普遍遭受中压高绿片岩相-低角闪岩相变质作用，经受两期韧性剪切变形和一期韧脆性构造变形，且遭受后期脆性断层的破坏，形成非常复杂的构造格局。

II-2 吕王—高桥—浠水蛇绿混杂岩带。在早古生代时期的裂解形成了吕王—高桥—浠水裂谷带，出现包括超铁镁质岩、基性火山岩及硅质岩、泥质岩构成的洋中脊物质组合，具有蛇绿岩带物质的组成特点。在晚古生代—中生代时期，该洋裂经历了俯冲汇聚-碰撞演化而最终形成了蛇绿混杂岩带，岩石普遍遭受了绿片岩相-角闪岩相变质作用改造，变形强烈。

该带由一系列北西、北北西向断裂（剪切带）及其间不同属性（基性、超基性岩石，深水沉积的岩石及台地相物质）的岩片组成，岩片（块）呈条块状、楔状，以断裂（剪切带）为界相互拼贴在一起，呈北西向展布。其物质组合为变质超镁铁-镁铁质岩石，即蛇纹石片岩、（透）辉石岩；基性火山岩（侵入）（玄武岩、辉长岩）；硅质岩、泥质岩（深水沉积）及外来岩块，具有蛇绿混杂岩带物质组成特点[表 4.6（彭练红，2003）]。

表 4.6　蛇绿混杂岩带的物质组成

岩片	代号	岩石特征
硅质岩、泥质岩岩片	*rs*	深水沉积组合：石英岩（硅质岩）、榴云片岩（泥质岩）
基性火山岩岩片	β	基性火山岩（玄武岩）、变辉长（绿）岩
超镁铁质岩岩片	Σ	变橄榄岩类（蛇纹石化纯橄岩）、蛇纹石橄榄岩、蛇纹岩及菱铁滑石岩、变辉石岩类[变辉石岩（角闪岩）、变含长辉石岩、变含辉石角闪岩]
裂解（变质）岩片	*sl*	俯冲带中卷入的一些岩石块体
碳酸盐岩（裂解）岩片	*ca*	俯冲带中卷入的一些岩石块体

据前人资料及本次调查情况看，该构造带形成于早古生代，经历了晚古生代至中新生代时期的构造演化，存在着 4 种不同方式先后交替的构造变形阶段（4.2.1 小节已述）（彭练红，2003）。

II-3 武当—随枣构造带。其主体物质为武当岩群浅变质沉积-火山岩系，在武当岩群隆起的边部分布着新元古代—古生代。整体呈向南突出的弧形山系，它以巴山弧形城口主滑脱推覆断层为主界面，形成向南为主导运动方向、以不同级别逆冲推覆断层为界的不同级别的推覆体。据地表地质和地球物理探测判断，它主要以中上元古界和古生界的凝灰质、泥质等软弱岩层为构造滑脱界面，先后在秦岭主造山期板块依次向北俯冲碰撞和晚期陆内南北边界相向巨型俯冲的动力学背景与演化过程中，发生中上地壳自北向南的大规模挤压收缩推覆，形成多期多层次复合型逆冲推覆构造系。

II-3-1 桐柏变质基底。该带北东侧以桐柏—商城断裂与北秦岭构造带相接，南西侧以新黄断裂与随枣逆冲推覆构造带毗邻。主要由基底岩系中元古代桐柏片麻杂岩，英云闪长质、花岗质片麻岩体及少量的太古宇—古元古界变质表壳岩系（桐柏岩群）和震旦系—早古生界肖家庙岩组被动大陆边缘陆源碎屑岩-碳酸盐岩夹少量基性火山岩建造（盖层岩系）组成。该带岩浆侵入活动强烈，在桐柏片麻杂岩北西端有早古生代碱性花岗岩侵入，北东侧肖家庙岩组中有晚古生代变基性、酸性花岗岩等侵入。基本构造格架基底岩系表现为北西—南东向带状片麻岩穹隆，盖层岩系为朝北东缓倾的复杂单斜。

II-3-2 武当—随枣逆冲推覆构造带。位于青峰—襄樊—广济断裂以北，并以新黄断裂与桐柏构造区分野，是区域上南秦岭造山带的重要组成部分。带内主要出露南华系武当岩群及耀龄河岩组、震旦纪—石炭纪和白垩纪—古近纪。新元古代—早古生代岩浆活动频繁，变质变形作用强烈，地质构造非常复杂。其主期构造样式表现为由大型脆-韧性逆冲推覆（局部兼具走滑）剪切带分割的构造岩片叠瓦状叠置，岩片内则由次级逆冲断层与同斜褶皱、斜歪褶皱组成褶冲构造样式。

III 扬子陆块。本区晚古生代主体为陆内陆表海相沉积，缺失下泥盆统，中上泥盆统为海相碎屑岩、海陆交互相沉积。石炭系—二叠系以碳酸盐岩建造为主，夹含煤建造和泥质、硅质岩建造。下三叠统主要为稳定的碳酸盐岩沉积，中统下部为蒸发碳酸盐岩。中三叠世晚期，印支运动结束了中上扬子地块自震旦纪以来至中三叠世末期漫长的陆表海相沉积历史，转变为晚三叠世以陆相沉积为主的“类周缘前陆盆地”沉积体系，形成了复杂有序的晚三叠世地层记录。南北两侧则形成造山带前缘的前陆褶冲带构造。

III-1 扬子北缘构造带：该区位于南秦岭碰撞造山带的最前缘，主体为扬子克拉通内部的稳定沉积物质，在印支期时受由北向南的挤压作用而形成前陆褶冲带。而其南侧的上三叠统—侏罗系与下覆地层呈平行不整合接触，显示并未发生构造变形。可进一步划分为扬子北缘前陆褶冲带、中扬子前陆盆地。

III-1-1 扬子北缘前陆褶冲带。扬子与华北板块之间的俯冲-碰撞过程的产物，总体表现为由北向南的逆冲推覆作用，由一系列褶皱与逆冲断层组成空间上的逆冲推覆构造，局部表现为对冲构造样式，属于强烈的南北挤压应力环境。

III-1-2 中扬子前陆盆地。该区西部缺失泥盆纪—石炭纪沉积，东部泥盆系—石炭系为一套碎屑-碳酸盐岩建造，相当于滨海-浅海相。至二叠纪，鄂西地区存在区域性伸展-裂解作用，发育一套深水相沉积组合。至早—中三叠纪，沉积物质显示环境从开阔台地为主向局限台地为主的转变。晚三叠纪时，为一套同造山期的以陆相沉积为主的类周缘前陆盆地沉积。

6. 晚三叠世—新生代阶段

印支运动结束之后，区内进入了陆内造山阶段，经历了燕山运动和喜马拉雅运动。其中燕山运动奠定了区内现今的大地构造格局，因此本书以燕山期定型构造特征为主体进行此阶段的构造单元划分。根据变质变形、岩浆活动等差异，将该阶段大地构造单元划分为4个一级构造单元、4个二级构造单元，以及相应的8个三级构造单元（表4.7，图4.8）。

表 4.7　晚三叠世—新生代（220～0 Ma）大地构造单元

一级构造单元	二级构造单元（大相）	三级构造单元（相）
I 华北陆块	I-1 华北陆块南缘构造带	I-1-1 北秦岭—北淮阳前陆褶冲带
II 武当—桐柏—大别陆内造山带	II-1 桐柏—大别构造带	II-1-1 北大别变质基底
		II-1-2 南大别变质基底
		II-1-3 西大别变质基底
		II-1-4 桐柏变质基底
	II-2 武当—随枣逆冲推覆构造带	II-2-1 随南逆冲推覆构造带
		II-2-2 武当逆冲推覆构造带
III 扬子陆块	III-1 扬子北缘构造带	III-1-1 扬子北缘前陆褶冲带
IV 南襄盆地		

I 华北陆块。在侏罗纪—白垩纪，华北陆块发生伸展破坏、减薄，盖层发生强烈褶皱变形并伴有大规模花岗岩侵入和以中酸性为主的岩浆喷发活动。燕山期在其南缘形成了巨型平行于秦岭—大别造山带的前陆褶冲带。现仅介绍北秦岭—北淮阳前陆褶冲带。

I-1-1 北秦岭—北淮阳前陆褶冲带。中生代以后，多被陆相火山沉积盆地覆盖。前陆褶冲带的构造以北西—南东向为主，使佛子岭岩群及石炭纪变质岩层呈叠瓦状岩片逆冲于侏罗系之上。北缘泥盆系向北逆冲于华北基底霍邱杂岩之上。并存在燕山中晚期北东—北北东向褶皱的叠加。

II 武当—桐柏—大别陆内造山带。武当—桐柏—大别陆内造山带是典型的复合型大陆造山带，是东西向横亘中国大陆的中央造山系中部的主要组成部分。已有的研究揭示它于印支期（245～210 Ma）已完成了板块的俯冲碰撞造山演化。

中新生代时期区内主要发生了强烈的陆内造山作用，其主要表现为:①中生代晚期以晚侏罗世—早白垩世为峰期,武当—桐柏—大别沿南北缘发生向外的大规模逆冲推覆运动,形成南北缘分别指向南、北的巨大推覆构造，使秦岭呈扇形花状整体抬升，成为今日高大的秦岭山脉；②带内主造山晚期晚三叠世—早中侏罗世的塌陷陆相盆地沉积发生区域性变形变质构造变动；③与上述造山变形变质同时，桐柏—大别地区发生广泛强烈的同熔型花岗岩岩浆活动（150～110 Ma）和相伴的以Mo、Au等为主的多金属成矿作用；④地震探测与层析成像研究揭示，中新生代同期武当—桐柏—大别陆内造山带从地表到深层地幔发生区域性强烈构造调整变动，呈现武当—桐柏—大别陆内造山带岩石圈流变学分层的“立交

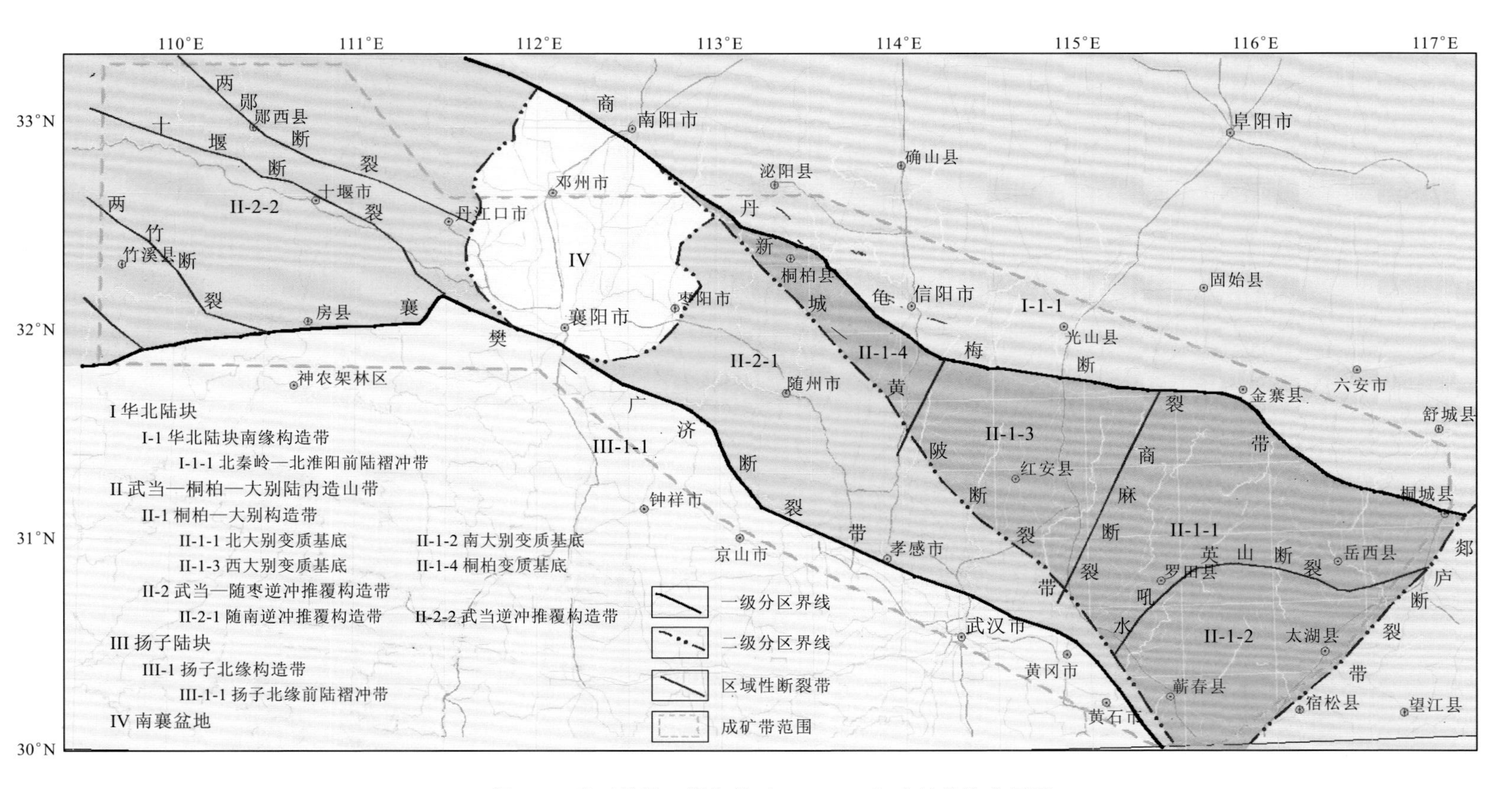

110°E
111°E
112°E
113°E
114°E
115°E
116°E
117°E
33°N
32°N
31°N
30°N
I 华北陆块
I-1 华北陆块南缘构造带
I-1-1 北秦岭—北淮阳前陆褶冲带
II 武当—桐柏—大别陆内造山带
II-1 桐柏—大别构造带
II-1-1 北大别变质基底
II-1-2 南大别变质基底
II-1-3 西大别变质基底
II-1-4 桐柏变质基底
II-2 武当—随枣逆冲推覆构造带
II-2-1 随南逆冲推覆构造带
II-2-2 武当逆冲推覆构造带
III 扬子陆块
III-1 扬子北缘构造带
III-1-1 扬子北缘前陆褶冲带
IV 南襄盆地
一级分区界线
二级分区界线
区域性断裂带
成矿带范围
南阳市
邓州市
丹江口市
十堰市
郧西县
竹溪县
房县
神农架林区
襄阳市
枣阳市
随州市
钟祥市
京山市
孝感市
武汉市
黄冈市
黄石市
泌阳县
确山县
桐柏县
信阳市
光山县
红安县
罗田县
蕲春县
固始县
金寨县
六安市
舒城县
桐城县
岳西县
太湖县
宿松县
望江县
阜阳市
I-1-1
II-1-1
II-1-2
II-1-3
II-1-4
II-2-1
II-2-2
III-1-1
IV

图 4.8　晚三叠世—新生代（220～0 Ma）大地构造分区图

桥”式壳幔三维结构的脱耦模型，显示了中生代晚期武当—桐柏—大别陆内造山的深部背景。

II-1 桐柏—大别构造带。中新生代主要表现为古老基底杂岩通过逆冲推覆和伸展隆升作用而出露地表，根据其物质组成、岩浆活动和变质变形等差异，可进一步划分如下。

II-1-1 北大别变质基底。主要出露新太古代绿岩-TTG组合及含铁建造，古元古代碎屑-碳酸盐岩组合及含铁建造，中元古代伸展背景裂谷环境基性火山岩与沉积组合，新元古代中酸性火山岩、碎屑岩、泥沙质岩石组合。塑性变形，角闪岩相-麻粒岩相变质。

II-1-2 南大别变质基底。主要为新元古代火山-沉积组合，受后期构造作用的影响，局部新元古代之前的变质地层以岩片或岩块的形式产出，变形强烈，低绿片岩相-角闪岩相变质。

II-1-3 西大别变质基底。主要为青白口纪一套火山-沉积组合，局部存在古生代碎屑-碳酸盐岩组合。变形强烈，低绿片岩相-角闪岩相变质。

II-1-4 桐柏变质基底。出露一套变质表壳岩组合，主要为黑云斜长片麻岩夹斜长角闪片岩、变粒岩、浅粒岩，局部见薄层状-透镜状大理岩、石英岩和磁铁石英岩、石榴石云母石英片岩夹层。塑性变形，角闪岩相相变质。

II-2 武当—随枣逆冲推覆构造带。南界为青峰—襄樊—广济断裂，北东界为新黄断裂。核部为中下元古界武当岩群、上元古界耀岭河岩组。原岩以碎屑岩和火山岩为主，周边为上震旦统和古生界。构造带内发育一系列逆冲断裂，断裂总体倾向北，由各次级断层与块体组成逆冲推覆构造。它是在先期勉略缝合带的基础上叠加复合中新生代以逆冲推覆构造为主的现今复合断裂构造带，主要是两期推覆构造的复合产物，即印支期秦岭沿勉略缝合带的碰撞逆冲推覆构造及其前陆逆冲推覆构造和燕山期大规模的逆冲推覆构造。燕山晚期，区域上的构造应力场发生转变，形成了一系列的断陷盆地。

II-2-1 随南逆冲推覆构造带。以北西向逆冲推覆构造为特征，主要表现为盖层岩系武当岩群、耀岭河岩组和陡山沱组中顺层流劈理带和顺层流变褶皱的发育，并叠加了后期北东向的构造变形。燕山晚期，在其北部有白垩纪花岗岩的侵入，并形成了大阜山剥离（滑脱）断层，表现为自北西南滑覆，使得上覆武当岩群、耀岭河岩组全部缺失，主断面直接位于陡岭岩群与陡山沱组之间，滑脱面呈舒缓波状，并向四周倾伏。

II-2-2 武当逆冲推覆构造带。主要表现为以大中型逆冲推覆脆-韧性剪切带分割的构造岩片叠瓦状叠置，岩片内部由次级逆冲断层与同斜褶皱、斜歪褶皱组成褶冲构造样式。主体使北部武当岩群火山岩系下部更老层位岩层向南逆推在南侧上部层位岩系之上。北部以十堰断裂为主推覆界面的两郧推覆构造，除整体沿十堰断裂向南推移叠置外，由于先期构造与具体地质背景的差异，形成了两个不同的次级构造单元，即白河—石花街推覆构造和两郧剪切花状构造，并叠加了燕山中晚期北东向构造，形成复合变形样式。

III 扬子陆块。虽然先后经历了复杂的西太平洋俯冲作用和喜马拉雅碰撞造山作用，但是作为扬子陆块本身而言，其主体则是位于大陆边缘的后部，而不直接濒临俯冲与碰撞带的前缘。所以它虽然受到燕山期各大板块相互作用的显著控制作用，更突出的是在上述板块俯冲碰撞的区域构造框架下的陆内构造的叠加复合与演化。燕山早期，扬子南部雪峰地区主要受古太平洋板块向西俯冲形成的南东向的主应力，形成向北西扩展的北东—近东西向弧形构造变形带；而在北缘的武当—桐柏—大别山地区，扬子地块持续向秦岭造山带挤入，形成了向南西扩展的北西—近东西向的大洪山、大巴山弧形陆内构造变形带。二者在扬子地区形成南北对冲构造带，构成一个向西撒开的弧形复合联合构造带，反映了中上扬子地区燕山期陆内构造变形经历了自东向西的汇聚变形过程。

III-1-1 扬子北缘前陆褶冲带。位于上扬子地块北缘，西接米仓山突起、东端止于郯庐断裂带，呈北西—东西向延伸、向南西突出的弧形构造带。主要由古生代-侏罗纪地层组成，垂直构造带方向由造山带向前缘地层由老变新，叠加在印支期前陆褶冲带和中-晚三叠世前陆盆地之上。不同区段由于岩层组合和构造应力的差异形成了不同的具体构造样式。总体具有逆冲推覆构造带构造形态，以弧形线状紧闭的复式褶皱为主。主要包括武当南缘弧形褶冲带、大洪山南缘弧形褶冲带、大别南缘弧形褶冲带等几个次级单元。其形成时代为燕山期，为受北部逆冲推覆带的影响而形成的薄皮式盖层滑脱带。

IV 南襄盆地：是东秦岭造山带上一个以古近系沉积为主的中、新生代断拗型盆地，基底为前白垩系变质岩系，是燕山晚期伸展构造作用下的产物。由于受多期构造运动的影响，盆地自下而上沉积了三套构造层序，即中生代晚白垩世裂陷沉积层序、新生代古近纪裂陷沉积层序及新近纪拗陷沉积层序。

4.4 主要地质构造阶段与构造属性

4.4.1 早前寒武纪陆块基底及构造归属

1. 新太古代

太古宙物质以花岗-绿岩地体为特点，类绿岩物质及TTG系列是其主要物质，形成时代应在2 500 Ma之前，变质作用主体为绿片岩相，是中晚太古代中国古陆造陆阶段的产物。

桐柏—大别地区主要出露新太古界木子店岩组，其主体物质为一套绿岩-TTG组合，出露于麻城—罗田一带，呈不规则形态产出于片麻状花岗岩之中，其平面总体形态为一不规则卵圆形，组成“麻城—罗田隆起”构造。值得一提的是，伴随着岩浆活动发育一套火山喷气型硅铁沉积组合（阿尔戈马型BIF）。上述物质共同组成了本区的最早陆核（彭练红，2003）。

武当—随枣北缘出露有陡岭杂岩，实为一套变质程度以角闪岩相为主的泥（钙）砂质沉积碎屑岩和基性火山岩，夹少量碳酸盐岩，主要由片麻岩、透辉石变粒岩、斜长角闪岩组成，夹少许大理岩、石墨片岩及石英岩。近年来的研究将陡岭群的主体形成时代限定在约2 500 Ma的晚太古代，并认为约2 500 Ma的TTG系列片麻岩可能是更为古老的[古—中太古代3 300～2 950 Ma）]地壳物质在约2 500 Ma的再造产物，并可能存在少量初生地壳物质生长。这些结果将陡岭岩群的主体形成时代限定在约2 500 Ma的晚太古代，成为南秦岭早前寒武纪结晶基底的重要组成部分。

2. 古元古代

古元古界主要为一套陆缘表壳岩系，主要岩性为火山-沉积建造、碳酸盐岩建造、硅铁建造和富铝泥质岩建造等（彭练红，2003）。古元古代末期，区内古老结晶基底黄土岭麻粒岩、陡岭岩群、大别山岩群等中存在 2 000～1 800 Ma 的岩浆作用或高级变质作用事件记录，其形成可能与哥伦比亚超大陆聚合与裂解有关。

4.4.2 （中—）新元古代陆壳构造格局探索恢复

近年来，扬子北缘新元古代构造岩浆热事件的信息被逐步识别，各构造块体分别记录了不同的构造演化历史，显示出扬子北缘在新元古代的构造格局具有复杂多样性。

1. 卡房（新县）—大别地区

大悟大磊山地区的土林冲一带，空间上总体呈向东凸出的弧形，与大磊山基底斑状花岗片麻岩（东部）及含磷岩系（西部）均呈片理化平行接触。原岩为一套中-酸性火山岩夹碎屑沉积岩及少量基性火山岩。

1）岩石化学特征

中-酸性火山岩采集了多套岩石地球化学样品，从岩石主量元素看，10 件样品的 SiO_2 的质量分数为 48.85%～54.78%，平均质量分数为 51.60%；全碱（Na_2O+K_2O）的质量分数为 3.42%～6.64%，平均为 4.89%；K_2O 的质量分数为 0.54%～2.27%；Al_2O_3 的质量分数为 16.21%～20.06%，平均为 18.76%；TiO_2 的质量分数为 1.36%～1.89%，平均为 1.65%；MgO 的质量分数较低，介于 1.13%～6.23%，平均为 2.31%。在 TAS 图解中 10 件样品大部分落于玄武岩-玄武安山岩区域，且在中-酸性火山岩 SiO_2-K_2O 岩石系列图解中，8 件样品落于钙碱性系列。岩石碱的质量分数小于 7%（介于 3.42%～6.64%）、TiO_2 的平均质量分数为 1.65%，与钙碱性系列安山岩平均值（1.16%）接近、MgO 含量较低等一系列特征表明，该套岩石显示弧火山岩特征（桑隆康 等，2012）。

岩石稀土元素总量为 $89.92～231.31\times10^{-6}$，平均为 150.06×10^{-6}；（La_N/Yb_N）为 4.25～8.29，LREE/HREE 为 4.38～7.16，δEu 为 0.89～1.08。在中-酸性火山岩稀土元素球粒陨石标准化分布图上，岩石分配曲线明显右倾，稀土配分模式呈轻重稀土强分异，LREE 强烈富集，HREE 亏损。δEu 平均值为 0.98，总体而言，岩石具弱的负 Eu 异常，暗示岩浆演化早期有少量斜长石分离结晶或岩浆区有少量斜长石残留。

中-酸性火山岩原始地幔标准化微量元素蛛网图显示，其微量元素的配分模式近于一致，微量元素表现出富集 LILE（K、Ba、Rb）和活泼不相容元素（如 Th、U），相对亏损 HFSE（如 Nb、Ta、P、Ti），Ta、Nb 和 Ti 具有“TNT”负异常，与岛弧火山岩特征相似（赵振华，2007）。Ti 和 P 的亏损可能受到磷灰石和钛铁矿分离结晶的影响，或者岩浆有来源于弧源地壳的成分。

2）构造环境

微量元素在溶液中强烈的不活泼性，使他们的组合能反映岩石所形成的构造环境（赵振华，2007），这些元素主要是 Zr、Hf、Nb、Ta、Rb、Y、Yb 等。因此，选择能够区分火山弧、同碰撞、碰撞晚期-碰撞后、板内环境的 Th/30-Hf-3Ta 图解和能够区分大洋弧、活动大陆边缘弧、洋中脊玄武岩和板内玄武岩类的 Th/Yb-Ta/Yb 图解对其形成环境进行判断。在 Th/30-Hf-3Ta 图解和 Th/Yb-Ta/Yb 图解中所有样品均显示其构造环境为活动大陆岛弧火山岩（图 4.9，图 4.10）。

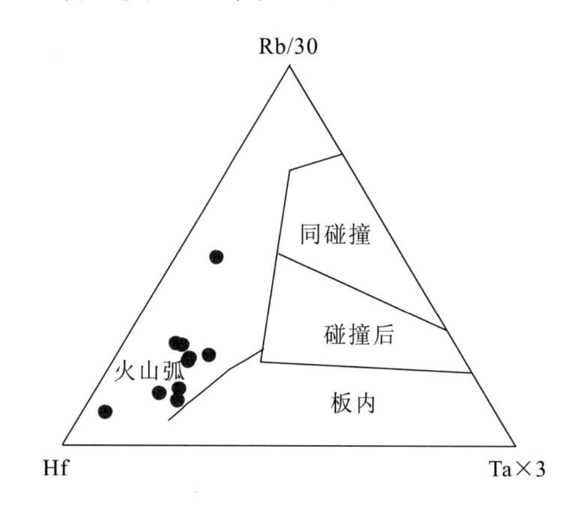

图 4.9　中-酸性火山岩岩石 Th/30-Hf-3Ta 构造环境判别图

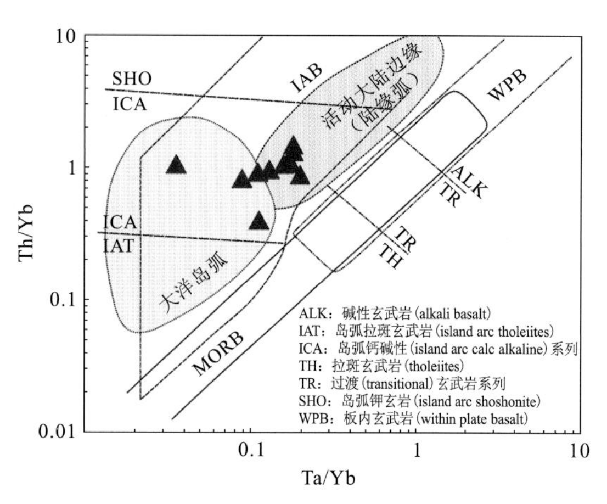

图 4.10　中-酸性火山岩岩石 Ta/Yb-Th/Yb 构造环境判别图

3）时代归属讨论

前人对大磊山及其周边地区进行了大量的研究，在同位素测年方面大量的结果主要集中在新元古代 750 Ma（600～800 Ma）（测年结果与前人研究一致），表明该地区在新元古代时期发生过一次较大规模的构造-岩浆事件。

2. 武当—随枣—大别南侧地区

2016～2018 年武当—桐柏—大别成矿带武当—随州地区地质矿产调查二级项目下设 1∶5 万区域地质调查及专项调查，从大地构造演化的角度，通过对区内新元古代武当岩群、耀岭河岩组沉积特征的对比研究，提出如下认识。

随着大洪山地区新元古代造山事件记录的逐渐识别，将区内新元古代划分为两大构造单元，其各自经历了独立的演化过程（图 4.11），二者间的相互联系还需要进一步探索恢复。

1）沉积特征及构造环境差异

武当岩群和耀岭河岩组具有明显不同特征。原岩恢复（湖北省地质调查院，2007a）：武当岩群主要为一套变质陆缘碎屑岩、中酸性火山碎屑岩建造，具有岛弧性质火山-沉积序列，其物源区主要为酸性火山岩物源区和富含石英质沉积岩物源区，构造背景判别显示其物源主要来自大洋岛弧、大陆弧和活动大陆边缘，结合碎屑锆石年龄分析指示其物源可能来自近缘岩浆弧；而耀岭河岩组的火山-沉积序列主要表现为底部为块状熔岩向上过渡为碎屑熔岩，再向上为火山碎屑岩。碎屑岩原岩判别显示主要为基性火山岩、基性凝灰岩、泥质粉砂岩和泥岩，构造背景为被动大陆边缘，类似于陆内裂谷盆地的火山-沉积序列。岩石化学特征显示，耀岭河岩组主要为玄武岩碱性系列，而武当岩群为安山岩-流纹岩亚碱性系列，

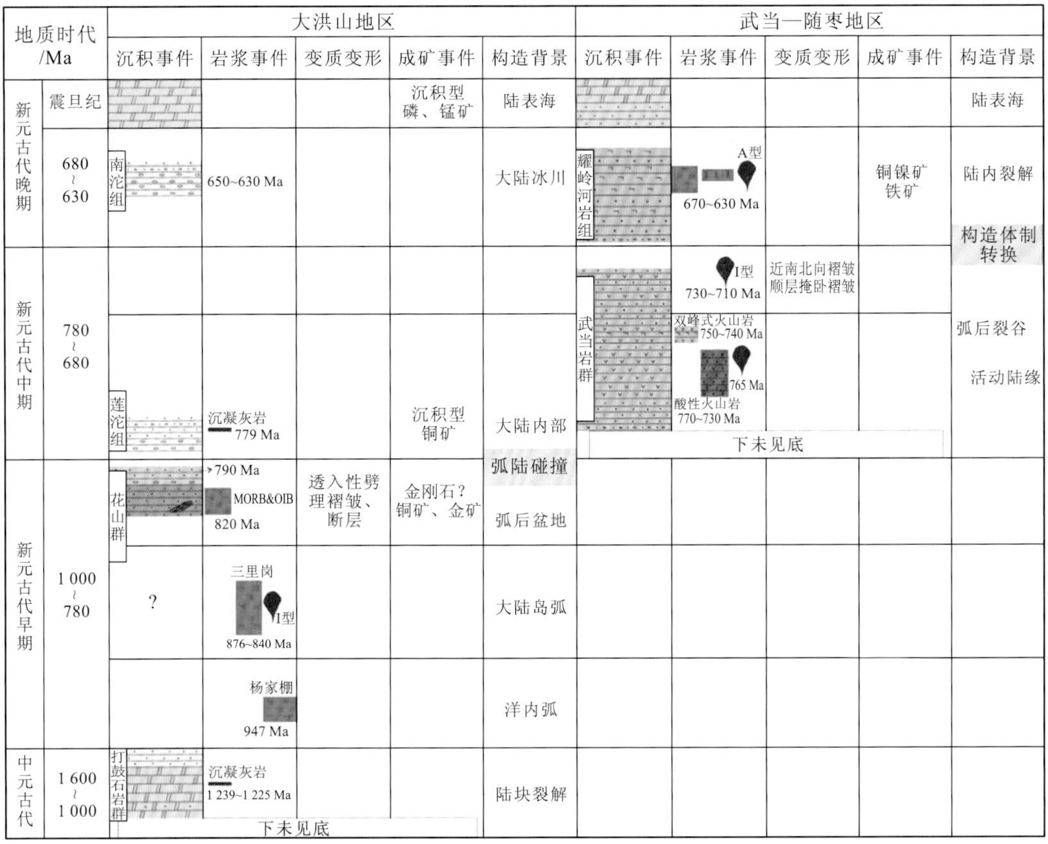

地质时代/Ma		大洪山地区					武当—随枣地区				
		沉积事件	岩浆事件	变质变形	成矿事件	构造背景	沉积事件	岩浆事件	变质变形	成矿事件	构造背景
新元古代晚期	震旦纪				沉积型磷、锰矿	陆表海					陆表海
	680~630	南沱组	650~630 Ma			大陆冰川	耀岭河岩组	A型 670~630 Ma		铜镍矿 铁矿	陆内裂解 构造体制转换
新元古代中期	780~680	莲沱组	沉凝灰岩 779 Ma		沉积型铜矿	大陆内部	武当岩群 下未见底	I型 730~710 Ma 双峰式火山岩 750~740 Ma 765 Ma 酸性火山岩 770~730 Ma	近南北向褶皱 顺层掩卧褶皱		弧后裂谷 活动陆缘
新元古代早期	1 000~780	花山群	790 Ma MORB&OIB 820 Ma	透入性劈理褶皱、断层	金刚石？铜矿、金矿	弧陆碰撞 弧后盆地					
		?	三里岗 I型 876~840 Ma			大陆岛弧					
			杨家棚 947 Ma			洋内弧					
中元古代	1 600~1 000	打鼓石岩群 下未见底	沉凝灰岩 1 239~1 225 Ma			陆块裂解					

图 4.11　扬子北缘新元古代时空结构图

OIB 为洋岛玄武岩（ocean-island basalt）

判别图解显示武当岩群（750～720 Ma）为岛弧环境，代表了大陆边缘火山弧活动；而耀岭河岩组（630 Ma）为具有 MORB 和弧后环境的判别特征，可能代表了大陆边缘弧后裂解环境。

2）岩浆活动及构造环境差异

在武当地区、随枣地区分别识别出多条花岗岩、花岗闪长（斑）岩等侵入到武当岩群中，野外可见明显的侵入接触关系。花岗岩的锆石年代学显示区内新元古代存在两阶段的岩浆作用（图 4.12，图 4.13）。早期花岗岩以英云闪长岩、花岗闪长岩、花岗斑岩、石英二长岩等为主，其形成时代主要介于 735～700 Ma，地化特征表明其为 I 型/S 型花岗岩，构造背景显示出火山弧岩浆的地化属性；晚期主要形成于 680～630 Ma，具 A 型花岗岩特征、镁铁-超镁铁质岩体，为陆内裂解的产物（图 4.14）。因此，可将武当地区从板块俯冲增生碰撞向陆内伸展裂解的构造体制转换时限限定在 700～680 Ma，标志着武当地区在约 680 Ma 以后与另一未知陆块的分离。

3）新元古代构造变形的识别

武当—随枣地区经历了多期变形变质作用，表现在面理和线理构造的多期置换、褶皱叠加等形成了复杂的构造格架。在随南地区后期构造改造较弱的武当岩群地层中识别出一

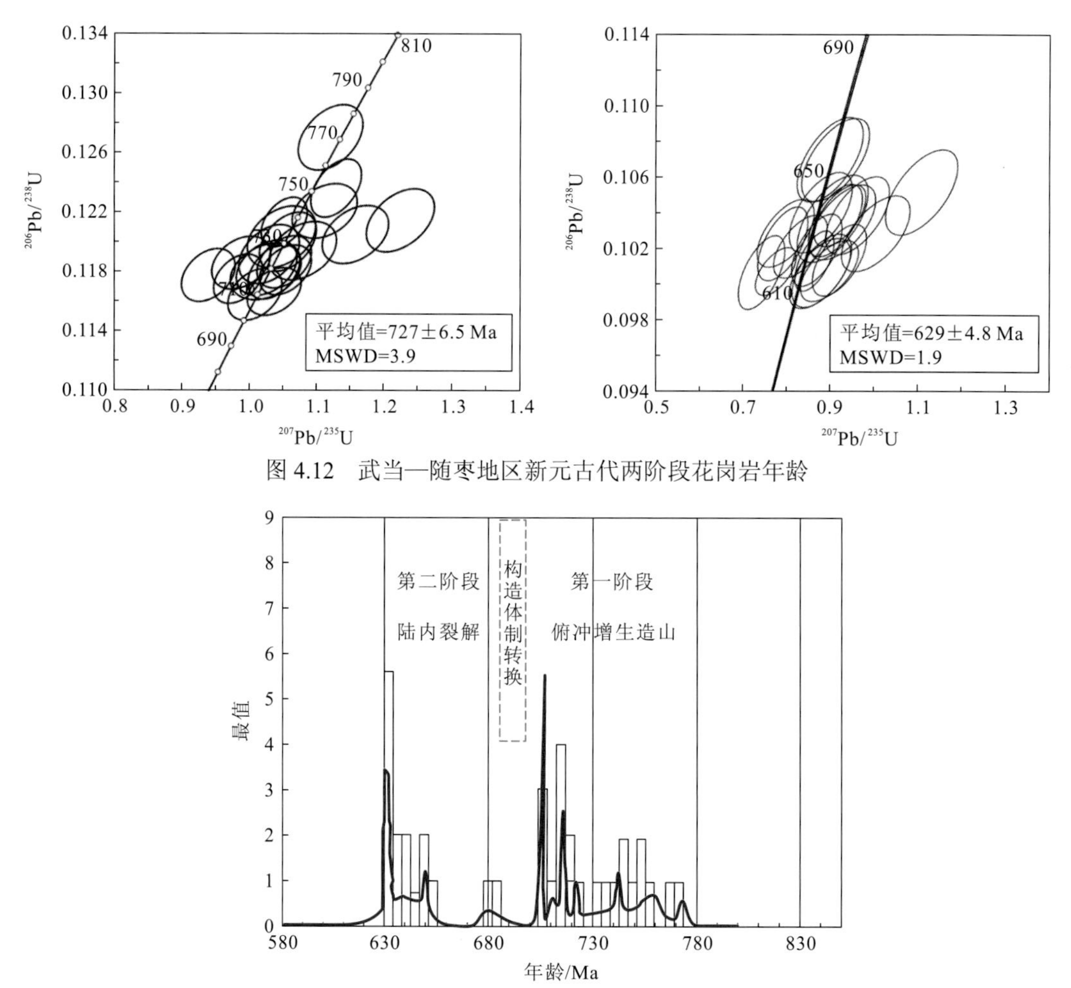

图 4.12　武当—随枣地区新元古代两阶段花岗岩年龄

图 4.13　武当—随枣地区新元古代两阶段岩浆作用

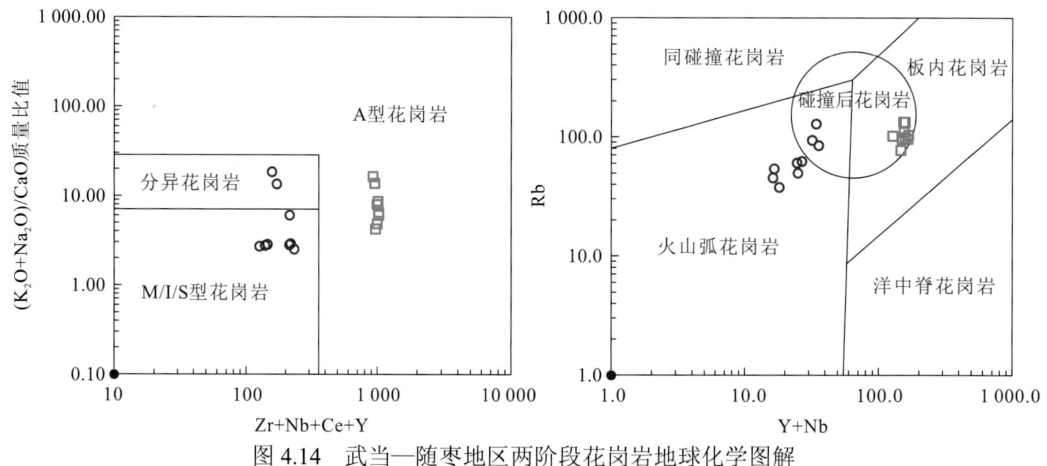

图 4.14　武当—随枣地区两阶段花岗岩地球化学图解

期近南北向的构造（图 4.15），表现为褶皱冲断带变形特征。从区域上几个地区的观察来看，该期褶皱仅发育在武当岩群地层中，在其上的耀岭河岩组、古生代地层中均未见及。根据近南北向褶皱与区域上近东西向、北西向构造的叠加关系，可以看出近南北向褶皱的形成时限均要早于近东西向、北西向的褶皱。结合区域资料进而推测其可能形成于新元古代晋宁期。至于耀岭河岩组和武当岩群之间的接触关系，目前还存在着韧性剪切带、平行不整合、角度不整合等多种不同的认识。本次工作中近南北向褶皱的发现支持二者间呈角度不整合的认识，可能反映区内在新元古代中晚期经历了一次明显的构造运动。值得注意的是，该期构造走向为近南北向，与现今的主体构造北西向大角度斜交，这一新发现对构建扬子北缘新元古代构造格局具有重要意义。

图 4.15　武当岩群中近南北向构造及其与造山主期近东西向、北西向构造的叠加关系

3. 大洪山新元古代早期弧盆体系

通过区域地质调查、1∶2.5 万专项地质调查和专题研究，在扬子北缘厘定了新元古代岛弧、弧后盆地两大构造体系（图 4.11、图 4.16），结合岩石组合特征、锆石 U-Pb 测年、同位素测试等工作，建立了造山作用过程和地质演化历史。

1）新元古代早期洋内俯冲

大洪山北部杨家棚辉长岩的时代被定为约 947 Ma（Shi et al.，2007），同时其岩石地球化学显示出类似于 MORB 的特点，暗示扬子北缘存在至少从约 947 Ma 开始的洋内弧俯冲过程。在武当—随枣地块以南的扬子陆核区，对黄陵地区 1.1～0.9 Ga 的庙湾蛇绿岩和神农架地区郑家垭组火山岩的识别，以及两地新元古代地层 Nd 同位素分析结果，共同指示神农架地区和黄陵地区在新元古代之前属于两个独立的次级微陆块，其间可能以古大洋洋盆相隔。大洪山地区杨家棚约 947 Ma 洋内弧俯冲可能为神农架—黄陵地区的东延部分，当然这一推论还需要更多可靠的物质记录来证实。

2）新元古代中期洋-陆俯冲

大洪山地区原“花山群”可解体为由不同时期、不同沉积环境和构造背景组成的岩石

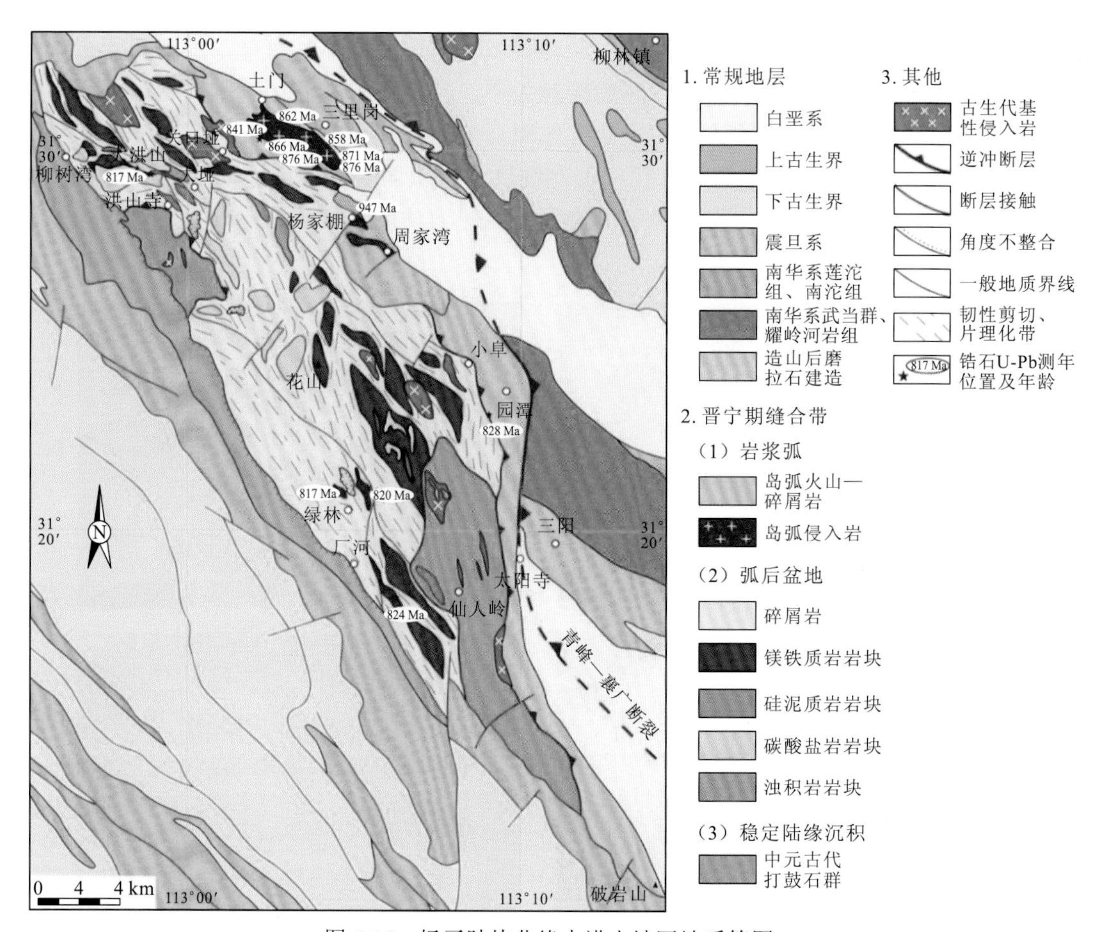

图 4.16　扬子陆块北缘大洪山地区地质简图

组合，确定大洪山地区残存一个新元古代早期弧盆系。岛弧由三里岗岩体与土门岩组组成，主体形成时代为 876～841 Ma。弧后盆地构造混杂岩由浊积岩、基性火山岩、基性侵入岩组成，获得镁铁质岩的形成时代为 835～817 Ma，浊积岩中最年轻的碎屑锆石年龄峰为 790～780 Ma，代表弧后盆地的形成时间。近年来，北部岩浆弧的存在基本上得到了各方的证实与认可，而对于南部的浊积岩和基性岩共存的原“花山群”部分物质属性却存在三种截然不同的认识，详见下述。

（1）岛弧带。三里岗岩浆弧分布于大洪山东侧三里岗—小阜一带，绵延约 45 km，东侧被襄广断裂所逆掩，西侧与弧后盆地浊积岩呈构造接触。三里岗岩浆弧包括三里岗岩体和土门岩组。

土门岩组是一套新建的岛弧火山岩组合，岩性组合以基性玄武岩为主，中性安山岩和酸性英安岩、流纹岩次之，局部夹有少量的基-酸性火山碎屑岩和粉砂岩，受构造活动影响产生一定程度的变形和轻微的变质作用，与一般岛弧火山岩岩性组合相似。地球化学方面，土门、小阜、园潭的火山岩 SiO_2 的质量分数为 50.47%～81.57%，大部分表现为钙碱性系列的特点，少量表现为拉斑玄武岩系列特点。LREE 富集，有一定程度的负 Eu 异常，富集 LILE（Rb、Ba、K、Pb），亏损 HFSE（Nb、Ta、Ti），具典型的岛弧火山岩地球化学特点。

通过锆石 U-Pb 原位定年法获得三里岗岛弧侵入岩与火山岩的时代，在英云闪长岩获得 $^{206}Pb/^{238}U$ 加权平均年龄为(876.9±9.2) Ma，与 Shi 等（2007）测得的三里岗岩体中二长花岗岩 876 Ma（SHRIMP）的成岩年龄基本一致，可以代表三里岗岩体的形成年龄。土门英安岩的成岩年龄为 841 Ma，二者在误差范围内相对一致，应都可以代表土门岩组的形成时间。因此三里岗岛弧的形成时代介于 876～841 Ma。

（2）弧后盆地。对大洪山地区 820～800 Ma 玄武岩和碎屑岩构造属性曾存在不同的认识。陈铁龙等（2015）将大洪山地区认定为新元古代俯冲增生杂岩带，认为杂岩中包含有大量新元古代大洋板块地层（ocean plate stratigraphy，OPS）和外来（碳酸盐岩）岩块，它们多以岩块的形式构造混杂于碎屑浊积岩基质中，表现出典型的俯冲增生杂岩特征，并经受过后期构造的强烈改造。《武当—桐柏—大别成矿带武当—随枣地区地质矿产调查报告》认为该区在新元古代中期应为岛弧-弧后盆地的构造格架。

争论的焦点主要是对区内 820～800 Ma 玄武岩的类型、成因认识的差异。从构造上讲，弧后盆地是在大洋地壳俯冲过程中，远离大洋一侧的岛弧裂离大陆或者岛弧自身分裂而形成的深海盆地。在空间尺度上，弧后盆地一般很窄（数十到几百千米），但是可以延续很长的距离（几百到数千千米），这一点类似于洋中脊玄武岩。在构造位置上，它们主要分布在汇聚板块边界（如现在的西太平洋边界），组成上不仅包括活动的大洋板块边缘，还包括大陆板块的活动边缘。在构造演化上，弧后盆地形成晚于火山岛弧的喷发，进一步发展表现为盆地扩张。因此，弧后盆地玄武岩在地球化学成分上变化很大，可以从 N-MORB、E-MORB 变化到岛弧玄武岩成分，某些情况下甚至可类似于洋岛玄武岩，这具体取决于弧后盆地的形成构造环境和发育程度。

大洪山弧后盆地构造混杂岩位于三里岗岩浆弧的南西侧，其上被扬子陆块沉积盖层角度不整合覆盖。混杂岩带主要包括浊积岩、铁镁质岩块及原“打鼓石群”碎块，其中浊积岩是弧后盆地的主体充填物，铁镁质岩以弧后盆地玄武岩为主，“打鼓石群”是盆地基底碎片（表 4.8）。

表 4.8　大洪山构造带岩石锆石 U-Pb 年龄及其构造环境

岩石类型	方法	年龄/Ma	数据发表单位或参考文献	构造环境
辉长岩	锆石 U-Pb	947	Shi 等（2007）	洋内弧
二长花岗岩	锆石 U-Pb	876	Shi 等（2007）	成熟岛弧
英云闪长岩	锆石 U-Pb	876	湖北省地质调查院（2015）	
辉绿岩	锆石 U-Pb	871	Xu 等（2016）	
花岗岩	锆石 U-Pb	862	Xu 等（2016）	
花岗岩	锆石 U-Pb	866	Xu 等（2016）	
辉长岩	锆石 U-Pb	875	武汉地质调查中心	
玄武岩	锆石 U-Pb	820	湖北省地质调查院	弧后盆地
辉绿岩	锆石 U-Pb	817	湖北省地质调查院	
辉绿岩	锆石 U-Pb	821	武汉地质调查中心	
辉绿岩	锆石 U-Pb	822	武汉地质调查中心	

续表

岩石类型	方法	年龄/Ma	数据发表单位或参考文献	构造环境
英安岩	锆石 U-Pb	806	武汉地质调查中心	弧后盆地
英安岩	锆石 U-Pb	805	武汉地质调查中心	
枕状玄武岩	锆石 U-Pb	824	Deng 等（2013）	
海底扇水道沉积	锆石 U-Pb	800～790	武汉地质调查中心	

弧后盆地充填物主体为浊积岩，又包括长英质和白云质浊积岩两类，总体长英质浊积岩扇体分布在下部，白云质浊积岩扇体盖于长英质扇体之上，两者岩性渐变过渡，表明在盆地发育过程中水体逐渐变浅。二者均发育粗的水道砾岩和细的扇端沉积，总体具有北东部砾岩发育，南西部细碎屑岩发育的特征，表明水体及物源的流动方向为北东—南西。在盆地充填的晚期，物源区有大量的碳酸盐岩。长英质浊积岩碎屑锆石表明其具有双物源特征，一部分来自岩浆弧，一部分来自扬子基底，且以基底物源占优，尤其是 2.6 Ga 的物质，暗示本区位于弧后盆地的大地构造位置。

铁镁质岩块主要分布于大洪山景区及绿林寨景区两处，岩性以杏仁玄武岩、枕状玄武岩、粗玄岩为主，岩块与浊积岩之间均为构造接触关系。绿林寨玄武岩是以 MORB、IAB 性质的玄武岩为主，夹有 OIB 性质的玄武岩岩块。表明大洪山地区的玄武岩地球化学成分变化范围较大，很有可能以绿林寨为代表的玄武岩类是弧后盆地玄武岩（back-arc basin basalt，BABB）。MORB 型玄武岩的出现可能表明本区已经有由初始弧后盆地开始向成熟弧后盆地演化的趋势。在绿林寨玄武岩、辉长辉绿岩获得大量的锆石 U-Pb 年龄，年龄值集中在 820 Ma 左右，明显晚于弧花岗岩的成岩年龄（870～840 Ma）。

（3）造山作用结束时限。大洪山表现为明显的三层结构特征：中元古界打鼓石群构成陆块基底、原新元古界花山群为新元古代造山带物质、上覆南华系莲沱组为造山结束之后的沉积盖层。为了有效约束弧盆系造山作用结束时限，对 4 件花山群中细碎屑岩开展碎屑锆石 U-Pb 年代学测试（图 4.17），结果显示均存在明显的新元古代年龄峰，最年轻的年龄峰值介于 780～799 Ma，约束了碎屑岩的沉积下限。而对上覆莲沱组中沉凝灰岩和碎屑锆石年龄的研究表明莲沱组的最大沉积时限约 780 Ma（张雄 等，2016）。二者共同约束了大洪山弧盆系闭合的时限约为 780 Ma。

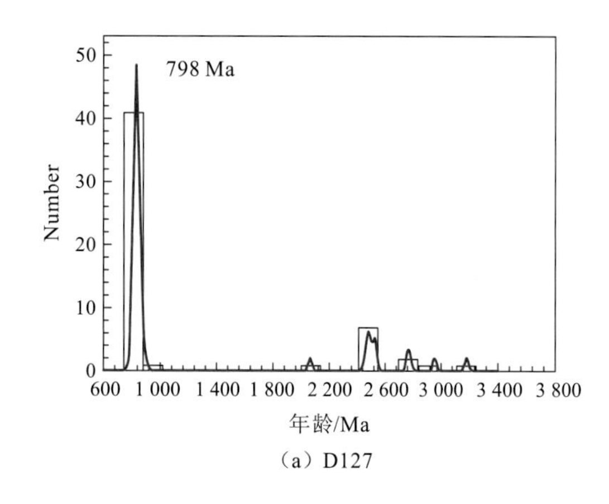

（a）D127

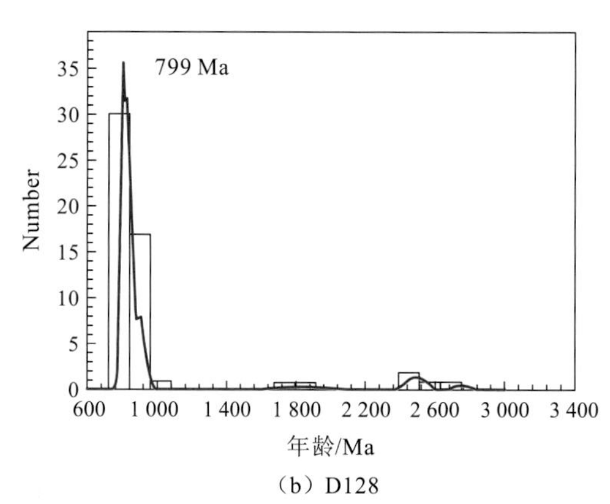

（b）D128

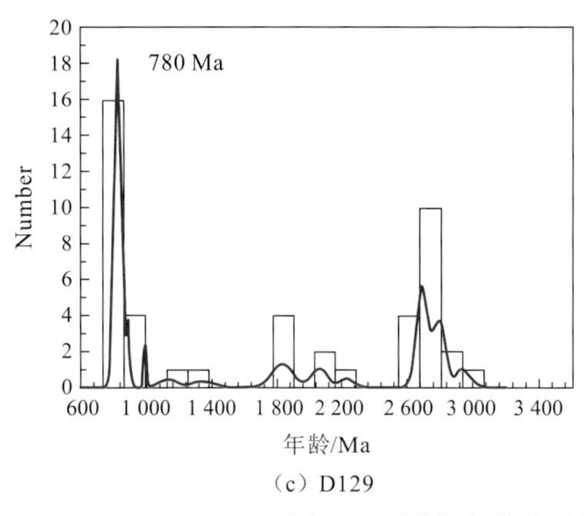

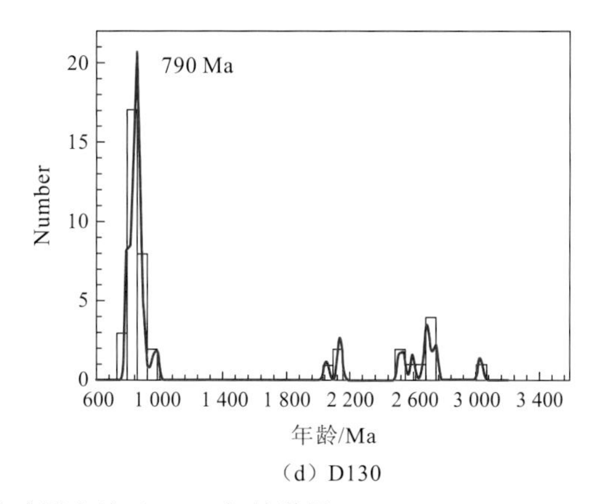

（c）D129　　（d）D130

图 4.17　原花山群弧后盆地碎屑岩锆石 U-Pb 年龄谱图

（4）地质演化过程。在新元古代早期，扬子北缘的三里岗洋由北向南俯冲，经历了 947 Ma 洋内俯冲之后在三里岗一带形成岩浆弧（870～840 Ma），由于俯冲角度较大，后撤作用使弧后拉张，形成大洪山弧后盆地（图 4.18），弧后盆地中发育大量的玄武岩（840～820 Ma），与此同时，岛弧火山强烈喷发，形成一系基性、中性、酸性的岛弧火山岩。伴随着俯冲作用的加剧，盆地边部不断隆起，岛弧岩浆岩隆升和基底物质强烈风化，盆地充填长英质的浊积岩，靠近岛弧一侧粗碎屑岩发育，火山物质较多，靠近盆地中心则以细碎屑岩为主，仅发育一些火山凝灰岩纹层。弧后盆地发展的晚期，水体逐渐变浅，盆地物源区的岩浆弧剥蚀殆尽，形成碳酸盐岩台地。以碳酸盐岩为主要的物源补给，形成一套白云质浊积岩堆积于坡底，覆盖于早期长英质浊积岩之上。随后三里岗洋消亡，"随应地块"拼贴到扬子陆块，最终形成统一的扬子陆块，奠定现今的扬子陆块格局。在约 780 Ma 后其上形成一套陆相磨拉石沉积（即莲沱组）角度不整合覆盖全区，整个造山过程结束。

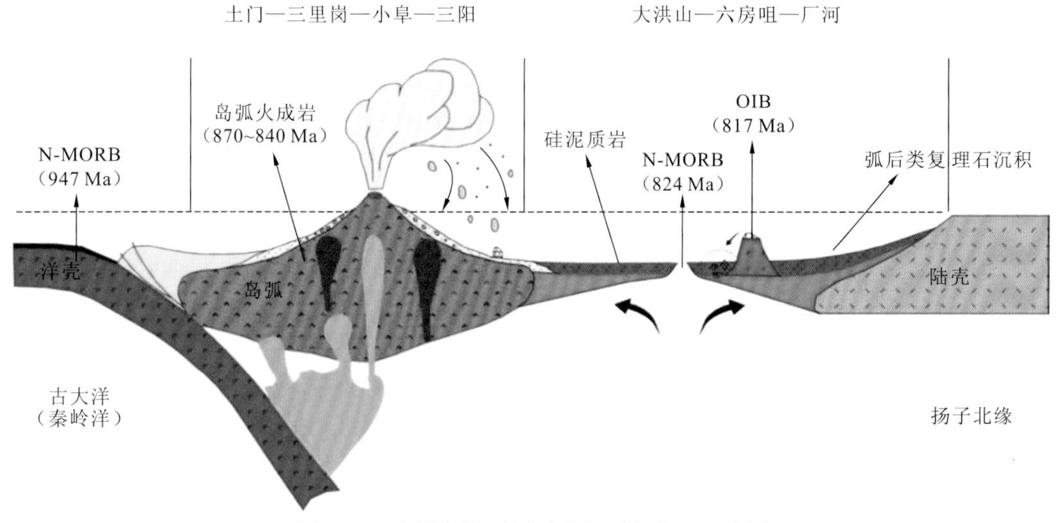

图 4.18　大洪山地区新元古代弧盆体系示意图

综上所述，区内可能记录了较为完整了新元古代罗迪尼亚超大陆演化的物质记录，而各地块各套物质的成因及其间的配套关系均存在很大争论。这些问题不但造成了对扬子北缘新元古代晋宁运动的表现、构造演化过程认识的困惑，而且制约了该区人地构造格局的划分，仍需要进一步深入研究。

4. 新元古代构造格局与演化

新元古代扬子北缘为典型的多岛洋格架，划分为“三块两带”，新元古代早期（940～800 Ma）发生洋内俯冲和弧陆碰撞，中扬子陆块、武当—随枣微陆块、陡岭微陆块完成拼合，形成统一的扬子陆块；新元古代中期（780～710 Ma）扬子陆块北缘经历了洋陆俯冲，发育陆缘弧与弧后盆地，形成以武当岩群为代表的弧后伸展裂解物质组合；新元古代晚期（约 630 Ma）扬子陆块处于陆内背景，发育了具陆内裂解特征的 A 型花岗岩、镁铁-超镁铁质岩体和耀岭河岩组以基性火山碎屑岩为代表的岩石组合，代表了罗迪尼亚超大陆在扬子陆块北缘裂解最晚阶段的产物。

4.4.3 古生代陆缘裂谷体系

1. 古生代早期被动陆缘裂谷带

1）陆缘裂谷形成演化的沉积记录

襄樊—广济断裂以北的南秦岭区，在南华纪—早古生代处于以伸展为主的环境，大致经历了两次裂谷裂解-关闭过程。南华纪时期，形成扬子北缘北西向（武当—随县）陆缘裂谷，初期形成一套近源快速堆积的陆源碎屑岩组合并夹少量火山岩喷发沉积。随着裂解作用进一步地发展，火山活动加剧，形成大套基性-酸性双峰式火山喷发沉积组合。该套基性火山岩主要为拉斑玄武岩，有少量碱性玄武岩，构造环境投影点同时跨及造山带与非造山带、岛弧火山岩区和大陆火山岩区，且以前者为主。此后经历短暂宁静期，接受了细粒陆缘碎屑复理石-冰碛泥、砾岩-砂泥岩沉积。其后裂解作用再次发生、加剧，形成一套以基性为主夹少量酸性的双峰式火山喷发沉积和陆缘碎屑岩沉积。该火山岩中碱性玄武岩明显增多，投影点主要落于大陆（裂谷）火山岩区。晚期，裂谷扩张停止，转入震旦纪稳定碳酸盐岩台地沉积。

中寒武世始，新的裂解活动开始，扬子、南秦岭区的分化逐渐明显，曾家坝断裂、两郧断裂夹持的武当山地区、新城断裂和襄广断裂夹持的随南柳林—三里岗地区，代表了同期裂谷中央带，形成寒武纪—奥陶纪外陆棚-盆地相的竹山组碳泥质碎屑岩夹泥碳质灰岩、基性火山喷发沉积，双尖山组含碳质灰岩、含泥质硅质灰岩、硅质泥岩、粉砂岩夹玄武岩沉积，古城畈群粉砂质泥岩、钙质泥岩夹玄武岩、辉斑玄武岩沉积；裂谷南侧裂谷边缘拗陷区，形成巨厚的陆源碎屑岩与碳酸盐岩堆积，并发育重力流沉积。随着海侵进一步扩大，奥陶系接受了高桥组泥岩、钙质泥岩夹硅质泥岩、泥灰岩沉积及权河口组粉砂质泥岩、粉砂岩和细砂岩沉积；裂谷北侧沉积演化与南侧基本一致，自下而上沉积了以碳酸盐岩为主夹少量碎屑岩的陆棚相沉积。对武当地区杨家堡组进行沉积学、岩石学、地球化学研究，表明杨家堡组硅质岩的硅质来源与海底热液活动关系不大，更可能来自生物自身或为其活动的产物。该组下部硅质岩形成于被动陆缘环境、向上逐渐变为远洋盆地环境，记录了寒武纪时期扬子北缘被动陆缘裂谷盆地不断扩大、水体逐渐变深的过程。

早志留世裂解活动达到最大化，且裂谷中心不断向南东迁移，志留系的沉积顶界由北向南抬升，显示早古生代裂谷盆地由东向西依次抬升关闭。早志留世早期，两郧一带接受上津组浅海陆棚碎屑岩沉积；两竹一带沉积了大贵坪组硅质、碳泥质岩系和梅子垭组陆屑浊积岩夹基性火山碎屑岩；随枣一带则接受兰家畈岩组以基性火山熔岩、火山碎屑岩为主，夹少量碳质泥岩、碳硅质岩、生屑灰岩和粉砂质泥岩的沉积。值得注意的是，兰家畈岩组的岩石组合具有类似远洋盆地沉积组合特点，可能代表扬子北缘早古生代的裂解已达到初始洋壳的程度，保留了洋岛—海山、枕状玄武岩、硅泥质建造组合。中晚志留世构造背景由伸展转为挤压，扬子北缘裂谷逐渐关闭，在两竹地区接受竹溪组粉砂质泥岩、生物屑灰岩、泥灰岩夹细砂岩、粉砂岩的沉积，而在随南则接受金桥组粉砂岩、粉砂质泥岩、细砂岩夹泥灰岩的沉积。同期活动断裂向南迁移至两竹—随南一带，活动区域缩小至两竹断裂与曾家坝断裂夹持的区域，以下志留统的基性火山喷发沉积为代表，同时发育碱性超浅成侵入体就位，其岩石化学特征显示具造陆抬升岩浆活动的部分特点，可能代表了裂谷的关闭。

2）基性碱性岩带与陆缘裂谷

早古生代在武当地块和北大巴等地广泛发育一套同期的基性岩墙群、碱性岩脉与碱性火山岩组合。北北东向的火山-侵入杂岩区与构造带组成了北大巴山-随南地区早古生代的基本构造格架。

岩浆岩体一般多呈岩墙、岩床侵入于古生界地层中，主要侵入于奥陶系及下志留统中。岩体规模较大，呈明显脉状，长轴方向和区域构造线方向一致，总体定向性明显，呈北西—南东向产出，总体走向为 310°～330°，倾角为 50°～80°。与围岩呈侵入或构造平行接触，岩床与围岩呈整合接触，底部具数厘米宽的冷凝边。主要岩石类型为辉绿岩、辉长岩、辉绿玢岩及辉长辉绿岩、辉石闪长岩等。部分侵入体内部具有较明显的分异现象，基本岩序一般循成分演化呈现出辉长岩-辉绿岩-辉绿玢岩、辉绿岩-辉绿玢岩（辉长玢岩）等岩性带组合形式，循结构演化呈现出细-中粒、细-粗粒、细-中-粗粒等岩性带组合形式。岩浆活动时间主要集中在早古生代中晚期，岩体形成时代为晚奥陶世—早志留世，例如辉绿岩的 Ar-Ar 年龄变化区间为 471.4～431.9 Ma，依据近年来高精度年代学结果表明区域岩体主要成岩时代为早志留世（440～430 Ma）。

火山岩主要分布在红椿坝断裂以北、紫阳县篙坪河以南，汉江以北的地区。《1∶25 万安康市幅区域地质调查报告（修测）》（陈高潮 等，2008）认为斑鸡关岩组粗面质熔岩、粗面质火山碎屑岩以夹层的形式出现于碳（硅）质板岩之中，以溢流相裂隙式喷发为特征，平面上北西—南东向线状延伸明显。上述熔岩、火山岩多为碱性粗面岩，类型多样，北部富水河—汉王城一带，以溢流相粗面熔岩为主，夹少量沉火山碎屑岩；南部燎原—焕古滩一带，以爆发相为主，发育火山碎屑熔岩、沉火山碎屑岩，反映火山喷发中心在焕古滩—香炉山一带。

2. 古生代中期构造古地理新格局

造山带内广泛发育的泥盆纪地层是揭示秦岭造山带古生代中期的洋陆演化、地块构造属性和大地构造背景的良好载体。对南秦岭内部淅川地区泥盆纪砂岩进行了岩石地球化学分析和锆石 U-Pb 定年，结果显示泥盆纪砂岩具有中等的成分成熟度及一定程度的沉积再旋回特征，源区物质成分以上地壳长英质岩石为主。碎屑锆石的年龄区间主要集中在新元古代晚期—古生代（0.4～0.63 Ga）、新元古代（0.7～0.9 Ga）和中元古代（1.0～1.6 Ga）三个年龄段，并存在少量古元古代和中—晚太古代年龄。综合分析认为，淅川地区泥盆系主要形成于被动大陆边缘环境，其物源可能主要为南秦岭自身隆升的基底和构造高地，并未接受来自北秦岭的物质，沿商丹洋的俯冲增生可能未影响到南秦岭内部。

4.4.4 中新生代大陆造山体系

印支期是中国南北大陆板块碰撞拼贴的重要时期，受古特提斯洋闭合的影响，扬子地块与华北板块在中三叠世自东向西发生斜向汇聚碰撞。总的来说，从中晚三叠世开始，区内进入大陆造山体系，并经历了大陆碰撞造山、陆内造山、陆内伸展等多阶段演化。

1. 印支期碰撞造山构造

近年来，随着中国地质调查局在武当—桐柏—大别成矿带内 1∶5 万区域地质调查、专项研究项目的实施，湖北省地质调查院和中国地质科学院矿产资源研究所等单位通过大比例尺科研填图及系统的研究，先后在竹山地区识别出中生代“竹山构造混杂岩带”、在十堰黄龙地区识别出十堰黄龙—丹江口中生代增生杂岩带、在随南地区识别出均川—洛阳店中生代混杂岩带（王宗起 等，2016）。多条中生代构造混杂岩带的识别，对区内传统的构造格局认识提出了挑战。

1）竹山中生代构造混杂岩带

竹山中生代构造混杂岩带位于十堰市竹山县宝丰—深河一带，向西延伸至竹溪、平利地区，向东沿城口—房县断裂北侧延伸至房县地区。按造山带构造地层单位划分原则，区分出基质和岩块两类构造岩石组合，建立了 7 个构造岩片组合：①玄武岩岩片；②深海碳硅泥质岩岩片；③碳酸盐岩岩片；④辉石岩岩片、⑤中酸性火山岩岩片、⑥碎屑复理石岩片、⑦钙质复理石岩片。岩块与围岩（基质）之间为断层关系，具低绿片岩相变质特征。其中石灰岩为外来滑混岩块，基性火山岩（玄武岩）多为洋岛-海山环境，硅质岩形成于远离大陆靠近洋中脊的深海盆地。在碳酸盐岩岩片中酸性火山岩夹层获得（436.2±4.8）Ma 的成岩年龄，在碎屑岩基质中获（434.06±4.0）Ma 的最小年龄，玄武岩岩片的形成时代较复杂并获得一批 250 Ma 的年龄信息，表明该构造混杂岩带形成于中生代。岩石地球化学研究表明存在着岛弧、洋岛等多种构造环境的火山岩。该发现为研究南秦岭大地构造的演化，尤其对确定勉略带是否东延至湖北省，以及湖北省古生代构造单元的划分，具有重要的现实意义。

2）黄龙—丹江口中生代增生杂岩带

通过大比例尺调研，确定在黄龙—方滩地区和丹江口银洞山地区存在中生代增生混杂带，该混杂带包含中晚泥盆世（381.6 Ma）的洋岛火山沉积序列、主体物源为新元古代（612.0 Ma）的大理岩块体，孢粉化石时代为泥盆世的碳硅石板岩岩块，新元古代镁铁质岩块，其中获得基质最年轻一组的峰值年龄为 221 Ma，表明该构造混杂带由多种不同时代、不同类型、不同成因的岩块组成，表现出“block-in-matrix”结构的特殊岩石单元特征（图 4.19）（王宗起 等，2016）。最终形成于中晚三叠世，岩块和基质构造环境分析为大洋型具有增生杂岩带物质组成的性质。同时，在十堰南大川一带武当岩群不仅存在新元古代的沉积物源，同时可能包含晚古生代的沉积物源，古水流方向表明物源来自武当北部，显示该地区在古生代—中生代也经历了北向俯冲-增生造山作用，形成了多条复理石沉积与混杂带的交互产出，地表显示为韧性剪切带夹杂构造岩块。此外，武当山内部最新获得了大量前人未报道的印支期年代学证据（250～220 Ma），岩石化学特征表明这一系列基性侵入岩的形成可能与俯冲相关，侧向证明武当地区中生代存在俯冲-增生造山作用。

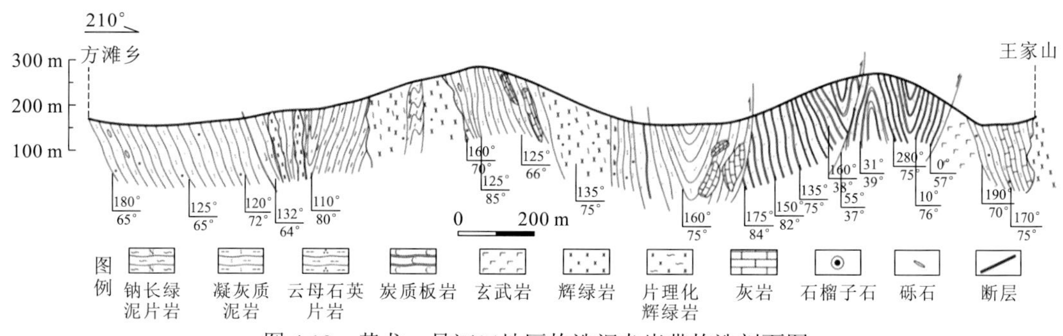

图 4.19　黄龙—丹江口地区构造混杂岩带构造剖面图

3）均川—洛阳店中生代混杂岩带

基于路线地质调查和室内研究，确认随州均川—洛阳店—柳林—三里岗存在多期不同成因混杂带。首先，原震旦纪—寒武纪—志留纪地层不具有有序地层特征，其中均川南表现为硅质岩块体、碳酸盐岩块体、玄武岩块体包裹于砂岩和泥岩中，洛阳店地区表现为硅质岩和石灰岩呈块体包裹于玄武岩和凝灰质砂岩中。在原划早古生界兰家畈岩群柳林南和洛阳店地区分别获得了(266.4±5.3)Ma 和约 220 Ma 的锆石 SHRIMP U-Pb 同位素年龄(王宗起 等，2016)。其次，随南柳林—大洪山地区中前人划归的震旦纪—泥盆纪地层，野外产状和同位素年代学显示其是由不同时代、不同岩性的块体或岩片组成的混杂岩带，与北大巴山地区较相似。再次，原花山蛇绿岩主要表现为新元古代（840 Ma）岛弧-弧后盆地性质的英安岩-玄武岩组合，可能代表了扬子北缘新元古代俯冲造山作用，与城口岛弧杂岩、西乡和碧口新元古代杂岩对比，其内部是否存在晚古生代-中生代增生碰撞造山产物，目前尚无证据。

2. 燕山早期陆内造山构造

在东亚地区多向汇聚动力学体系格局形成过程中，武当—桐柏—大别造山带发生了强烈的陆内造山作用，在造山带内部形成强烈的基底逆冲推覆构造，在其南缘则形成了著名的大巴山弧形前陆褶冲带和大洪山弧形前陆褶冲带。

1）主要边界断裂特征

（1）襄樊—广济断裂。襄樊—广济断裂带为分割桐柏—大别造山带和扬子地块的分界线，造山带变质岩层沿该断裂向南逆冲在未变质-浅变质的扬子陆块北缘岩系之上。识别出襄广断裂经历的 5 期构造变形。D_1 期构造变形形成于扬子板块向华北板块陆-陆俯冲的峰期阶段（234～231 Ma），大别造山带变质片岩逆冲在扬子北缘古生代盖层之上。D_2 期变形主要在燕山期（170～160 Ma），襄广断裂卷入陆内挤压构造，伴随南北陆块的持续汇聚，襄广断裂变形带向南扩展，早中侏罗世沉积的前陆盆地卷入变形，以发育纵弯褶皱和褶皱相关的高角度断层为特征。D_3 期构造（143～138 Ma）仅在断裂东段发育，表现为大别造山带向扬子前陆的顺时针旋钮式逆冲推覆。D_4 期构造变形大约在 140～90 Ma，来自江南—雪峰陆内造山带（江南隆起）的自南而北的陆内挤压，将襄广断裂东段总体倾向北东的构造面转换为总体倾向南的构造面。而深部（中下地壳）构造形态则变化不大，仍保持自北向南逆冲的构造形态。D_5 期构造变形形成于早白垩世后，襄广断裂进入伸展正滑构造阶段，沿襄广断裂发育了一些小规模的晚白垩世红盆。

（2）新黄断裂。桐柏—大别造山带南缘一条重要的边界构造带，为一韧性逆冲、韧性走滑、脆性逆冲和脆性正滑多期多次联合作用的复杂断层。西起南阳盆地东缘的河南新城，东过黄陂至浠水马垄镇，被郯庐断裂带截切，走向为北西—南东向。断层两侧地质体变质变形特征差异巨大。其南侧为蓝片岩-绿片岩相中浅变质的随州—应城—张八岭构造带，而其北侧则为深变质的高温-超高压变质带，普遍经历了高角闪岩相、麻粒岩相变质作用，甚至出现混合岩化。构造带内发育有混合岩、L 构造岩、糜棱岩、初糜棱岩等，拉伸线理呈北西向近于水平，由长石碎斑系构成的 S-C 构造指示了顶部指向北西的剪切方向，形成于燕山期构造挤出造山阶段。剪切带中石英的电子背散射衍射（electron back scattered diffraction，EBSD）组构分析表明，石英光轴的优选方位环绕 *Y* 轴（平行于片理，垂直于线理方向）构成一个显著的大圆环带，大圆环带上存在两个极密，极密靠近 *Z*0 轴（垂直于片理），主体呈单斜对称形式，表明其以简单剪切变形为主。石英光轴优选方位的不对称性指示了顶部指向北西方向的剪切运动，与镜下显微构造尺度所观察到的结果相一致。韧性剪切带受后期脆性断裂改造明显，后期脆性断裂带中破碎蚀变较强，发育碎裂岩系列，具有右旋张扭特征，沿该断裂带，发育有一系列北西西向的白垩纪山间磨拉石盆地，盆地内的砾石成分以长英质糜棱岩为主。沿该断裂带的早期花岗岩中获得约 220 Ma 的变质年龄，指示其在印支期存在活动，但印支期的构造性质等还需进一步研究。

2）前陆褶冲带构造特征

大洪山弧形构造带分布于扬子北部青峰—襄樊—广济断裂带南西侧，呈近东西向经青峰镇南延至神农架以西与大巴山弧形构造带相连。从房县青峰镇近东西向向东延至襄樊转向南东向，经随南、京山一带延至广济，总体呈现向南凸出的弧形。它是一个因青峰—襄樊—广济和新城—黄陂等古老断裂的活化而发育的陆内造山带，发育时间为中侏罗世晚期—晚侏罗世，使得荆当盆地内上三叠统王龙滩组、侏罗系桐竹园组、花家湖组等地层卷入褶皱，并与上覆白垩纪地层呈角度不整合接触。构造线方向为北西向，向南西扩展时因受制于黄陵古陆核而偏转为北北西向，在房县至保康一带因受武当隆起的影响而成近东西向。

大洪山弧形构造带以襄广断裂和阳日断裂为分界线可将沉积盖层区划分为三个构造小区，由北向南依次为造山带外带、前陆褶冲带和地块边缘变形带。所限定的三个构造区构造变形特征存在明显差异，北侧以脆性-脆韧性剪切为特征，显示造山带外带的变形形迹，中部形成一系列北西西向的逆冲推覆断层及与之相匹配的褶皱，表现出典型的褶皱冲断变形特点（前陆褶冲带）；南侧具典型的地块边缘变形特点，出露开阔的东西向、北西向斜歪背、向斜褶皱和与之相伴生的近东西—北西向逆冲断裂。构造变形样式为地壳浅构造层次的褶皱和逆冲断裂组合。剖面上呈叠瓦状，具由北向南逆冲的特点，同时伴随一系列北西向紧闭线性褶皱（冲褶）的形成。平面上，由北向南褶皱形态由倒转-紧闭-正常，变形逐渐减弱。一般背斜呈北缓南陡的不对称状，指示应力方向为由北向南逆冲。褶皱变形形态与岩石的能干性有关，在寒武纪—志留纪地层中变形相对强烈，褶皱更为紧闭，在泥盆系及以上的地层褶皱相对较宽缓，且劈理不发育。

通过区域地质调查与资料收集，识别了区内发育三套主要滑脱层，从大洪山北东往南西方向，滑脱层从北东往南西逐渐抬升，表现为前展式叠瓦状滑脱构造系统。同时以滑脱层为界面将构造带垂向上划分为基底构造层（扬子区前寒武系基底）、下构造层（早古生代石灰岩、泥页岩层）和中构造层（奥陶系滑脱层、志留系滑脱层）。中构造层主要由奥陶系—志留系组成，构造组合样式以紧闭同斜褶皱为主，断层很少冲出地表，向下可能交会于寒武系滑脱层中。下构造层主要以早寒武纪泥质页岩为主滑脱层，滑脱面上盘和下盘构造变形特征明显不同，寒武系的软弱岩层多发生褶皱甚至揉皱，一般以斜歪褶皱、倒转褶皱、大型箱状褶皱为主，而下盘震旦系灯影组白云岩或寒武系石龙洞组则以断裂作用为主要变形方式，劈理、构造裂缝发育。隐伏的基底构造层作为区内最深层次的滑脱层，构成区内滑脱系统的共同底板冲断层，向南西方向控制了整个褶冲带变形的深度。该滑脱层沿北东方向向深部汇入襄樊—广济主滑脱断裂带，形成以该滑脱面为共同底板冲断层的叠瓦断裂带。

3. 燕山晚期陆内伸展构造

燕山晚期，即白垩纪晚世以来，武当—桐柏—大别地区的构造体制由前期收缩挤压褶皱造山转变为造山后伸展均衡调整，构造体制由挤压背景转换为伸展减薄构造背景。岩石圈的拉张减薄，产生深大断裂和裂谷扩张，在地壳上部以脆性变形、滑脱、拆离为主，形成了不同规模的断陷盆地、重力滑脱构造和大规模岩浆侵位，破坏了早期构造的完整性。

1）断陷盆地

白垩纪—古近纪，在区域性伸展构造背景下发育了许多大小不等的陆相红色断陷盆地、拗陷盆地或走滑拉分盆地。区内中新生代陆相盆地主要有南襄盆地、郧县—郧西盆地、宝丰盆地、房县盆地、随州盆地等，它们于晚白垩世才接受沉积，形成了一套冲积扇-浅湖相的红色磨拉石建造，盆地基底受早期近东西向—北西向的构造控制，且与下伏基底均呈角度不整合或断层接触关系，呈近东西向或北西向展布，多为南断北超的断陷盆地。

2）巨量花岗岩侵位与隆升

伴随构造体制转换，中国东部处于伸展构造背景，发生大规模花岗岩侵位，包括大别造山带、长江中下游、胶东半岛、燕辽地区。大别造山带大规模岩浆事件主要发生于早白垩世，研究表明具有如下特征：早期花岗岩（145～135 Ma）具有高 Sr/Y 和 La/Yb 质量比值的埃达克岩性质，晚期花岗岩（130～120 Ma）具低 Sr/Y 质量比值的正常花岗岩特征，并且这两类花岗岩均形成于伸展体制过程中。在随枣地区西北部七尖峰地区沿北西向断裂发育七尖峰岩体，测得其锆石 U-Pb 年龄为 140 Ma，代表了岩体的形成年龄。地球化学数据显示其源区残留相以角闪石为主，具与后碰撞埃达克岩类似的特征，可能是由早白垩世加厚下地壳含石榴石角闪岩在754～762 ℃条件下部分熔融形成。在岩体东西两侧发育纵弯式穹隆、正断层、走滑断层等伸展构造，且获得岩体中榍石U-Pb年龄为110～120 Ma，可能代表了岩体隆升的时限。

4.4.5 喜山期构造变形

近年来区域地质调查研究发现，在中国大陆的大多数地区，白垩系与古近系为整合或平行不整合接触，而和其上的新近系呈角度不整合接触，说明构造作用的高潮阶段发生在古新世末期，是喜马拉雅造山作用的远程效应。扬子北缘喜山期构造形迹相当明显，在长阳地区、武当地区、大洪山地区、木兰山地区和四望地区均可见及。为了便于对比，考虑叠置关系识别等，选择随南大洪山地区为例简述其特征。

在大洪山（随南）地区，喜马拉雅期构造作用十分强烈，受其影响原扬子地层区地层整体向北移动，压盖了大洪山隆起背斜北翼地层，造成早古生代时期（斜坡相？）物质的缺失，致使扬子克拉通未变质的沉积地层直接与已变质的裂陷槽盆沉积物接触。随着强烈的挤压逆冲，沉积地层覆盖在白垩纪—古近纪红层之上，以发育浅表层次脆性逆断层为特征。区域上，湖北省从西部至东部均具该特点，但其推覆距离尚需进一步研究。由于该期构造层次极浅，仅发育一系列的脆性逆冲断层。区内主要发育有板桥—三阳断裂、板凳岗断裂、云雾寨断裂、客店坡断裂等，具如下特征。

（1）断裂呈北西向展布，规模一般较巨大，呈向北东突出的弧形。断裂面向南倾，倾角在20°～30°，前锋相对较陡，在30°～70°，局部出现翻转。且随着构造部位的不同其产状也不同，但总体十分平缓。

（2）常由一系列断层组成叠瓦状逆冲断裂系，并切割了早期北西向断裂，在平面上呈网状，表现为一系列的断块构造，使地层出露不连续。

（3）断裂两侧地层受断裂的改造较弱，仅断裂带内及附近的岩石遭受明显的挤压作用。发育断裂破碎带，带宽为5～1 000 m。其中发育碎裂岩、构造角砾岩或碎裂岩化岩石，岩石硅化、褐铁矿化十分发育。在断裂下盘附近岩石中常伴随挤压片理化带。

（4）在断裂的前锋地带，常造成地层由南向北发生大规模的逆冲，如三里岗、小阜街，常见有扬子地层区震旦系、寒武系逆冲于白垩纪—古近纪红层或造山带区地层之上，在宜城的新街一带形成构造窗，在耿集、三里岗等地形成飞来峰构造。

4.5 构 造 演 化

武当—桐柏—大别造山带是横亘中国大陆中部的一个巨型山链。出露最古老的基底物质，历经长期多次不同规模的多个中小板块与块体的反复分裂拼合，洋陆俯冲造山到最后具陆-陆碰撞造山和陆内造山的独特特征。武当—桐柏—大别成矿带历经长期演化可概括为太古宙—古元古代基底形成、中元古代裂解、新元古代汇聚、早古生代末裂解、晚古生代汇聚和中新生代陆内造山演化等阶段（表4.9）。

表 4.9 研究区地质事件一览表

地质发展阶段	构造期（旋回）	地质时代 宙	代	纪	时限/Ma	沉积事件	岩浆事件	变质事件	构造变形及其他	
陆内发展演化阶段	喜山期	显生宙	新生代	第四纪		山前堆积、洪冲积、残坡积等			差异升降、剥蚀夷平	环太平洋构造域
				第三纪	24.8	断陷盆地火山-沉积建造、磨拉石建造	①盆地大陆拉斑玄武岩 ②同造山或稍晚地壳重熔花岗岩	绿片岩相退变（M_5）	由南向北脆性逆冲	
					23.3					
	燕山期		中生代	白垩纪	66±2				断块隆升及拆离构造韧-脆性变形	
				侏罗纪	135±2	①被动大陆边缘火山-碎屑（复理石）沉积 ②主动大陆边缘碎屑-碳酸盐岩沉积	大陆边缘-岛弧火山岩系列	绿片岩相-绿帘角闪岩相-角闪岩相 具典型双变特点：(M_4) 俯冲盘：低温高压变质 仰冲盘：高温低压变质	晚期：A 型俯冲（陆-陆碰撞造山） 早期：B 型俯冲，汇聚板块边缘的各种变形	
	印支期			三叠纪	205					
汇聚及大陆形成及演化阶段	华力西期		古生代	二叠纪	250					
				石炭纪	285±5					
				泥盆纪	355±5					
裂解阶段	加里东期			志留纪	405±5	①早寒武世台地正常沉积 ②中寒武世为裂解环境沉积 ③志留纪早世出现深水沉积	以大洋拉斑玄武质熔岩为主的双峰式水下喷出岩（细碧-角斑岩建造及基性、超基性侵入岩）	绿片岩相及更低级变质（自变质作用）	板块离散	
				奥陶纪	435±5					
				寒武纪	500±10 570					
汇聚及新大陆形成演化阶段	震旦期	元古宙	新元古代	震旦纪	（600）	晚期：碎屑-碳酸盐岩沉积建造（含磷建造）	①大陆边缘岛弧火山岩（侵入）岩 ②安山质-流纹质岛弧火山岩	①同晋宁期：具典型双变特点：（M_3）（测区处于仰冲盘：榴辉岩相变质） ②晚期：弧后盆地关闭作用蓝闪绿片岩相变质	板块碰撞：由北向南俯冲；造山带具典型的沟-弧-盆体系（展布：北→南）	
	晋宁期			南华纪—青白口纪	800	早期：测区为大陆边缘（岛弧）火山-沉积环境，木兰山区则为弧后盆地沉积环境				
裂解阶段	四堡期		中元古代	蓟县纪	1 000	裂陷槽沉积	离散环境的双峰式火山岩，大洋拉斑玄武质熔岩	?	板块裂解	
				长城纪	1 400					
大陆形成及演化阶段	吕梁期		古元古代	滹沱纪	1 800	稳定大陆边缘沉积 ①碎屑-碳酸盐岩建造夹双模式火山-沉积组合 ②富铝片岩组合（孔兹岩系） ③苏必利尔型 BIF 建造	?	?	早元古代末，陆块汇聚增生，2 000 Ma 出现初始裂谷	
	大别期	太古宙	新太古代		2 500		中酸性为主	麻粒岩相（M_2）	陆核汇聚增生	
陆核的形成及发展演化阶段	阜平期				2 600	绿岩沉积为主 （阿尔戈马型 BIF 建造） ?	基性火山岩+TTG ?	绿片岩相（角闪岩相） （M_1）?	陆核形成	
	迁西期		古太古代		2 900					

注：“？”表示目前尚无法确定。

1. 太古宙

太古宙为早期造陆阶段，以花岗-绿岩地体的形成为特点，形成时代应在 2 600 Ma 之前。花岗-绿岩地体是中新太古代古陆造陆阶段的产物。

在新太古代末期，大别运动（微板块汇聚增生）使研究区受到了明显的改造，形成大量的同构造钙碱性侵入岩，绿岩物质发生麻粒岩相前进变质作用。以稳定大陆形成为标志，预示着大别运动的结束，此时，该区转入了相对稳定的“地台”演化阶段。

2. 古元古代

古元古代的物质由于后期构造改造及花岗岩的侵位破坏，未发现其与太古代地层直接接触，但从区域资料分析，古元古界与其下伏地层无论在物质组成及其反映的环境，还是在变质变形方面均存在很大差别；从空间分布看，太古代物质呈不同形态残留于花岗岩之中，总体呈卵圆形。古元古代物质以较完整的形态围绕太古代物质分布，形成平面上的穹隆构造。

古元古界以表壳沉积为特点，出露一套稳定环境沉积物组合：苏必利尔型铁建造（BIF）、孔兹岩建造及碎屑-碳酸盐岩建造等。古元古代末期，区内古老结晶基底中存在 2.0～1.8 Ga 的岩浆作用或高级变质作用事件记录，其形成可能与哥伦比亚超大陆聚合与裂解有关。

3. 中元古代

中元古代研究区（可能）经历了从裂谷到大洋的全过程。大别山地区的福田河片麻岩岩组和西张店基性火山岩岩组是中元古代沉积物质的残留。晋宁造山运动使区内中元古代的物质部分剥蚀，其上直接覆盖了新元古代同造山及造山后的沉积物质。扬子板块区则以相对稳定的“地台”型碎屑 碳酸盐岩沉积建造为特点（打鼓石群、神农架群）。

4. 中元古代末—新元古代早期

1）武当—桐柏—大别地区

桐柏—大别地区相当于岛弧（大陆火山弧），武当—随枣及大别南坡相当于弧后盆地环境。

（1）桐柏—大别地区：广泛分布 I 型花岗岩及大悟大磊山、双峰尖及蕲春黄厂地区的安山岩-流纹岩组合。

（2）武当—随州地区及大别山南侧发育一套活动大陆边缘-弧后盆地的沉积物质。

它们经历了从大陆边缘火山-碎屑沉积到裂谷早期双峰式火山-沉积直至裂谷晚期的裂谷沉积（耀岭河岩组）。

2）扬子北缘大洪山地区

扬子陆块北缘的大洪山地区在新元古代中期遭受俯冲增生造山作用，形成了以三里岗岩浆弧和花山弧后盆地为主的弧-盆体系，岩浆弧的主体形成时代为 870～840 Ma，弧后盆地中基性岩和碎屑岩的主体形成时代为 820～790 Ma，其上被约 780 Ma 形成的莲沱组砾岩呈角度不整合覆盖，大致约束了该弧盆系的闭合时限。

5. 新元古代末期

随着造山作用的结束及弧后盆地的快速关闭，大别地区新元古代末期转化为稳定陆台环境，出现陡山沱组的普遍含磷、锰沉积和灯影组的碳酸盐台地沉积。从这一点看，区内的含磷、锰等沉积与扬子板块含磷锰沉积均是新元古代晚期的沉积物质，而非中元古代早期的沉积物。

6. 古生代时期

古生代大别地区经历了与中元古代大体相似的块体裂解演化过程，此次裂解沿吕王—高桥—浠水一线（中脊），西延与秦岭造山带的蛇绿混杂岩（二郎坪群？）带相连，东延与浠水蛇绿混杂岩带相连。区域物探资料解译成果，也证明了该带的存在。以此带为界，北侧总体属华北板块，而南侧应是扬子板块的一部分。

早古生代时期，从稳定的大陆环境向裂解环境转化。

早寒武世为稳定陆棚边缘环境，中寒武世发生裂解，至早志留世，裂解最大，形成了二郎坪？—高桥—永佳河—浠水洋槽。

晚古生代，秦岭洋槽从离散型逐渐转变为汇聚型。即扬子板块向华北板块靠拢并发生俯冲作用（B 型俯冲，以洋壳俯冲为主，具单侧造山特点）。

区域上，随州地区以大陆-过渡型裂谷为特点，裂谷系贯穿竹溪—随南地区。扬子板块北缘（京山地区）寒武系—奥陶系中出现金伯利岩、钾镁煌斑岩；随州地区寒武系—奥陶系有大量碱性火山岩、碱性侵入岩和基性侵入岩等，其主体应属大陆裂谷系沉积物质，而非大洋型沉积。裂谷延伸到随南地区，基性物质增多（局部出现超基性火山岩），表明裂谷水体变深，可能与东侧的大洋相连。大别山北坡的北淮阳地区早古生代沉积物质也多以基性-碱性火山沉积为主，缺失超基性物质，它们与随南地区早古生代沉积物相似，属相似环境。它们与二郎坪—高桥—浠水洋裂一起组成区域上的三叉状裂谷系。

7. 中生代以来的地质构造演化

1）陆-陆碰撞（A 型俯冲）阶段

这一时期，主要表现为俯冲-碰撞造山阶段，具典型板块汇聚双变质带的特点。以（二郎坪？）—高桥—浠水蛇绿混杂岩带为界，南侧属俯冲盘，北侧表现为仰冲盘的特征。

（1）早期。随着“秦岭洋”的消减，扬子板块在洋壳的俯冲牵引下，与华北板块发生碰撞（即 A 型俯冲），在俯冲带两侧，岩石的变形变质特点不同，在俯冲盘发生顺层、顺片剪切变形作用及不同深度带以低温-高压榴辉岩相为代表的前进变质作用；仰冲盘则发育科迪勒拉 I 型花岗岩及相应的变形与变质作用。

岩石以韧性剪切变形为特征，主要表现为以早期片（麻）理面为变形面的及晚期的伸展拆离，常形成不对称紧闭同斜褶皱、钩状褶皱及强应变带。伴随俯冲作用，武当—桐柏—大别造山带发生以热隆起为主的造山作用，在卡房—龟峰山小区形成以底辟形式上侵的具 I 型花岗岩成分特点的同构造侵入岩。

（2）晚期。该区经历了十分复杂的陆-陆碰撞造山过程（双侧造山）。随着陆-陆碰撞的进行，地壳增厚，总体表现为以造山带南侧北侧彼此相向的倾斜界面的挤压楔出，表现为中浅层次的褶冲造山，并伴随着剪切拆离变形与绿片岩相后退变质作用。

造山晚期，随着构造作用的减弱，表现为挤压后的松弛调整，沿隆起两侧发育北西向正断层，形成断陷盆地。至此，武当—桐柏—大别造山带才真正完成了其主造山过程。同时，随着环太平洋构造域的兴起，从武当—桐柏—大别造山带的这一演化特点看，大别山地区具有阶段性和块段式抬升的特点。具体为此次构造活动表现为断块的差异运动和自东向西的逆冲推覆，形成北（北）东向构造系统，将北西向构造切割成若干块，区域上控制红层盆地的发展，常形成东断西超的断陷盆地。

2）喜山期构造改造阶段

喜山期主要表现为浅表层次的脆性逆冲推覆及相应的变形构造，是环太平洋构造域持续发展和喜马拉雅运动强烈活动时期，区内主要表现为扬子板块沉积物质由南向北逆冲至古生代甚至白垩纪沉积物之上（区域上，在随州、通山、长阳及梅川等地均可见及），该期构造向北可影响到武当—桐柏—大别造山带的南缘。

3）晚近时期

区内的构造活动以差异升降剥蚀夷平为主要特点，是环太平洋构造活动与喜马拉雅碰撞造山活动综合影响的结果。

▶▶▶ 第 5 章

地质构造过程与成矿

武当—桐柏—大别成矿带矿产资源丰富，矿种较齐全。截至目前已发现有金、银、铁、锰、锑、铜、铅、锌、钼、钨、铌、钽、铍、稀土、石墨、磷、钾长石、钠长石、金红石、夕线石、云母、脉石英、硅石、萤石、滑石、蛭石、瓷石、石煤、绿松石、重晶石、硫铁矿、大理岩、蛇纹岩、花岗岩、瓦板岩及膏盐等40余种矿产资源，大、中、小型矿床（点）200余处。其中优势金属矿种有金、银、铌钽-稀土，其他重要金属矿种有铁、锰、金红石、锑、铜、铅、锌、钼、钨等，具有集群成带分布特点。

5.1 沉积、岩浆、变质及构造等作用与成矿

武当—桐柏—大别地区主要成矿动力学背景有：新太古代陆核与TTG系列阶段体制，古元古代稳定沉积体制、中元古代裂解体制，震旦纪—早古生代稳定体制、早古生代末裂解体制、晚古生代汇聚-印支期造山体制、中新生代构造转换-伸展体制（表5.1）。

表5.1 武当—桐柏—大别成矿带主要成矿体制与成矿建造

成矿动力学背景	（变质）沉积成矿建造	分布地区	（变质）侵入岩成矿建造	分布地区
新太古代陆核阶段体制	稳定沉积、火山-沉积建造（磁铁矿、金红石）	大别山地区	变质基性-超基性侵入岩（金红石、铬铁矿、硅酸镍和蛇纹石）	大别地区
古元古代稳定沉积体制	变质表壳岩系（磁铁矿、金红石、铬铁矿、蓝晶石、夕线石、钾长石）	桐柏—大别地区	—	—
中元古代裂解体制	浅变质火山-沉积岩系（铜、铅、锌、金、银）	北淮阳、武当—随枣地区、大别山地区	变质基性-超基性侵入岩（金红石、铬铁矿、钛铁矿、伴生铂钯）	桐柏—大别地区
震旦纪—早古生代稳定体制	震旦系—寒武系碎屑岩-碳酸盐岩-硅质岩的黑色岩系（钒、钼、铀、镍、银、锌、磷矿、黄铁矿、重晶石）	武当—随枣地区、北淮阳地区	—	—
早古生代末裂解体制	以碎屑岩为主的变质火山-沉积建造	武当—随枣地区	志留纪基性-碱性岩-碳酸盐岩成矿建造（？） 加里东期中酸性侵入岩（金、银多金属）	武当—随枣地区、桐柏地区及西大别地区
晚古生代汇聚-印支期造山体制	泥盆纪金锑碎屑岩建造	武当—随枣地区	加里东期中酸性侵入岩（金、银多金属）	—
中新生代构造转换-伸展体制	中生代中酸性火山-沉积岩系（金、银、膨润土、珍珠岩、沸石）	北淮阳、随枣、大别地区	燕山期中-酸性侵入岩（钼、金、银、铅、锌、铜）	北淮阳、随枣、桐柏—大别地区

5.1.1 沉积成矿建造与成矿

现有资料表明，武当—桐柏—大别地区存在如下 7 种主要沉积成矿建造，其中以新元古—早古生代浅变质火山-沉积岩建造及震旦纪—寒武纪碎屑岩-碳酸盐岩-硅质岩的黑色岩系建造较为重要。

1. 新太古代绿岩组合

新太古代木子店岩组其原岩主要为一套麻粒岩相变质的基性、超基性岩石（变质科马提质岩石？），中、酸性火山沉积岩石（含紫苏辉石的各种片麻岩，主要是含紫苏黑云角闪斜长片麻岩类），火山喷气化学沉淀的含铁岩石（阿尔戈马型 BIF，包括各种含紫苏辉石的角闪磁铁石英岩等）及少量钙质岩石（含方柱石方解石大理岩、透辉石镁橄榄石方解石大理岩等）。这些物质组合在一起，共同显示出太古宙绿岩带物质的组合特点。

2. 古元古代表壳岩组合

以表壳沉积为特点，发育苏必利尔型 BIF 铁建造、孔兹岩建造及碎屑-碳酸盐岩建造等。

3. 中元古代碎屑-碳酸盐岩组合

中元古代，武当—桐柏—大别地区（可能）经历了从裂谷到大洋的全过程。卡房（新县）—大别地区的福田河片麻岩岩组和西张店基性火山岩岩组是中元古代沉积物质的残留。

4. 新元古代弧后盆地环境浅变质火山-沉积岩建造

新元古代浅变质火山岩系遍布武当—随枣、桐柏—大别地区的两侧。研究表明，区内裂解火山岩特别是晚期喷流沉积层富含多种成矿物质，构成了区域性含矿部位。部分矿种如铜铅锌在火山喷发阶段形成相关块状的硫化物矿床，而金银等成矿元素可能作为高背景场，在后期构造事件中活化改造成矿。武当—随枣地区发育的上述成矿建造内已发现一大批矿床（点）。如武当—随枣地区银洞沟银金多金属矿、白岩沟金矿、青龙庙多金属矿床及耀岭河岩组中陈家垭式磁铁矿等。

5. 震旦纪—寒武纪碎屑岩-碳酸盐岩-硅质岩-黑色岩系建造

覆盖于上述火山岩系之上的陡山沱组、灯影组及下寒武统以富含多种成矿元素而成为区内重要的含矿建造，该成矿建造的重要意义是为后期成矿（层控-构造岩浆热液型金银矿）提供大量的成矿物质，主要分布于武当—随枣—宿松、北淮阳地区。

目前，该成矿建造在武当—随枣地区找矿效果较为显著。如陡山沱组底部和中部发育有受层位控制的顺层滑动-破碎带型的白家山小型铜矿、佘家院银金矿、六斗枣树坪金矿、王家大山金铜矿及受层位控制的磷矿；灯影组上部和下部分别发育有受层位控制的铅锌矿床、寒武系下部黑色岩系中发育有受层位控制的钒、钼、铀、镍、银、锌、磷矿、黄铁矿、重晶石矿。鄂西北的独特矿产绿松石矿只产在寒武系碳硅质岩的构造破碎带中。

6. 志留系以碎屑岩为主的变质基性火山-沉积建造

扬子板块北缘，中寒武世转入裂解，发育基性-碱性火山岩，至志留纪裂解最大，发育以基性-超基性火山岩及侵入岩为特征，沉积了以碎屑岩为主的变质基性火山-沉积建造，控制着金、铜、锰和铅锌矿的分布，其中竹山一带的碳硅泥质沉积岩内伴有钒钼矿产出。

7. 泥盆纪碎屑-碳酸盐岩建造

泥盆纪主要为碎屑-碳酸盐岩建造，控制了锑、金矿展布，其中中泥盆统分布有锑（汞）矿，上泥盆统分布有金矿。

8. 中生代中酸性火山-沉积岩建造

北淮阳地区中生代盆地中发育的一套河湖相碎屑岩、中酸性火山岩和火山碎屑岩具有较高的金银背景值，是次火山岩型-浅成低温热液型金多金属矿的赋矿层位。

9. 新生代断陷盆地碎屑岩建造

区域内发育多个新生代断陷盆地，沉积了一套粉砂岩、泥岩夹砾岩及少量的泥灰岩建造。不同断陷盆地分别控制了不同矿产，如湖北云应凹陷盆地控制了大型膏盐矿床，鄂豫南阳盆地控制了大中型石油、天然气、天然碱矿床，湖北枣阳兴隆盆地控制了中小型硝盐矿床等。另外，第四系更新统由砂、砾、黏土组成沉积建造，控制了阶地砂金、钛（磁）铁、金红石、独居石等砂矿床。第四系全新统沉积建造控制了现代河流砂金、钛磁铁、金红石等砂矿。

5.1.2 侵入岩成矿建造与成矿

区域内岩浆作用发育，除上述有关层位中的火山作用形成了重要的区域性成矿建造外，侵入作用对区域成矿也具有重要意义，初步划分出 4 个侵入岩成矿建造，其中新元古代和早白垩世两次岩浆侵入作用成矿意义重大。

1. 伸展背景的变质基性-超基性侵入岩成矿建造

与其相关的矿种有金红石、铬铁矿、硅酸镍和蛇纹岩等。超基性岩带内的蛇纹岩矿床集中产于大悟—红安一带，并伴有铬铁矿化和镍矿化。麻城水口岩体等超基性岩具明显的铬铁化。

随枣—桐柏地区，钠黝帘石岩-石榴石角闪石岩系列的小岩株，常形成大中型乃至超大型金红石矿床，以枣阳大阜山金红石矿床最为著名。

2. 新元古代弧后（前）盆地裂解环境下的变质基性-超基性侵入岩成矿建造

裂解作用形成的基性岩墙群和超基性岩体在武当—大别地区与铜、镍、铂、钯、金等矿种关系密切。新元古代裂解环境形成的基性-超基性岩与早期同类岩石相比，武当—桐柏地区最主要的鉴别特征是变形程度微弱，与角闪岩相变质围岩有显著差别，但在安徽大别地区均受到与围岩同步的强烈变形变质作用。武当地区，原岩为辉长-辉绿岩的基性岩呈岩床或岩墙状侵入产出，个体规模变化较大，宽度为几米至数百米；在随州—枣阳地区，新元古代超镁铁质-镁铁质岩呈岩床群大量产出；北淮阳构造带，辉长岩体沿柳林—定远—王母观一线断续分布，构成一条北西西向的基性岩带。上述岩体的形成时代为640～610 Ma。

武当—随枣地区该期岩体以辉石岩、辉长岩、辉绿岩为主，局部在中心可见橄榄岩类，常与钛磁铁矿床或含钯的钛磁铁矿床有关。成矿岩体岩相分带一般比较清晰，矿体分布常受相带控制。矿石一般呈海绵陨铁结构、浸染状构造，矿体与围岩界线不清晰。矿种以铁、钛为主，其中钛一般以钛铁矿形式存在，矿物成分主要为钛磁铁矿、磁铁矿，常伴有钒、钴、铂族、金等，可综合利用。已发现的主要矿床有：丹江口市银洞山钛磁铁矿床、房县东河含钯钛磁铁矿床、随州覃家门磁铁矿床等，矿床可达大型规模。

河南周庵大型铜镍硫化物矿床的发现进一步彰显了桐柏—大别地区新元古代裂解作用的成矿意义。周庵岩体呈长透镜状产于变质岩系中，上部为绿泥石-蛇纹石化二辉橄榄岩相带、中部为二辉橄榄岩相带，下部为绿泥石-角闪石化二辉橄榄岩相带，矿体呈环状产于岩体边部，成岩年龄为637 Ma（王梦玺 等，2012）。

3. 志留纪碱性岩-碳酸盐岩成矿建造

志留纪碱性岩在南秦岭地区具有重要的成矿意义，形成大量成规模的稀土矿床。前期发现的有庙垭、杀熊洞大中型稀土矿床，“1∶5 万水坪等四幅区域地质调查”项目在竹山地区新发现了与粗面岩有关的天宝大型铌矿床，铌矿（Nb_2O_5）资源量为21.05 万 t，进一步表明了区域内该成矿建造找矿前景巨大。

该类矿床大多分布在竹山断裂带北缘及襄广断裂带北侧的随南和大狼山地区，其他地方仅有零星分布。岩性主要有正长岩-碳酸盐岩、霞石正长岩、正长斑岩、英碱正长岩、石英正长岩、钠质正长斑岩、硬玉正长岩等。目前已探明大中型铌-稀土矿床的岩体主要为庙垭正长岩-碳酸盐岩体和杀熊洞辉石碱闪岩-霞石正长岩-黑云霓石碳酸盐岩，其他岩体仅见铌、钽、稀土等矿化。近年精确同位素测年结果表明，庙垭碱性岩和碳酸盐岩杂岩体的侵位年龄分别为（445.2±2.6）Ma 和（434.3±3.2）Ma（LA-ICP-MS 锆石 U-Pb）。综上，武当地区与碱性岩有关的稀土矿床的成岩成矿年龄主要集中在 445～434 Ma，属志留系。依据碱性岩的分布地段、接触关系、所处的大地构造背景，其形成于南秦岭地块志留纪裂谷演化的早期强烈伸展背景，可能与幔源岩浆底侵上涌相联系。

4. 早白垩世中酸性侵入岩成矿建造

桐柏—大别地区的中生代岩浆活动包括 2 个成岩阶段、4 个岩石系列、百余个大小侵入体。第一成岩阶段为早白垩世早期的 I 型高钾钙碱系列花岗岩和 I 型钾玄岩系列火山-侵入岩类及 S 型钙碱系列花岗岩；第二阶段为 A 型碱性花岗岩。与矿化关系较密切的有千鹅冲岩体、汤家坪岩体及一些小的花岗斑岩体、斑岩脉等。大别山北麓中生代中酸性岩浆岩与钼、金银、多金属矿成矿关系密切，如汤家坪钼矿、沙坪沟钼矿等，均受中酸性小岩体和构造的双重控制。

随枣地区目前工作程度较低，尚不系统。已发现的与成矿有关的主要岩体有七尖峰杂岩体[黑云母（角闪石）二长花岗岩体、三合店斑状二长花岗岩体和大仙垛中粗粒黑云二长花岗岩体]，与随北地区金银矿的富集具密切关系。已发现的矿床有卸甲沟金银矿床，黑龙潭金矿床。夏店花岗岩体与大悟白云金矿床有成因关系。此外尚有新玉皇顶、鸡公山、绿杨等黑云母二长花岗岩体及祝林、草店、贾庙等黑云母钾长花岗岩体等。

5.1.3 变质作用与成矿

变质成矿作用可分成4种方式：①原有沉积矿床经变质作用，提高可利用价值，如变质磷矿床（大悟黄麦岭磷矿床，安徽宿松柳坪磷矿）；②原不能利用的火山-沉积型贫铁矿，经变质作用形成磁铁矿，而成为可供利用的铁矿床；③变质形成新矿物资源，如金红石矿床（枣阳大阜山金红石矿床、安徽岳西碧溪岭金红石矿床）、蓝石棉矿床、蓝晶石矿床、钾长石矿床；④通过动力变质作用，使矿源层中成矿元素叠加富集成矿，如老湾金矿。

5.1.4 大型构造与控矿

除区域成矿动力学背景决定着沉积、岩浆、变质等成矿建造外，区域性大构造也具有鲜明的区域成矿意义。

1. 主要深断裂带的控矿作用

深大断裂引导着地幔物质和热量向地壳浅部迁移，成为重要的区域性构造岩浆岩带。武当—桐柏—大别地区北东向断裂与北西（西）向断裂带交汇处，形成巨大的裂隙系统，便于充分的物质交换，有利于发生成矿作用。因此，深大断裂往往控制着成矿亚带和多个矿集区的分布。

（1）青峰—襄樊—广济断裂带控矿：具多期控矿特点，西段有加里东期与东河基性-超基性岩有关的含钯钛磁铁矿及铜矿化和竹溪丰溪一带的层间破碎带型铅锌矿等，中东段随南地区发育燕山期金银铜多金属矿化，东段有浠水一带的金银矿等。

（2）龟（山）—梅（山）断裂控矿：是桐柏—大别造山带一条重要的控岩控矿断裂，不仅作为北淮阳燕山期火山岩带的北部边界，同时在该断裂带中形成了剪切带型老湾金矿和马畈金矿、火山-次火山热液型皇城山银矿、白石坡银铅锌多金属矿及安徽境内的汞洞冲银铅锌多金属矿。

（3）桐（柏）—桐（城）断裂控矿：是桐柏—大别造山带一条最重要的控岩控矿断裂，是北淮阳构造带与北大别变质杂岩带的边界断裂，也是北淮阳中生代火山岩带的南部边界断裂。带内分布有小型花岗岩岩株及有关的一系列钼、铜多金属矿床，如肖畈、母山、千鹅冲、沙坪沟等钼多金属矿床。

2. 区域性隆起（穹窿）构造的控矿作用

区域性隆起（穹窿）构造不仅是一个构造表象，通常也包含巨大的热异常，是深部热事件在浅部的构造响应。研究表明，在热窿伸展过程中，强热中心具迁移特点，成矿作用也随强热中心的变化而不同。与热隆升作用相伴的混合岩化、滑脱剪切及岩浆侵入，常导致流体的定向运动和物质组分的重大重组，有利于成矿作用的发生。桐柏—大别地区已确定有大磊山、大崎山和青石三个次级构造岩浆穹窿。在湖北地区，大磊山隆起对应着已知的金及多金属矿化集中区，并呈现出从中心向外由高温组合向低温组合的变化趋势。所以穹窿构造控制的往往是一个成矿亚系列。

3. 大型剪切带对成矿的控制作用

剪切带对金银多金属矿的控制作用已形成共识。本区的剪切带可分为逆冲推覆、滑脱拆离（伸展构造）和走滑三类。

（1）主要逆冲推覆构造带：逆冲推覆构造带主要发育于印支—燕山期，如随北逆冲推覆构造带、武当山逆冲推覆构造带等。成矿富集作用往往发生在晚期的脆韧性-脆性过渡阶段。

（2）主要顺层滑脱剪切带：下、中元古界之间的滑脱带。主要出露于桐柏—大别地区的大悟宣化店—麻城大河铺一带、蕲春一带，常由数条顺层韧性剪切带组成。沿剪切带分布有多个金银-多金属矿化带。武当岩群火山岩层与火山-沉积韵律层之间具多层滑脱拆离构造带。滑脱面位于火山岩与正常沉积层之间靠近沉积岩一侧，形成金银矿床，如许家坡金银矿、银洞沟金银矿。武当岩群与耀岭河岩组之间具韧性剪切带。在武当地区表现为地层缺失，界面附近发育脉状金矿化；在白岩沟一带耀岭河岩组中垂直层面的石英脉中含矿，但同一脉体进入武当岩群中则无矿化出现，而在高庙一带矿脉则可贯穿界面。在随北一带，该界面因顺层剪切形成互相包裹的褶叠层和铲式断层，为该区主要的控矿构造。震旦系陡山沱组砂岩与片岩之间、片岩与灰岩间具顺层滑脱剪切带。该类剪切带在武当西缘郧西一带具有重要的控矿意义，如佘家院子银金矿、六斗金矿均受层间剪切带控制。震旦系陡山沱组与灯影组之间具脆性顺层剪切带。该带在随南控制该区铅锌银矿化。

（3）主要走滑剪切带：主要走滑剪切带有北西向及北东—北北东向两组。前者主要有新黄断裂带、两郧断裂带、白河—石花街断裂带，后者主要有团麻断裂带、郯庐断裂带。这些走滑剪切带早期以韧性、韧脆性为主，晚期以脆韧性-脆性为主，矿化常富集在晚期脆韧性-脆性断裂裂隙或蚀变带中。

5.2 地质构造背景与区域成矿系列

5.2.1 成矿系列的划分

矿床成矿系列是指在一定的地质构造单元内、一定的地质发展阶段、与一定的地质成矿作用有关、在不同成矿阶段（成矿期）和不同地质构造部位形成的不同矿种、不同类型并具有内在成因联系的矿床自然组合。

依据现有的找矿成果、成矿作用、矿床组合、主要有利的成矿动力学背景，划分出 7 个成矿系列、12 个成矿亚系列（表 5.2）。

表 5.2 武当—桐柏—大别成矿带主要成矿系列划分一览表

成矿动力学背景	成矿系列	成矿亚系列	主要矿床式
新元古代汇聚造山构造体制	与火山作用有关的铜铁铅锌矿	与海相火山岩有关的块状硫化物矿	刘山岩式
新元古代弧后（前）盆地伸展构造体制	与岩浆作用有关的铜镍铂钯钛铁多金属矿	与超基性-基性岩有关的铜镍钛铁铂矿	周庵式、银洞山式
南秦岭早古生代的伸展构造体制	与海底热水、生物、化学沉积作用有关的银钒铀钼镍铜磷石煤重晶石矿	与海相黑色岩系有关的银钼钒铀、重晶石矿	杨家堡钒矿、柳林式重晶石矿
	与碱性岩浆作用有关的稀有稀土矿	与碱性岩浆作用有关的铌-稀土矿	庙垭式
		与碱性火山岩有关的铌钽矿	土地岭式
晚古生代—早中生代俯冲-碰撞构造体制	与俯冲-碰撞有关的金银铅锌锑矿	与俯冲-碰撞有关的造山型金银铅锌矿	破山式、银洞沟式
		沉积容矿浅成热液金银汞锑矿	高桥坡式
	与变质作用有关的磷、金红石矿	与沉积作用有关的沉积变质型磷矿	黄麦岭式
		与基性-超基性岩有关的金红石矿	大阜山式
早白垩世岩石圈拆沉-动力学调整的构造体制	与岩浆作用有关的钼钨金银铜铅锌-萤石矿	与岩浆热液有关的金、银、铅、锌-萤石矿	老湾式、白云式
		与 S 型花岗岩有关的钼、铜、钨、银矿	母山式、西冲式
		与次火山岩有关的钼铅锌金银多金属矿	汞洞冲式、东溪式、沙坪沟式

5.2.2 成矿系列与地质构造背景

1. 与火山作用有关的铜铁铅锌成矿系列

该成矿系列是桐柏地区最重要的铜铁铅锌多金属矿床的成矿类型，也是秦岭地区重要的金多金属成矿类型。含矿建造为海相火山岩建造，产于新元古代弧前（后）盆地背景。武当—桐柏—大别成矿带目前已发现大量矿点，除刘山岩铜锌矿已达中型外，其他规模均小。

近年来的高精度年代学研究成果表明，中新元古代岩石地层单元形成时代介于 1 100～600 Ma。张国伟等（1995）认为，中元古代构造背景为“裂谷夹杂小洋盆”，而新元古代构造背景目前普遍认为与这一时期超大陆裂解事件有关，即秦岭—大别造山带在经过晋宁造山运动后转入超大陆裂解阶段。

刘山岩中型铜锌矿床赋存于酸性与基性火山岩岩性界面处靠近酸性岩一侧，即硅质岩与石英角斑岩发育层位，层位稳定，与围岩产状一致。矿床可能属于火山喷流矿床成矿系统，有待进一步调查。矿床空间分布特征为：边缘相为铁锰氧化物矿体、向内为块状铅锌矿体，中心相上部为块状铜锌矿体，下部为网脉状铜锌矿体。

2. 与岩浆作用有关的铜镍铂钯钛铁多金属成矿系列

新元古代末，局部存在伸展裂谷，早古生代中晚期（中寒武世开始），武当—桐柏—大别地区总体处于裂解环境，形成与岩浆作用有关的铜镍铂钯钛铁多金属成矿系列。

超大陆裂解背景下与岩浆作用有关的金属成矿作用，主要发育与基性-超基性侵入岩有关的铜镍铂钯钛铁矿床成矿亚系列。

该成矿系列目前发现两种类型的矿床式：周庵式和银洞山式。

（1）周庵式。为与超基性岩体有关的岩浆熔离型铜镍硫化物矿床。周庵矿床位于南阳盆地西南缘，南武当造山带北缘，成岩年代为637 Ma，产于超大陆裂解背景。岩体特征已在 5.1.2 小节中论述。主要矿体产于岩体的蚀变外壳中（王建明 等，2006），上矿带产于岩体顶部，下矿带产于岩体底部，矿体与围岩渐变过渡，无明显界线，形态与岩体基本一致。金属矿物呈微细浸染状分布在脉石矿物中，构成细脉浸染状或块状构造。矿种为镍、铜、铂、钯，伴有金、银、钴。邻区陕西南部洋县—碑坝一带，也有类似矿床，矿床产于超基性岩内的橄榄岩-橄辉岩中，成因类型为岩浆型，少数为接触交代型。

（2）银洞山式。为与基性-超基性岩体有关的岩浆熔离型钛磁铁矿床，产于丹江口市。在武当—随枣地区该类成矿岩体分布广泛，并向西延至陕西境内。岩石类型主要为辉石岩、玻基辉石岩、辉长岩、辉绿岩，局部出现橄榄辉石岩。矿化受岩相控制，成矿岩体受区域变质作用低，蛇纹石化不明显。其矿化类型以铁、钛为主，其中钛一般以钛铁矿形式存在。

3. 与海底热水、生物、化学沉积作用有关的银钒铀钼镍铜磷石煤重晶石成矿系列

新元古代末—早寒武世，主要产出一些沉积型矿床，总体为海相碳酸盐岩-黑色岩系沉积背景，局部存在裂解。发育一套火山-沉积组合。这类矿床为与海相碳酸盐岩-黑色岩系沉积背景裂谷环境有关的沉积型矿床。主要产于新元古代裂解作用形成的浅海盆地内，成矿物质可能与海底热流，以及生物化学作用有关。由于成矿环境、构造背景大致相同，暂时将其归并为同一成矿系列。

含矿岩系由震旦系下部的碳酸盐岩和寒武系下部的黑色岩系组成。震旦系下部的碳酸盐岩中以磷矿为特色。分布在鄂东北孝感地区和黄梅—武穴地区，赋存于桐柏山复背斜和大别山复背斜原红安群七角山组。前者有大磊山、双峰尖两个磷矿田，统称孝感磷矿，后者有张榜塔畈、马龙、松阳三个磷矿带，统称黄梅—广济磷矿。因其成矿特征相似，统称黄麦岭式磷矿床。该类型磷矿向东延伸到安徽宿松地区。

寒武系下部的黑色岩系以钒矿为特色。受原始沉积环境和大地构造位置的差异影响，不同地区成矿特色有所不同，西部武当地区主要形成于浅海盆地相中，常与重晶石矿相伴，局部（竹山西部）尚有黄铁矿产出，矿床中常伴有银；东部扬子区，主要受陆棚边缘盆地相控制，形成以钒为主的矿床，伴有钼、镍。

寒武系底部的含矿岩系可分上、下两段，上段一般以灰色-灰黑色泥砂质页岩夹碳酸盐岩透镜体为特征，下段以灰黑-深灰色含碳黏土岩、石煤、硅质岩和含磷结核为特征。钒、银、铀、钼、镍、铜、磷、石煤、重晶石等矿产主要赋存在建造下部，代表性矿床为杨家

堡钒矿。

杨家堡钒矿呈层状、似层状顺层产出，V_2O_5 品位为 0.656%～0.876%，常伴钼、银、铀、铜等，钼可形成独立矿体，银品位一般为 3～20×10^{-6}，局部可达 80×10^{-6}。这类矿床还有竹山西沟、田家坝、郧西羊尾、随南青山寨等钒（钼）矿床。

4. 与碱性岩浆作用有关的稀有稀土矿系列

1）与碱性岩浆作用有关的铌-稀土成矿亚系列

该成矿系列的碱性岩体及其矿产主要分布在西段竹山断裂带北缘和襄广断裂带北侧的随南和大狼山一带，代表性矿床有庙垭和杀熊洞等。成岩成矿时间上，庙垭碱性岩和碳酸盐岩的结晶年龄分别为(445.2±2.6) Ma 和(434.3±3.2) Ma（锆石 U-Pb），属志留纪。

铌-稀土矿化与幔源正长岩-碳酸盐岩关系密切。含矿杂岩体岩性主要为正长岩-碳酸盐岩、霞石正长岩、正长斑岩、英碱正长岩、石英正长岩、钠质正长斑岩、硬玉正长岩等。含矿杂岩体内构成工业矿体必须有独立稀土矿物存在，如庙垭铌-稀土矿床主要工业矿物有铌铁矿、铌金红石、烧绿石、独居石、氟碳铈矿、氟碳钙铈矿；杀熊洞铌-稀土矿床工业矿物有烧绿石、黄菱锶铈矿、碳锶铈矿、硅钍石、独居石、褐帘石等。稀土元素的富集与岩浆结晶分异程度有关。结合区域地质演化认为，志留纪碱性杂岩体和相关岩浆型稀土矿床形成于南秦岭大陆裂谷演化早阶段的强烈伸展演化背景，并可能与幔源岩浆底侵上涌有关。杀熊洞、庙垭杂岩体的 Sr-Nd 同位素组成暗示其岩浆源区主要具有地幔特征。

2）与碱性火山岩有关的铌、钽成矿亚系列

该成矿系列的碱性火山岩及其矿产主要分布在襄广断裂带北侧，沿竹山断裂及红椿坝断裂展布，代表性矿床为天宝铌矿。在调查过程中，发现了土地岭、南沟寨、文家湾等一批铌钽矿床点。成岩成矿时间上，天宝粗面岩的结晶年龄为(437.5±4.6) Ma（万俊 等，2017），土地岭粗面质火山岩中获得的锆石 U-Pb 年龄分别为(441.6±4.0) Ma、(441.7±3.7) Ma、(443.2±4.5) Ma（鲁显松 等，2019）。由此来看，南秦岭地区的铌钽矿床的成岩年龄主要集中在 445～434 Ma。

铌钽矿化与碱性火山活动关系密切，含矿岩性主要为粗面岩、粗面质凝灰熔岩、粗面质熔结凝灰岩等。土地岭铌钽矿床含钽矿物主要为铌钽铁矿，含铌矿物主要为含铌榍石、含铌钛铁矿及少量铌铁矿、硅锆铌钙钠石，主要稀土矿物为褐帘石、磷灰石、独居石等；天宝铌矿石中含铌矿物成分较为复杂，矿物颗粒细小，粒径仅 0.01 mm 左右，铌含量较高的矿物主要为铌铁矿与褐钇铌矿，含少量铌铁金红石。铌钽元素的富集与岩浆演化关系密切，部分学者认为铌钽元素的富集可能与后期热液活动有关，该类矿床与岩浆型铌稀土矿为同一期岩浆构造事件产物。

5. 与俯冲-碰撞有关的金银铅锌锑成矿系列

1）与俯冲-碰撞有关的造山型金银铅锌成矿亚系列

该成矿系列主要发生在晚古生代汇聚体制，是南秦岭构造单元和北淮阳构造单元重要的金银矿床成矿类型，以围山城金银矿集区为代表。成矿受构造-地层控制。

该成矿亚系列广布于武当、桐柏、随枣等地区。该类矿床有三大特点。一是层位控制明显，但不同地区赋矿地层不同。纵观全区，主要有武当群、耀岭河岩组、陡山沱组、二郎坪群，为一套成矿物质背景值较高的变火山-沉积建造或变沉积碎屑岩-碳酸盐岩建造。二是多期成矿特征明显，主成矿期秦岭、武当地区以印支期为主，桐柏地区以燕山晚期为主。三是矿体产于强变形带内，与造山型金矿相似。围岩蚀变组合繁多，主要类型是硅化、绢云母化。构造控矿形式多样，既有顺层韧性-脆韧性滑脱剪切带，又有脆性断裂，更多的是过渡类型及多种类型混合。初步划分出三个矿床式：银洞沟式、银洞坡式、佘家院子式。

银洞沟式银金矿床：产于武当群中上部变酸性火山-沉积岩中，成矿与构造-岩浆-变质作用有关。矿体多呈脉状、复脉状，矿床具水平和垂向分带。围岩蚀变以硅化、黄铁矿化为主，伴有钾化、绢云母化、绿泥石化。硫化物的δ^{34}s‰集中在-2.23‰～+8.65‰，显示以幔源硫为主的壳幔混源特征；铅同位素比值 $^{206}Pb/^{204}Pb$ 为 16.44～16.91，$^{207}Pb/^{204}Pb$ 为 15.25～15.50，$^{208}Pb/^{204}Pb$ 为 35.52～36.96，在单阶段演化图上反映为幔源和造山带底部铅的特征，反映本区矿质可能来自上地幔和下地壳。成矿年龄为 205 Ma（石英包裹体 Rb-Sr 年龄），属印支晚期。本式矿床还包括银洞坪、老庄沟、李家湾、董家湾等矿床（点）40余处。

佘家院子式银金矿床：赋矿地层主要为震旦系陡山沱组，受地层中顺层韧性剪切带控制。矿体呈似层状、透镜状分布，矿化层随地层而褶曲。围岩蚀变有硅化、黄铁矿化等。属构造-变质热液型矿床。蚀变矿物黑云母 K-Ar 年龄为 236 Ma，成矿时代为印支期。本矿床有佘家院子、六斗、古城观音坪、白家山等矿床（点）。

2）沉积容矿浅成热液金银汞锑成矿亚系列

武当—桐柏—大别成矿带南秦岭构造带的沉积区是该类型矿床找矿的有利区域，已发现矿床以高桥坡锑矿床、高桥坡东锑矿床为代表。矿床成群出现，显示出有利的岩相古地理环境对成矿的控制；矿床空间分布受陆内造山活动引发的区域性逆冲推覆断裂控制，矿体受韧性-脆性剪切构造带控制。矿化围岩蚀变较弱，矿化与围岩渐变过渡。矿床存在中-低温热液成矿特征，存在成矿的继承和叠加改造过程。典型矿床式为湖北高桥坡式锑矿床。

高桥坡锑矿床容矿地层为下泥盆统公馆组，区内褶皱为高桥坡倒转背斜，核部地层为公馆组，两翼为石家沟组和大枫沟组，向北倒转，轴面南倾，倾角陡，枢纽向西倾伏，倾伏角 10°～15°，两翼均有次级褶皱。高桥坡锑矿床受北西向断裂控制。矿区圈出两个含矿体，呈脉状产出。矿石物质成分主要由辉锑矿组成。矿床成因上属于沉积容矿浅成热液矿床，并可以与相邻的陕西公馆汞锑矿床类比。

6. 与变质作用有关的磷、红石矿成矿系列

1）与沉积变质作用有关的沉积变质型磷矿成矿亚系列

该成矿系列分布于南大别造山带的湖北随州—安徽宿松一带，呈北西西向展布。原震旦纪碳酸盐岩、中酸性火山岩地层已发生高绿片岩相-低角闪岩相变质。共有两个含矿部位，每个部位的下部为含磷岩系，由锰质磷灰岩、变粒磷灰岩、含磷变粒岩、含磷大理岩、含磷白云石英片岩和含磷钠长石英片岩，夹白云石英片岩、石墨片岩和磷矿层组成，底部由1～2 m 厚的锰土层组成，磷矿呈似层状或近于透镜状产出；上部为含钇岩系，由白云钠长

片麻岩、含钇浅粒岩及含钇白云石英片岩，夹绿泥绿帘钠长角闪片岩组成。钇矿体呈似层状、透镜状，与围岩产状一致。

2）与变基性-超基性岩有关的金红石成矿亚系列

本亚系列矿床系指分布在随枣—桐柏—大别地区赋存在变基性-超基性岩体中的变质岩浆型金红石矿床，典型矿床式为大阜山式金红石矿床。在随枣北部含矿岩体主要侵入于震旦纪片岩、大理岩中，在桐柏地区主要侵入于红安群片岩中。该期岩体目前的出露规模较小（0.2～3.36 km^2），普遍经受了角闪岩相的变质作用，在安徽大别地区变形变质更强，常为大小不等的角闪岩相-麻粒岩相无根透镜体，部分为榴辉岩。岩石类型有钠黝帘石岩、石榴钠黝帘石岩、角闪钠黝帘石岩、石榴角闪钠黝帘石岩、钠黝帘角闪石岩、石榴钠黝帘角闪石岩和石榴角闪岩组合及钠黝帘石石榴角闪岩、钠黝帘石角闪岩、云母钠黝帘石角闪岩、角闪岩、榴闪岩、榴辉岩等。岩相分带可辨，金红石主要富集在中心带石榴角闪岩和钠黝帘石石榴角闪岩中。

矿体多呈不规则脉状、透镜状分布，可形成小-大中型乃至超大型矿床。主要矿石矿物为金红石，回收率低，属较难选矿石。

7. 与岩浆作用有关的钼钨金银铜铅锌-萤石矿成矿系列

由于太平洋板块的俯冲，武当—桐柏—大别造山带在中生代中晚期相继经历了晚侏罗世构造体制大转换阶段、早白垩世岩石圈大减薄过程和早白垩世晚期—新生代裂陷阶段，并形成相应的构造-岩浆-流体成矿事件。该成矿系列的形成严格受北西西向深断裂与北东向深断裂的交汇结点及沿结点分布的岩浆岩联合控制。在空间上，构造结点、岩浆岩区、地球物理场扭折、地球化学组合异常、矿集区五者高度一致，具有显著的“五位一体”特征。该系列是最具成矿和找矿意义的成矿系列，典型成矿如下。

（1）与岩浆热液有关的金银铅锌-萤石矿，如老湾式、白云式等。

（2）与 S 型花岗岩有关的钼铜钨银矿，如母山式、西冲式等。

（3）与次火山岩有关的钼铅锌金银多金属矿，如汞洞冲式、东溪式、沙坪沟式等。

5.2.3 成矿系列的时空规律

以成矿带为单元部署找矿工作的着眼点是找矿远景区，因此研究矿床成矿亚系列的时空分布规律是联系成矿带与找矿远景区之间的纽带。

1. 主要成矿亚系列在时间上的演化规律

按造山带构造演化，该区从早到晚可划分如下几个成矿阶段。

1）前寒武纪

依据现有的资料，推测新太古代—古元古代高级变质表壳岩系中可能存在的成矿建造及成矿系列如下。

（1）新太古代变质岩浆岩成矿建造中的成矿亚系列：与科马提岩有关的铜镍矿（？）及与蛇绿岩有关的豆荚状铬铁矿等。

（2）新太古代变质火山-沉积成矿建造中的成矿亚系列：与条带状角闪磁铁石英岩有关的磁铁矿（阿尔戈马型BIF），与孔兹岩系有关的高铝矿床（红柱石、硅线和蓝晶石）等。

（3）古元古代碎屑-碳酸盐岩建造中的成矿亚系列：条带状含磁铁矿黑云斜长片麻岩、变粒岩等有关的磁铁矿（苏必利尔型BIF）。

2）早古生代

早古生代是该区第一个成矿高峰。武当—桐柏—大别地区总体处于伸展背景，随着大陆裂解作用的演化，形成了一系列成矿亚系列。大陆裂解-洋盆发展阶段如下。

（1）与基性-超基性岩有关的铜镍钛铁成矿亚系列。

（2）与海相火山岩-喷流沉积岩-海相沉积岩组成的块状硫化物型铜、铁、金多金属成矿亚系列。这是该地区最重要的成矿阶段，金在该成矿阶段并未形成工业矿体，但作为重要矿源层在后续成矿旋回中活化成矿。

（3）与新元古代—早寒武世黑色岩系有关的银、钒、钼、镍、铀成矿亚系列。

（4）在志留纪大陆裂谷演化早阶段的强烈伸展背景下，与碱性岩浆侵入作用有关的稀土成矿亚系列。

武当地区庙垭铌稀土矿床、土地岭铌钽矿床，北淮阳构造带的破山、银洞坡等银金矿均受控于该时段形成的有关含矿建造。

南、北秦岭（或桐柏—大别两侧）在早古生代表现出不同的构造背景，南秦岭以裂解伸展为主，北秦岭主要处于俯冲汇聚的构造环境。

3）海西-印支成矿旋回

在武当—随枣地区形成与泥盆纪碎屑-碳酸盐岩建造有关的锑、金矿。进入陆内造山阶段，先存的含金建造在强烈的构造、变质作用下，成矿元素活化、转移，并在有利地段富集形成造山型金银矿床。如武当等地区的部分剪切带蚀变岩型金矿。

4）燕山期成矿旋回

燕山期成矿旋回为本区第二个成矿高峰期。伴随太平洋板块的俯冲，形成了横跨在前燕山期形成的北西西向构造成矿域之上的北东向构造成矿域。构造体制转化阶段形成与I型中酸性岩浆侵入作用有关的钼、钨、银、铜多金属成矿作用，这是秦岭地区最重要的钼矿成矿阶段；与I型中性-中酸性火山-喷发作用有关的金银铜多金属成矿作用，这是该地区较为重要的一次金铜和多金属成矿阶段。岩石圈减薄初期的挤压阶段形成了与S型酸性岩浆作用有关的以改造型金银为主的成矿作用，这是该地区最主要的改造型金银矿成矿阶段，如老湾地区的金银矿床。走滑拉分的岩石圈减薄阶段形成了与A型岩浆作用有关的钼多金属、稀土成矿作用，这是桐柏—大别地区最重要的钼矿成矿阶段。如沙坪沟、千鹅冲等超大型钼矿。

5）第四纪成矿阶段

受喜玛拉雅旋回断陷作用的影响，形成了现代冲洪积和坡残物中的砂金矿、现代沉积物中金红石和钛铁矿砂矿、新生代风化壳中的铁帽型金矿和多金属矿，眼球状和巨斑状花岗岩片麻岩中的风化残积型含钾岩石或含硅岩石矿及断陷盆地中的油气等矿产。

2. 主要成矿亚系列在空间上的分布规律

矿床赋存于一定的成矿地质建造中，特定的成矿地质作用产生相应的具有特定的空间分布规律的一组成矿地质建造和一组矿床（成矿系列），因此不同成矿系列中的矿床具有其自身的分布规律。

该区具有多个成矿亚系列，但从勘查成果、成矿背景、找矿潜力等方面分析，最具经济意义的是新元古代汇聚及弧后（前）盆地裂解背景下形成的成矿系列和燕山期与构造-岩浆作用有关的成矿系列。

1）前寒武纪

古元古代碎屑-碳酸盐岩建造，其间产出磁铁矿（苏必利尔型 BIF），如贾庙铁矿。新元古代与海相火山岩有关的铜锌块状硫化物成矿系列已发现的众多铜多金属矿点均位于新元古代海相火山岩系中，六安地区为庐镇关岩群，大别山地区为港河岩组，宿松地区为宿松岩群、张八岭岩群，武当随州地区为武当群、耀岭河岩组，桐柏地区为毛集群、歪头山组、二郎坪群、蔡家凹组、龟山岩组，反映该成矿亚系列的空间分布受控于新元古代海相火山岩成矿建造。区内除刘山岩铜锌矿大中型外，其他规模均小。

新元古代海相火山岩产于新元古代弧后（前）盆地内，含矿层位位于海相火山沉积岩系底部，矿化位于基性火山岩与酸性火山岩过渡部位的酸性火山岩一侧。

2）新元古代末期

新元古代末期，以桐柏—大别为岛弧，武当—随枣地区及大别山南侧为弧后盆地的总体格局形成。随着挤压作用的减弱，局部存在伸展裂谷，形成与岩浆作用有关的铜镍铂钯钛铁多金属成矿系列。

依据近年来获得的同位素年代学成果，武当—桐柏—人别地区新元古代裂解事件共有两次。其中晚期裂解事件成矿意义明确，形成的成矿系列包含两种矿床式。该成矿系列的空间分布与裂解时的古地理环境和控制岩浆侵入、喷发的构造有关。

空间分布上，与新元古代末期（640～610 Ma）基性-超基性侵入岩有关的铜镍铂钯钛铁矿床成矿系列主要分布在武当—大别成矿带的中西段，即武当—桐柏—随枣地区新元古代裂解基底内，含矿岩体常位于深大断裂中，如桐柏—桐城断裂带、青峰—襄樊—广济断裂带、白河—石花街断裂带的旁侧侵入，大多呈线状岩墙、岩床产出。常与钛磁铁矿床、含钯的钛磁铁矿床及含钯的铜镍矿床有关。成矿母岩岩相分带通常比较清晰，矿体受岩相带控制，形成浸染状或稠密浸染状矿石。成矿岩体受区域变质的程度较低，蛇纹石化一般不明显，除岩体边部有时见有与围岩片理一致的片理外，其主体部位一般尚保持原侵入岩的结构构造。

3）新元古代末期—早寒武世

含矿岩系由碳酸盐岩、硅质岩及黑色页岩组成，富含各类成矿物质，除沉积成岩阶段形成磷钒重晶石黄铁矿等矿床外，银、钼、钨、铜、铅、锌等元素背景值高，在后期地质作用中易富集成矿，因而成为区内极其重要的矿源层。

目前已建立两个矿床式：杨家堡式钒矿床和柳林式重晶石矿床，其空间分布严格受地层控制。

杨家堡式钒矿床主要分布在武当—随枣地区的竹山、郧西、丹江口市及随南一带。含矿层位为与牛蹄塘组相当的庄子沟组和杨家堡组，形成于浅海盆地相中，常见钒与磷、重晶石相伴产出。在竹山一带，还有黄铁矿床形成，且钒矿中常伴银、铀、铜。

柳林式重晶石矿床主要分布于武当复背斜之西缘及随南一带，为赋存在下寒武统黑色岩系中的沉积重晶石矿床，受武当复背斜西缘及随枣复背斜南缘的古生界向斜构造控制。目前已知有随州柳林重晶石矿床、京山余家冲重晶石矿床、郧西羊尾重晶石矿床、竹山西沟重晶石矿床等，其规模一般可达中-大型，其中以柳林重晶石矿床最为著名，是湖北省沉积型重晶石矿重要产地。

4）志留纪

志留纪裂解环境与碱性岩浆作用有关的铌钽稀土成矿系列的碱性岩体及其矿产主要分布在竹山断裂及曾家坝断裂和襄广断裂带北侧的随南和大狼山一带。成矿时间集中于445～434 Ma，代表性矿床包括：庙垭铌稀土矿床、杀熊洞稀土矿床、天宝铌矿床、土地岭铌钽矿床。成岩成矿环境为南秦岭构造带大陆裂谷演化早阶段的强烈伸展构造背景。侵入岩主要为正长岩-碳酸盐岩、霞石正长岩、正长斑岩、英碱正长岩、石英正长岩、钠质正长斑岩、硬玉正长岩等，主要矿种为铌-稀土；火山岩主要为粗面岩、粗面质凝灰熔岩、粗面质晶屑岩屑凝灰岩等，主要矿种为铌钽，目前探明的大中型铌稀土矿主要赋存于竹山断裂带北侧的庙垭正长岩-碳酸盐岩体和杀熊洞辉石碱闪岩-霞石正长岩-黑云霓石碳酸盐岩中；天宝铌矿及土地岭铌钽矿分布赋存于曾家坝断裂带及竹山断裂带北东侧的碱性火山岩带中，预测资源量可达大-超大型。铌钽-稀土矿化与幔源型玄武质岩浆演化关系最密切。

5）晚古生代—早中生代

（1）与俯冲-汇聚-碰撞有关的金银铅锌锑成矿系列。

该成矿系列包括：①产于变质地体中受构造控制的脉状金银铅锌矿床；②卡林-类卡林型金银锑矿床。

脉状金银铅锌矿床主要分布在北淮阳构造带和南秦岭构造带武当隆起北西缘，时间和空间上与造山作用密切相关。该类型矿床以湖北银洞沟大型银金矿床（223 Ma）、河南破山超大型银矿床、银洞坡大型金矿床（377.4±2.6 Ma）为代表。成矿时间发生在古生代—早中生代，与东秦岭—大别造山带构造演化密切相关。矿床赋存于武当岩群、红安岩群、毛集岩群、二郎坪群、峡河岩群、龟山岩组、卢镇关群、耀岭河岩组、歪头山组、港河岩组、张八岭岩群、宿松岩群等老地层中，空间分布于桐柏地区、两郧—两竹地区及南大别地区。

卡林-类卡林型金银锑矿床主要分布在南秦岭构造带，可能与晚古生代南秦岭汇聚-碰撞造山过程相关。以高桥坡锑矿为例，矿床产状武当隆起西北缘，赋矿地层为下泥盆统公馆组。

（2）与变质作用有关的磷、金红石矿。

该成矿系列均为原岩达到成矿物质的初始富集，在晚古生代—早中生代构造演化过程中，遭受区域变质作用或高压-超高压变质作用，对原岩物质达到改造。成矿作用受到原岩物质和变质作用的双重控制。

与沉积作用有关的沉积变质型磷矿成矿亚系列：该成矿亚系列主要分布于桐柏—大别构造单元，受地层控制明显，典型矿床式为黄麦岭式磷矿床。黄麦岭式磷矿床属沉积变质型磷矿，分布在鄂东北孝感地区和黄梅—武穴地区及安徽宿松地区，含矿层位为红安群七角山组、宿松群。鄂东北地区有大磊山、双峰尖两个磷矿田，统称孝感磷矿。黄梅—武穴地区有张榜塔畈、马龙、松阳三个磷矿带，统称黄梅—广济磷矿。据岩相古地理研究资料，本类变质磷矿床受滨岸-浅海陆棚相控制。

与基性-超基性岩有关的金红石矿床成矿亚系列：早期裂解作用形成的含矿侵入岩（可能也包含有大别期和扬子期）在随枣北部主要侵入于震旦系片岩、大理岩中，在桐柏地区主要侵入于红安群片岩中。在大别地区，含矿岩体主要分布在磨子潭断裂带南部的大别杂岩内，呈带状绵延数十千米。除金红石矿外有些地区还伴生少量铂钯。其次在南大别也有少量含矿超基性岩块散布于高压超高压变质岩系中，形成金红石等矿产。

6）早白垩世

形成于早白垩世与岩浆作用有关的成矿系列的地质作用是太平洋板块俯冲-走滑诱发的构造-岩浆作用，成矿亚系列的形成与不同构造演化阶段的性质有关，不同矿床类型的形成与岩浆-流体的不同演化阶段及围岩性质有关。控制岩浆岩分布的构造结点具有多场耦合（变形场、能量场和渗流场）和空间变异的属性，是控制成矿亚系列空间分布的核心因素。

桐柏—北淮阳地区自北向南可以划分为北、中、南三个近东西向成矿亚带，显示以造山带中央隆起带为中心，两侧略呈对称分布的特点。主要与钼成矿关系密切，但在本次二级项目工作区成矿作用不强，工作区内表现主要与金银成矿作用关系密切。

金银与三种成矿作用有关。一是与新元古代晚期裂解作用的海底火山喷流作用有关，该阶段不仅形成铜多金属矿矿床，而且还形成广泛分布的富含金银的初始矿源层；二是与印支期特别是与早白垩世早期的挤压背景的S型岩浆作用有关，在挤压和高温的协同作用下，初始矿源层中的金银开始活化，形成改造型金矿；三是与I型火山作用有关，形成浅成热液型金铜多金属矿床。前两种成矿亚系列存在着明显的多矿种的叠加继承关系，因此在同一矿区可能形成特殊的金银与铜铅锌伴生与分离现象。

金银与铅锌（铜）矿床的两种伴生关系：一是同生喷流沉积情况下，海底热水喷流沉积作用不仅形成铜铅锌贱金属硫化物矿床，也导致金银明显富集；二是印支期和燕山期的构造-岩浆作用的叠加，形成脉状金（银）矿床与贱金属间有明显的矿化分离作用（邓军 等，2001）。桐柏—大别地区，海底喷流成因的块状硫化物矿床，如刘山岩铜锌矿床、条山铁铜矿床（水洞岭铅锌铜矿床、桐木沟锌矿床、银洞子银铅铜多金属矿床）等均伴生甚至共生有金银矿化。

▶▶▶ 第 6 章

存在的主要地质问题

武当—桐柏—大别造山带是地壳物质出露最全、地质构造最复杂的地区，是地质研究重要窗口，经过数代地质工作者的努力，取得了许许多多共识性进展与成果，但也存在诸多分歧。

6.1 造山带地质构造阶段及构造单元划分

由于种种原因，本书中部分内容是根据不完整的资料推测的，尚需大量的地质工作对其进行论证，其中涉及如下具体地质问题。

1. 不同构造层界定及构造层物质属性和年代学的精确认定

板块构造演化过程中，构造层的划分尤为重要，不同区段、不同层次地壳的属性问题，是大地构造单元划分的基础和前提。由于大别山地区变形变质程度极深（核部变质可达麻粒岩相-高角闪岩相），前期工作对该区物质属性与年代学认定工作相对薄弱，主要表现在两个方面：其一，是指导思想问题，变形变质强的岩石一般认定为老的“岩石或地层”；其二，分析测试技术与精度问题，随着高精度分析测试技术的广泛应用，大别山地区岩石或地层的属性（包括年代学）得到了重新认定，所以，这些也改变了大别山地区“槽台学说”阶段的基本认识。本书以板块理论为指导，基于大别山地区近五十年进展与成果的总结与梳理。但这只是一个框架性的认识，要想得到更接近地质事实的大别山地区地质构造过程解读，还有大量的认定工作要去做，可谓路漫漫！

2. 大地构造阶段的划分

板块构造的构造阶段划分，要求研究板块裂解、离散、汇聚、碰撞造山的全过程，即对整个构造旋回分阶段进行研究，包括：稳定阶段（地台阶段）、裂谷阶段、大西洋阶段（大洋裂谷阶段）、太平洋阶段（汇聚阶段、B 型俯冲阶段）和横向挤压阶段（碰撞造山阶段、A 型俯冲阶段）。

在大别山地区，通过对近五十年研究成果与进展的梳理，初步提出：新太古代—古元古代陆壳形成、中元古代时期总体表现出裂解特点，新元古代汇聚造山，震旦纪—早古生代早期总体表现为稳定陆台环境；早古生代中后期，武当—桐柏—大别地区在新元古代弧-盆体系总体格局背景下，沿宣化店—高桥—永佳河—浠水发生裂解，发育大量基性-超基性岩；晚古生代—中生代，发生汇聚-碰撞造山运动。

可以看出，大别地区晚古生代以来的地质构造过程极为模糊，这主要是对大别地区晚古生代—中生代物质的识别与认定有待深入，正是因为这一时期的物质许多没有被识别，而使该区晚古生代以来的地质构造更加扑朔迷离，主要包括以下几个主要方面。

（1）早古生代中—后期大陆裂解、离散的特点及属性问题。宣化店—吕王—高桥—永佳河—浠水带在古生代时期是否发展到大西洋阶段，其物质的出露位置及特点（缝合带的物质组成及属性），是划分大地构造带的依据。

（2）晚古生代大陆汇聚的方式及特点。涉及俯冲性质（单侧俯冲、还是双向侧冲）、俯冲方向、是否发育沟-弧-盆体系及它们各自所处的位置和物质组合特点。另外，大别地区的高压变质体是否经历了俯冲-折返，还是沿深大断裂伴随着基性-超基性岩被带到地表等问题，有待进一步研究。

（3）中生代陆陆碰撞造山作用的相关问题。包括造山过程基本构造格局的厘定，主要构造断裂边界的确定，俯冲边界、俯冲方向及造山作用特点，A 型俯冲与 B 型俯冲界线是否一致，早期 B 型俯冲的存在位置及被改造特点等问题。

3. 大地构造单元的划分

对大地构造单元的划分应考虑：①动态（阶段）划分的理念；②地质构造过程理念：裂解到汇聚过程中各地段的大地构造环境和后期横向压缩的改造后，应以不同环境形成的物质组合的空间分布形态进行划分，而非以横向挤压阶段形成的规模较大断裂边界为界进行划分。

4. 碰撞造山过程中的块断变形特征及相关问题

碰撞造山过程中，其构造应力所影响的范围是十分广泛的，它不仅使造山带内部发生大规模变形，而且使两侧的地台区同样被改造，只是改造的特点有差异，这些改造的证据应在地台区加以研究。同样地，造山带内部不同构造区段的构造变形特征差异也是十分明显的，但它们均遵循同一变形法则：深部的底辟面状低缓角度以韧性剪切变形为主，中部则以底辟隆升、褶皱变形为特点，其间发育线状韧性剪切变形（绿片岩相变质变形带）到浅部以逆冲（脆-韧性）、褶皱变形为主，浅表则以（逆）冲断变形为特点。

5. 岩浆作用、变质作用、沉积作用、构造变形作用与大地构造演化的关系问题

对岩浆作用、变质作用、沉积作用及构造变形作用的研究是解决大地构造演化问题的不同方面，与大地构造演化息息相关，因此，应纳入地质构造过程这一体系进行综合研究。

区内前人在基础地质方面做了大量的工作，各方面的研究也比较深入，但诸多地质问题的综合研究及综合解释工作还比较薄弱，因此，许多地质问题的解释常局限于就事论事。

1）岩浆作用问题

对岩浆作用的讨论多局限于岩石学范畴，与构造演化关系相关的讨论非常少，这会制约对岩浆成岩构造背景、就位构造和就位机制等的认识，对岩浆岩（带）的讨论也很重要。如：裂谷岩浆作用和大陆边缘（岛弧）岩浆作用、A 型俯冲与 B 型俯冲岩浆特点均有明显差异，这一点应引起重视。

2）变质作用问题

板块构造演化阶段，在造山作用过程中，不同构造部位有着不同的变质作用特点，对不同变质岩类的空间分布、变质特点等的认识，是界定造山作用基本地质构造过程的基础，也是对造山带不同大地构造单元及属性认识的依据（如仰冲盘和俯冲盘的变质特点是不同的）。另外，变质作用的叠加与改造的识别与认定、*P-T-t* 与 *P-T-D-t* 轨迹图编制与解读等

都需深化。

3）沉积作用问题

沉积作用及沉积物是构造环境的直接记录，因此，不同地质构造背景对应的沉积物质也各不相同。这些物质组合（原始建造）可能被改造和破坏，但其空间分布特点、沉积物属性等是大地构造单元划分的依据。如裂谷体系火山-沉积组合、岛弧火山-沉积组合、大陆边缘（主动的、被动的）（火山-）沉积组合、过渡带的物质组合、弧后盆地的物质组合等都具有各自的特点。另外，在大别山地区，沉积组合经历变质后，多表现为片岩或粒岩类等，风化后，不易采样而放弃采样，这直接导致大量信息没有获取，因而，所得出的结论并不十分符合实际情况，应予以关注。

6.2 大别山地区早期地壳演化

1. 是否存在古老陆核

大别山地区木子店岩组基本岩石类型与原岩恢复与全球早期地壳演化阶段的花岗（TTG 系列）-绿岩地体的物质组合特征十分相似，能否称大别山地区古老陆核？需解决或进一步研究以下方面的问题。

（1）早期地球表面物质组成与属性及年代学问题。

（2）早期地壳是属花岗（TTG 系列）-绿岩带，是否属高级变质区？

2. 早期地壳演化问题

现有资料表明：花岗岩一方面表现出富 Si 和 Na，向富 Na 的方向演化；另一方面，则更多表现为 CA（钙碱性）演化趋势。是否可以基于已有资料，做如下猜想？地球早期阶段，总体处于温度较高状态，此时地球表面尚未形成一定块度的陆块（板块或微板块），花岗岩显示富 Na 的演化特点，而形成一定块度的陆块后，则遵循 CA（钙碱性）演化趋势。当然，前者与后者之间存在过渡阶段；另外，需要研究超基性、基性、中-酸性、酸性火山岩或火山-沉积岩石类岩石形成（产出）的构造地质背景。这就衍生出以下需思考的问题。

（1）在地球逐步冷却过程中，从无地壳或薄到有地壳或逐步增厚地壳、从小块体到逐步增大块体，于是，块体间的离散与汇聚必然存在，那么，那一时期的离散（裂解或裂谷）体系与汇聚（俯冲-碰撞）体系，与现今有着厚地壳的经典模式有无差别？

（2）大别山地区早期表壳沉积物的物质组成、原岩属性及形成大地构造背景等。

6.3 晋宁造山运动

大别山地区晋宁期运动及其基本地质构造过程，是一个长期被争论的问题。

现有资料表明：大别山地区（造山带）主体物质组合总体表现为仰冲盘的特点。包括：

该时期的同造山类科迪勒拉 I 型花岗岩及其喷出物（岛弧型火山-沉积建造）、弧后盆地沉积物组合（武当—随南地区，东部的大别山南坡地区既有盆地沉积组合，也有岛弧特征中酸性火山岩及沉积组合，还有弧后盆地裂解环境火山-沉积组合）等。要确定以上认识，如下地质问题必须解决。

1. 碰撞造山的缝合带位置及俯冲方向等

（1）缝合带的空间位置。

（2）从大别山地区这一时期主要物质的空间分布看，汇聚过程是从北向南俯冲汇聚方式；另外，越来越多的资料显示，晋宁时期汇聚多块体的特点，需进一步研究。

2. 造山过程中的主要特点

（1）武当—随枣地区及大别山南部（坡）地区的物质组合的属性认定，包括：建造类型、物质来源、盆地性质、大地构造背景及成因机制等问题。

（2）晋宁期侵入岩、火山岩的属性、成因与序列及空间展布特点等。

6.4　武当—桐柏—大别地区总体格局

1. 前寒武纪不同阶段基本格局

现有的资料表明，约新太古代陆核形成，现多为卵圆状块体或包体，零星出露，太古宙末的陆核汇聚增生，早元古代稳定大陆（边缘）演化；中元古代大陆裂解与局部汇聚，新元古代大陆俯冲-碰撞，形成沟-弧-盆体系（图 6.1），奠定了武当—桐柏—大别地区总体地质构造格局。

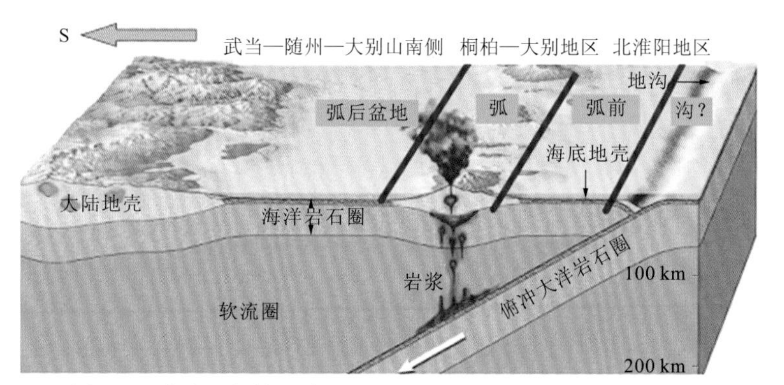

图 6.1　武当—桐柏—大别地区沟-弧-盆体系空间展布示意图

2. 古生代总体格局

早寒武世，主要为一套稳定环境沉积组合；中寒武世，新元古代末在定型构造总体背景下发生裂解，至早志留世，裂解最大，在区内形成了二郎坪—高桥—浠水洋裂、北淮阳支裂谷带（马畈一带的早古生代基性火山-沉积建造、浒湾一带的榴辉（闪）岩、超基性岩（?)、基性火山-沉积建造，暂命名为信阳—商城裂谷带)、两竹—随南裂谷带等，共同组成区域上的三叉裂谷系。

晚古生代，秦岭洋槽从离散型逐渐转变为汇聚型，即扬子板块向华北板块靠拢并发生俯冲作用（B 型俯冲，以洋壳俯冲为主，具单侧造山特点)。

区域上，两竹—随南地区以大陆-过渡型裂谷为特点。两竹地区有大量碱性火山岩、碱性侵入岩和基性侵入岩等，其主体应属大陆裂谷系沉积物质，而非大洋型沉积；随南地区北部以基性火山-沉积组合，与西部相比，基性物质增多（局部出现超基性火山岩)，表明裂谷水体变深，可能与东侧的大洋（二郎坪—高桥—浠水洋裂）相连。随南地区南部扬子板块北缘（京山地区）寒武系—奥陶系中出现金伯利岩、钾镁煌斑岩。大别山北坡的北淮阳地区早古生代沉积物质也多以基性-碱性火山沉积为主,它们与随南地区早古生代沉积物相似，属相似环境。它们与（二郎坪？）—高桥—浠水洋裂一起组成区域上的三叉状裂谷系，当然，其他地区也存在一定规模的裂解。红安地区发现古生代化石（彭练红，2003)，表明古生代时期地质构造事件在该区是存在的！红安地区以新元古代定型构造格局（沟-弧-盆体系）为背景，经历了震旦纪时期稳定阶段、早古生代裂解阶段及晚古生代汇聚阶段，（二郎坪？）宣化店—高桥—永佳河古生代蛇绿混杂岩带是这一时期的物质的残存。

6.5 原划归中-新元古代地层中发现古生物化石

1. 武当地区

随着地质工作的深入，武当地区越来越多的古生代物质与构造带被识别与认定。如王宗起等（2016）通过大比例尺调研，确定在黄龙—方滩地区和丹江口银洞山地区存在构造混杂岩带，该混杂带包含中晚泥盆世（381.6 Ma）的洋岛火山沉积序列、主体物源为新元古代（612.0 Ma）的大理岩块体，孢粉化石时代为泥盆世的碳硅石板岩岩块，其围岩的基质最年轻一组峰值年龄为 221 Ma 并获得 220 Ma 的基性侵入岩，表明该构造混杂岩带为多种不同时代、不同类型、不同成因的岩块组成，表现出“block-in-matrix”结构的特殊岩石单元特征，最终定型于中晚三叠世。

2. 桐柏—红安地区

20 世纪 90 年代以来，桐柏及西大别大悟、红安等地区，原划归桐柏群、红安群的大理岩中，发现了大量的三叶虫、海百合茎和蜿足类化石碎片。

近几十年来，前寒武纪地层中发现多条构造混杂岩带。在构造混杂岩带的不同地段和岩层中发现了众多不同时代的古生物化石（包括大化石碎片和微体化石）及其组合，并用不同同位素测年方法获得一批年代数据。不同认识的提出多依据相对应的时代证据。因此，不仅需要进一步深入研究各时代证据的可靠性和局限性，更需要研究各个含化石和测年数据地质体的性质（是块体，还是基质)、内部的期次（岩浆活动、变质变形期次)、赋存特征及其相互接触关系，结合成因分析，确定杂岩带形成的时间范围及其代表的构造环境。

参 考 文 献

安徽省地质调查院, 2014. 1:25 万六安幅区域地质调查报告.

安守先, 1976. 丰店幅 H-50-13-B 1:5 万区域地质调查报告. 湖北省地质局区测队. 全国地质资料馆.

陈超, 毛新武, 胡正祥, 等, 2017a. 鄂北大洪山地区~817 Ma 洋岛玄武岩的发现及意义. 地质科技情报, 36(6): 22-31.

陈超, 熊保成, 胡正祥, 等, 2017b. 扬子北缘新元古代洋陆转换事件刍议. 资源环境与工程, 31(6): 659-668.

陈超, 苑金玲, 孔令耀, 等, 2018. 扬子北缘大洪山地区早古生代基性岩脉的厘定及其地质意义. 中国科学: 地球科学, 43(7): 2370-2388.

陈高潮, 张俊良, 2008. 安康市幅 I49C004001 1:25 万区域地质调查报告. 陕西省地质调查院. 全国地质资料馆.

陈公信, 1983. 湖北新洲盆地的龟化石. 古脊椎动物学报, 21(1): 42-48.

陈玲, 马昌前, 张金阳, 等, 2012. 首编大别造山带侵入岩地质图(1:50 万)及其说明. 地质通报, 31(1): 13-19.

陈能松, 游振东, 索书田, 等, 1996. 大别山区中酸性麻粒岩和变形花岗岩的锆石 U-Pb 年龄. 科学通报, 41(11): 1009-1012.

陈铁龙, 吴波, 冯稳, 等, 2015. 宋埠幅 H50E006004 新洲县幅 H50E007004 淋山河幅 H50E008004 团风镇幅 H50E009004 1:5 万区域地质调查报告. 湖北省地质调查院. 全国地质资料馆.

陈洲琪, 1975. 四姑墩东半幅 H-50-13-D 七里坪西半幅 H-50-14-C 1:5 万区域地质调查报告. 湖北省第六地质大队. 全国地质资料馆.

成都地质学院陕北队, 1978. 沉积岩(物)粒度分析及应用. 北京: 地质出版社.

程金辉, 戎嘉余, 詹仁斌, 2005. 华南上扬子区早奥陶世晚期—中奥陶世早期的腕足动物//中国古生物学会第九届全国会员代表大会暨中国古生物学会第二十三次学术年会学术论文摘要集. 江苏: 中国古生物学会: 45-46.

地质部湖北省地质局, 1966. 通山幅 H-50-19 1:20 万区域地质矿产报告.

地质矿产部宜昌地质矿产研究所, 1987. 长江三峡地区生物地层学 2: 早古生代分册. 北京: 地质出版社.

邓晋福, 2004. 岩石成因、构造环境与成矿作用. 北京: 地质出版社.

邓晋福, 冯艳芳, 狄永军, 等, 2015. 岩浆弧火成岩构造组合与洋陆转换. 地质论评, 61(3): 473-484.

邓晋福, 肖庆辉, 苏尚国, 等, 2007. 火成岩组合与构造环境: 讨论. 高校地质学报, 13(3): 392-402.

邓军, 杨立强, 刘伟, 等, 2001. 胶东招掖矿集区巨量金质来源和流体成矿效应. 地质科学, 36(3): 257-268.

邓乾忠, 王昌平, 2006. 关于红安群解体的几个问题及工作建议. 资源环境与工程, 20(6): 740-745.

方冬生, 陈冬明, 1995. 长岗店幅 H49E003021 1:5 万区域地质图说明书. 湖北地勘局第八地质队. 全国地质资料馆.

高联达, 1991. 河南信阳群南湾组化石孢子的发现及其地质意义. 中国地质科学院院报(3): 85-99.

河南省第三地质大队, 1999. 1:5 万文殊寺幅、千斤河棚幅、泼河幅、新县幅、两路幅区域地质调查报告. 郑州: 河南省第三地质大队.
河南省区测队, 1968. 1:20 万桐柏幅区域地质矿产调查报告. 郑州: 河南省地质调查院.
洪大卫, 王式洸, 韩宝福, 等, 1995. 碱性花岗岩的构造环境分类及其鉴别标志. 中国科学: 化学 生命科学 地学, 25(4): 418-426.
胡立山, 1994. 草店幅 I-49-144-A 殷店幅 I-49-144-C 1:5 万区域地质图说明书. 湖北省地矿局区调所. 全国地质资料馆.
胡正祥, 陈超, 毛新武, 等, 2017. 扬子北缘青白口系土门岩组岛弧火山-碎屑岩的定义及意义. 地层学杂志, 41(3): 304-317.
湖北省地质调查院, 2002. 湖北 1:5 万双河口幅、盐池庙幅区域地质调查报告.
湖北省地质调查院, 2007a. 1:25 万十堰市幅、襄樊市幅区域地质调查报告.
湖北省地质调查院, 2007b. 湖北省 1:25 万荆门市幅区域地质调查报告.
湖北省地质调查院, 2017. 湖北省区域地质志. 北京: 地质出版社.
湖北省地质调查院1:25万麻城幅项目组, 2001. 湖北省红安—大悟地区原中—新元古代地层中发现古生代化石. 中国地质, 28(11): 35-37.
湖北省地质局, 1993. 1:5 万平林市幅区域地质调查报告.
湖北省地质局第八地质大队, 1993. 历山镇幅 1:5 万地质图说明书.
湖北省地质矿产局, 1984. 武当山—桐柏山—大别山金银及多金属成矿带成矿远景区划.
湖北省地质矿产局, 1990. 湖北省区域地质志. 北京: 地质出版社.
湖北省地质矿产局, 1996. 湖北省岩石地层. 武汉: 中国地质大学出版社.
湖北省地质矿产局, 1999. 湖北省 1:5 万安居镇、随州市、均川幅区域地质调查报告.
湖北省第六地质大队, 1991. 1:5 万木子店等幅区域地质调查报告.
湖北省区测队, 1961. 1:20 万随县幅区域地质矿产调查报告.
湖北省区域地质测量队, 1984. 湖北省古生物图册. 武汉: 湖北科学技术出版社.
湖北省物探队, 1987. 湖北省 1:20 万航磁图及说明书.
黄国平, 1990. 万和店幅 I-49-143-B 天河口幅 I-49-143-D 1:5 万矿产图说明书. 湖北省地矿局第八地质大队. 全国地质资料馆.
贾小辉, 王强, 唐功建, 2009. A 型花岗岩的研究进展及意义. 大地构造与成矿学, 33(3): 465-480.
简平, 马昌前, 1996. 大别造山带东部燕山晚期区域变质-岩浆活动与区域构造抬升的同位素地质年代学证据. 地球科学: 中国地质大学学报, 21(5): 519-523.
金经炜, 1982. 宜城幅 H-49-5 随县幅 H-49-6 1:20 万区域地质调查报告. 湖北省地矿局区测队. 全国地质资料馆.
金守文, 1981. 新县大悟幅 H-50-1 1:20 万区域地质调查报告. 河南省地矿局区域地质调查队. 全国地质资料馆.
孔令耀, 毛新武, 陈超, 等, 2017. 扬子北缘大洪山地区中元古代打鼓石群碎屑锆石年代学及其地质意义. 地球科学:中国地质大学学报, 42(4): 485-501.
赖才根, 1982. 中国地层 5: 中国的奥陶系. 北京: 地质出版社.
雷健, 2003. 随州市幅 H49C001004 1:25 万区域地质调查报告. 湖北省地质调查院. 全国地质资料馆.
黎彤, 饶纪龙, 1963. 中国岩浆岩的平均化学成分. 地质学报, 1963(3): 69-78.
黎彤, 饶纪龙, 1965. 论化学元素在地壳及其基本构造单元中的丰度. 地质学报, 1(45): 82-91.

黎彤, 叶韻琴, 1962. 地球化学告诉我们什么?. 科学大众(9): 276-277.
李昌年, 1992. 火成岩微量元素岩石学. 武汉: 中国地质大学出版社.
李春昱, 刘仰文, 朱宝清, 等, 1978. 秦岭及祁连山构造发展史. 西北地质(4): 1-12.
李春昱, 王荃, 刘雪亚, 等, 1982. 亚洲大地构造图说明书. 北京: 地图出版社.
李福林, 李毅龙, 周国华, 等, 2010. 湖北随州大狼山群片岩中碎屑锆石的 U-Pb 年龄及其意义. 岩石矿物学杂志, 29(5): 488-496.
李福林, 王成刚, 周汉文, 等, 2019. 湖北 1:5 万十堰市、吕家河、薛家村、土城幅区域地质调查报告. 武汉: 武汉地质调查中心.
李怀坤, 田辉, 周红英, 等, 2016. 扬子克拉通北缘大洪山地区打鼓石群与神农架地区神农架群的对比: 锆石 SHRIMP U-Pb 年龄及 Hf 同位素证据. 地学前缘, 23(6): 186-201.
李江洲, 2001. 地球化学块体在成矿预测中的应用. 湖北地矿, 15(4): 77-85.
李金平, 吴传荣, 1988. 大新店幅 H-50-1-C 大悟县 H-50-13-A（北半幅）1:5 万地质图说明书. 湖北地矿局区调所. 全国地质资料馆.
李均权, 谭秋明, 李江洲, 等, 2005. 湖北省矿床成矿系列. 武汉: 湖北科学技术出版社.
李石, 1991. 鄂北地区碱性岩的时代及成因. 岩石学报(3): 27-36.
李曙光, 郑双根, 1997. 俯冲陆壳与上地幔的相互作用: I.大别山同碰撞镁铁-超镁铁岩的主要元素及痕量元素地球化学. 中国科学: 地球科学, 27(6): 488-493.
李小伟, 莫宣学, 赵志丹, 等, 2010. 关于 A 型花岗岩判别过程中若干问题的讨论. 地质通报, 29(Z1): 278-285.
李玉琼, 杜雪亮, 马蓁, 等, 2017. 全球大陆裂谷玄武岩数据挖掘的初步结果. 矿物岩石地球化学通报, 36(6): 912-919.
李志宏, STOUGE S, 陈孝红, 等, 2010. 湖北宜昌黄花场下奥陶统弗洛阶 *Oepikodus evae* 带精细地层划分对比. 古生物学报, 49(1): 108-124.
李忠雄, 陆永潮, 王剑, 等, 2004. 中扬子地区晚震旦世—早寒武世沉积特征及岩相古地理. 古地理学报, 6(2): 151-162.
廖明芳, 谢应波, 李琳静, 等, 2016. 湖北省大洪山地区三里岗岩体成因及时代探讨. 资源环境与工程, 30(2): 143-150.
凌文黎, 程建萍, 王歆华, 等, 2002a. 武当地区新元古代岩浆岩地球化学特征及其对南秦岭晋宁期区域构造性质的指示. 岩石学报, 18(1): 25-36.
凌文黎, 段瑞春, 柳小明, 等, 2010. 南秦岭武当山群碎屑锆石 U-Pb 年代学及其地质意义. 科学通报, 55(12): 1153-1161.
凌文黎, 高山, 欧阳建平, 等, 2002b. 西乡群的时代与构造背景: 同位素年代学及地球化学制约. 中国科学: 地球科学, 32(2): 101-112.
凌文黎, 高山, 张本仁, 等, 2000. 扬子陆核古元古代晚期构造热事件与扬子克拉通化. 科学通报, 45(21): 2343-2348.
凌文黎, 任邦方, 段瑞春, 等, 2007. 南秦岭武当山群、耀岭河群及基性侵入岩群锆石 U-Pb 同位素年代学及其地质意义. 科学通报, 52(12): 1445-1456.
凌文黎, 王歆华, 程建萍, 2001. 扬子北缘晋宁期望江山基性岩体的地球化学特征及其构造背景. 矿物岩石地球化学通报, 4: 218-221.

凌文黎, 张本仁, 张宏飞, 等, 1996. 扬子克拉通北缘中、新元古代洋壳俯冲及壳幔再循环作用的同位素地球化学证据. 地球科学, 3: 100-104.

刘宝珺, 许效松, 潘杏南, 等, 1993. 中国南方古大陆沉积地壳演化与成矿. 北京: 科学出版社.

刘成新, 杨成, 2015. 湖北 1:5 万水坪(I49E023008)、竹山县(I49E023009)、蔡家坝(I49E024008)、峪口幅(I49E024009)区域地质矿产调查. 武汉: 湖北省地质调查院.

刘成新, 杨清富, 毛新武, 等, 2013. 神农架地区新元古代青白口纪凉风垭组的建立. 资源环境与工程(3): 238-244.

刘大文, 2002. 地球化学块体的概念及其研究意义. 地球化学, 31(6): 539-548.

刘观亮, 汪雄武, 吕学淼, 1993. 大洪山钾镁煌斑岩. 北京: 地质出版社.

刘浩, 徐大良, 魏运许, 等, 2017. 湖北大洪山打鼓石群沉积时限: 来自碎屑锆石 U-Pb 年龄的证据. 地质通报, 36(5): 715-725.

刘晓春, 董树文, 李三忠, 等, 2005. 湖北红安群的时代: 变质花岗质侵入体 U-Pb 定年提供的制约. 中国地质: 32(1): 75-81.

刘源骏,杨秀琦, 2016. 湖北七尖峰花岗岩成因类型初探-兼论花岗岩类某些成岩机制. 资源环境与工程, 30(增刊): 37-46.

卢欣祥, 董有, 尉向东, 等, 1999. 东秦岭吐雾山 A 型花岗岩的时代及其构造意义. 科学通报, 44(9): 975-978.

鲁显松, 黄景孟, 李志刚, 等, 2019. 湖北竹山文峪-擂鼓(赤岩沟口幅、文峪幅、擂鼓公社幅)地区 1:5 万矿产地质调查成果报告(2016-2018 年). 武汉: 武汉地质调查中心.

陆松年, 李怀坤, 陈志宏, 等, 2004. 新元古时期中国古大陆与罗迪尼亚超大陆的关系. 地学前缘, 2: 515-523.

陆松年, 于海峰, 李怀坤, 等, 2009. 中央造山带(中—西部)前寒武纪地质. 北京: 地质出版社.

马昌前, 佘振兵, 许聘, 等, 2004. 桐柏—大别山南缘的志留纪 A 型花岗岩类: SHRIMP 锆石年代学和地球化学证据. 中国科学: 地球科学, 12(2): 1100-1110.

马昌前, 佘振兵, 张金阳, 等, 2006. 地壳根、造山热与岩浆作用. 地学前缘(2): 130-139.

马昌前, 杨坤光, 明厚利, 等, 2003. 大别山中生代地壳从挤压转向伸展的时间: 花岗岩的证据. 中国科学: 地球科学, 33(9): 817-827.

马杏垣, 杨森楠, 朱志澄, 1992. 中国大地构造论文集. 武汉: 中国地质大学出版社.

毛雪生, 徐学金, 黄先春, 1996. 福田河幅 H50E004005 1:5 万区域地质图说明书. 湖北地勘局鄂东北地质队. 全国地质资料馆.

倪世钊, 1992. 湖北古城畈群笔石的发现及其地质意义. 中国地质(5): 32-32.

牛志军, 彭练红, 龙文国, 等, 2017. 中南地区区域地质概论. 武汉: 中国地质大学出版社.

潘桂棠, 肖庆辉, 陆松年, 等, 2008. 大地构造相的定义、划分、特征及其鉴别标志. 地质通报,27(10): 1613-1637.

裴荣富, 1995. 中国矿床模式. 北京: 地质出版社.

彭练红, 2003. 麻城市幅 H50C001001 1:25 万区域地质调查报告. 湖北省地质调查院. 全国地质资料馆.

彭练红, 刘浩, 邓新, 等, 2016. 武当—桐柏—大别成矿带关键地区地质调查项目总报告(2013-2015 年). 武汉:中国地质调查局武汉地质调查中心.

彭练红, 彭三国, 邓新, 等, 2019. 武当—桐柏—大别成矿带武当—随州地区地质矿产调查二级项目总报告(2016-2018 年). 武汉: 中国地质调查局武汉地质调查中心.
彭三国, 龙宝林, 李书涛, 等, 2013. 武当—桐柏—大别成矿带成矿地质特征与找矿方向. 武汉: 中国地质大学出版社.
钱青, 1998. 双峰式火山岩套形成的地球动力学环境. 地学前缘, 5(3): 104.
钱青, 王焰, 1999. 不同构造环境中双峰式火山岩的地球化学特征. 地质地球化学, 27(4): 29-32.
秦万宜, 安守先, 1978. 大悟县南半幅 H-50-13-A(3.4)小河镇幅 H-50-13-C 1:5 万区域地质调查报告. 湖北省地质局区测队. 全国地质资料馆.
曲衍绪, 1965. 武汉幅 H-50-13 1:20 万区域地质、矿产报告. 湖北省地质局区测队. 全国地质资料馆.
瞿乐生, 余林青, 吴斯江, 1990. 湖北省震旦纪岩相古地理. 武汉: 中国地质大学出版社.
全国地层委员会, 2015. 中国地层指南及中国地层指南说明书. 北京: 地质出版社.
萨尔瓦多 A, 2000. 国际地层指南: 地层分类、术语和程序(第二版). 北京: 地质出版社.
桑隆康, 马昌前, 2012. 岩石学(第二版). 北京: 地质出版社.
陕西省地质矿产局, 1989. 陕西省区域地质志. 北京: 地质出版社.
石玉若, 张宗清, 刘敦一, 等, 2003. 湖北省随州花山蛇绿混杂岩 Sm-Nd、Rb-Sr 同位素年代研究. 地质论评, 49(4): 367-373.
石玉若, 张宗清, 刘敦一, 等, 2005. 湖北省随州杨家棚地区辉长岩 Rb-Sr 同位素年龄. 地球学报, 26(6): 521-524.
汤家富, 侯明金, 高天山, 等, 2002. 宿松群、红安群、海州群的时代归属与讨论. 地质通报, 21(3): 166-171.
唐霞弘,袁希望,江远春, 1988. 武汉市物探推断地质构造图及说明书 1:10 万. 湖北省地矿局物探队. 全国地质资料馆.
田辉, 李怀坤, 周红英, 等, 2017. 扬子板块北缘花山群沉积时代及其对 Rodinia 超大陆裂解的制约. 地质学报, 91(11): 2387-2408.
万俊, 刘成新, 杨成, 等, 2017. 南南秦岭竹山地区粗面质火山岩地球化学特征、LA-ICP-MS 锆石 U-Pb 年龄及其大地构造意义. 地质通报, 35(7): 1134-1143.
汪啸风, 陈孝红, 2005. 中国各地质时代地层划分与对比. 北京: 地质出版社.
汪啸风, 陈旭, 陈孝红, 等, 1996. 中国地层典: 奥陶系. 北京: 地质出版社.
汪啸风, STOUGE S, 陈孝红, 等, 2005. 全球下奥陶统—中奥陶统界线层型候选剖面-宜昌黄花场剖面研究新进展. 地层学杂志, 29: 467-489.
汪云亮, 张成江, 修淑芝, 2001. 玄武岩类形成的大地构造环境的 Th/Hf-Ta/Hf 图解判别. 岩石学报, 17(3): 413-421.
王建明, 陈衍景, 李胜利,等, 2006. 河南周庵铂族-铜镍矿床的地质特征及成因分析. 矿物岩石, 26(3): 31-37.
王建新, 2001. 湖北省大别山地区 1:5 万区调片区总结. 湖北省地质调查院. 全国地质资料馆.
王江海, 1991. 大别杂岩的早期演化及混合岩成因机制. 武汉: 中国地质大学出版社.
王金荣, 陈万峰, 张旗, 等, 2017. N-MORB 和 E-MORB 数据挖掘: 玄武岩判别图及洋中脊源区地幔性质的讨论. 岩石学报, 33(3): 993-1005.
王留海, 廖其放, 1989. 大洪山地区钾镁煌斑岩岩石特征. 湖北地质(2): 68-78.
王梦玺, 王焰, 赵军红, 2012. 扬子板块北缘周庵超镁铁质岩体锆石 U/Pb 年龄和 Hf-O 同位素特征: 对源区性质和 Rodinia 超大陆裂解时限的约束. 科学通报, 57(34): 3283-3294.

王瑞瑞, 2013. 南秦岭新元古代—古生代岩浆事件与中生代冷碰撞造山. 北京: 中国地质科学院.
王宗起, 武昱东, 王刚, 等, 2016. 武当—桐柏—大别关键地区区域地质调查成果报告. 中国地质科学院矿产资源研究所. 全国地质资料馆.
魏春景, 1996. 官庄幅 H-50-30-C 双塘埂幅 H-50-42-A 1:5 万区域地质调查综合地质报告. 北京大学地质学系. 全国地质资料馆.
魏春景, 等, 1996. 官庄幅 H-50-30-C 双塘埂幅 H-50-42-A 1:5 万区域地质调查综合地质报告. 北京大学地质学系. 全国地质资料馆.
温礼琴, 任玉琴, 金海云, 等, 2014. 随枣北部燕山期花岗岩体地球化学特征. 资源环境与工程, 28(1): 27-33.
吴传荣, 胡立山, 高敬礼, 等, 1993. 1:5 万吴家店幅、余家店幅区域地质调查报告. 武汉: 湖北省地矿局区调所.
吴福元, 李献华, 杨进辉, 等, 2007a. 花岗岩成因研究的若干问题. 岩石学报, 23(6): 1217-1238.
吴福元, 李献华, 郑永飞, 等, 2007b. Lu-Hf 同位素体系及其岩石学应用. 岩石学报, 23(2): 185-220.
吴锁平, 王梅英, 戚开静, 2007. A 型花岗岩研究现状及其述评. 岩石矿物学杂志, 26(1): 57-66.
吴元保, 郑永飞, 2004. 锆石成因矿物学研究及其对 U-Pb 年龄解释的制约. 科学通报, 16: 1589-1604.
吴元伟, 周广法, 曾现虎, 2013. 变质锆石成因类型及内部结构、地球化学特征. 科技创新与应用, 26: 128.
吴正昊, 1977. 钟祥幅 H-49-11 应城幅 H-49-12 1:20 万区域地质调查报告. 湖北省地质局区测队. 全国地质资料馆.
武昱东, 王宗起, 刘成新, 等, 2016. 西大别芳畈花岗岩锆石 U-Pb 年龄、地球化学特征及其构造意义. 地质学报, 91(2): 315-333.
武昱东, 王宗起, 王涛, 等, 2014. 南秦岭武当群变沉积岩碎屑锆石特征及其地质意义//2014 年中国地球科学联合学术年会: 中央造山带构造演化与成矿论文集. 北京: 中国地球物理学会.
夏林圻, 夏祖春, 徐学义, 等, 2007. 利用地球化学方法判别大陆玄武岩和岛弧玄武岩. 岩石矿物学杂志, 1: 77-89.
向祥辉, 方冬生, 1995. 清潭镇幅 H49E002020 1:5 万区域地质图说明书. 湖北省地勘局第八地质队. 全国地质资料馆.
熊兴武, 陈忆元, 1991. 湖北京山中元古界打鼓石群沉积特征及其构造古地理意义. 地球科学, 5: 489-495.
许志琴, 李源, 梁凤华, 等, 2015. “秦岭—大别—苏鲁”造山带中“古特提斯缝合带”的连接. 地质学报, 89(4): 671-680.
薛怀民, 马芳, 2013. 桐柏山造山带南麓随州群变沉积岩中碎屑锆石的年代学及其地质意义. 岩石学报, 29(2): 564-580.
薛怀民, 马芳, 宋永勤, 2011. 扬子克拉通北缘随(州)—枣(阳)地区新元古代变质岩浆岩的地球化学和 SHRIMP 锆石 U-Pb 年代学研究. 岩石学报, 27(4): 1116-1130.
杨成, 陈铁龙, 吴波, 等, 2019. 湖北 1:5 万长岗店、均川、客店坡、古城畈、三阳店幅区域地质调查报告. 武汉: 湖北省地质调查院.
姚忠杰, 1986. 客店坡 H-49-22-D（东半幅）古城畈幅 H-49-23-C 三阳店幅 H-49-35-A 1:5 万区域地质调查报告. 湖北地矿局鄂东北地质大队. 全国地质资料馆.
叶伯丹, 许俊文, 李志昌, 等, 1991. 桐柏—大别山地区苏家河群动物化石的发现及其意义. 中国地质, 3: 28-29.

游振东, 陈能松, 1995. 大别山区深部地壳的变质岩石学证迹: 罗田惠兰山一带的麻粒岩研究. 岩石学报, 11(2). 137-147.
喻水林, 1999. 四姑墩幅(东) H50E004002)(东) 1:5 万地质图说明书. 湖北省鄂东北地质大队. 全国地质资料馆.
袁学诚, 任纪舜, 徐明才, 等, 2002. 东秦岭邓县—南漳反射地震剖面及其构造意义. 中国地质, 29(1): 14-19.
张国伟, 1988a. 华北地块南部早前寒武纪地壳的组成及其演化和秦岭造山带的形成及其演化. 西北大学学报(自然科学版), 18(1): 21-23.
张国伟, 1988b. 秦岭造山带的形成及其演化. 西安: 西北大学出版社.
张国伟, 董云鹏, 赖绍聪, 等, 2002. 中国中央造山系南缘勉略构造带与勉略板块缝合带//第四届世界华人地质科学研讨会论文摘要集. 南京: 南京大学.
张国伟, 孟庆仁, 赖绍聪, 1995. 秦岭造山带的结构构造. 中国科学: 化学, 25(9): 994-1003.
张宏生, 黄琦, 李启林, 等, 1978. 洛阳店幅 H-49-23-D 1:5 万区域地质矿产调查报告. 湖北省地质局第八地质大队. 全国地质资料馆.
张金阳, 马昌前, 佘振兵, 等, 2007. 大别造山带北部铁佛寺早古生代同碰撞型花岗岩: 地球化学和年代学证据. 中国科学: 地球科学, 37(1):1-9.
张克信, 冯庆来, 宋博文, 等, 2014. 造山带非史密斯地层. 地学前缘, 21(2): 36-47.
张鹏, 1992. 磨子潭幅 H-50-29-B 晓天镇幅 H-50-30-A 1:5 万区域地质调查报告(上、下册 地质部分). 安徽地矿局 313 地质队. 全国地质资料馆.
张仁杰, 陈孝红, 1998. 桐柏—大别造山带苏家河群早奥陶世微体化石及其意义. 微体古生物学报, 15(2): 125-133.
张仁杰, 姚华舟, 陈孝红, 1996. 河南桐柏—大别地区发现早古生代化石. 地球科学, 1: 70.
张雄, 曾佐勋, 潘黎黎,等, 2016. 对湖北大洪山地区一套紫红色砂-砾岩系沉积年代的再认识: 碎屑锆石 U-Pb 年龄及其地质意义. 地质通报, 35(7): 1069-1080.
赵振华, 2007. 关于岩石微量元素构造环境判别图解使用的有关问题. 大地构造与成矿学, 31(1): 92-103.
赵自强, 邢裕盛, 丁启秀, 等, 1988. 湖北震旦系. 武汉: 中国地质大学出版社.
中国地质大学, 1994. 1:5 万广水市幅区域地质调查报告. 武汉: 中国地质大学.
钟玉芳, 马昌前, 佘振兵, 2006. 锆石地球化学特征及地质应用研究综述. 地质科技情报, 25(1): 27-34.
钟增球, 索书田, 徐启东, 等, 1996. 桐柏—大别造山带剪切带阵列的构造岩研究. 地质学报, 70(4): 315-323.
周高志, LION J G, 1996. 湖北北部高压、超高压变质带. 武汉: 中国地质大学出版社.
周高志, 康维国, 张树业, 等, 1991. 鄂北蓝片岩带研究. 长春地质学院光学教研室, 湖北省区域地质矿产调查所. 全国地质资料馆.
周红升, 马昌前, 陈玲, 2009. 大别造山带研子岗碱性岩体成因及其构造意义: 锆石 U-Pb 年龄和地球化学制约. 岩石学报(5): 1079-1091.
周懋汉, 黄学荣, 武圣华, 等, 1991. 湖北省嘉鱼—咸宁地区重力航磁区域地质构造研究报告: 1:20 万. 湖北省物探队. 全国地质资料馆.
周仁君, 陈勇, 孙继安, 1992. 刘河镇幅 HH-50-64-A 停前街幅 H-50-64-A 1:5 万区域地质图说明书. 湖北省地矿局鄂东北地质队. 全国地质资料馆.

周仁君, 黎长高, 胡远清, 等, 1996. 蕲春县幅 H50E011006 1:5 万区域地质图说明书. 地矿部湖北地勘局鄂东北地质大队地勘院. 全国地质资料馆.

周少东, 孙四权, 简玉兵, 等, 2013. 湖北省矿产资源潜力评价成果报告(上中下册). 湖北省地质调查院. 全国地质资料馆.

朱江, 彭三国, 彭练红, 等, 2019. 湖北大悟宣化店(宣化店幅、丰店幅)地区 1:5 万矿产地质调查成果报告. 武汉: 武汉地质调查中心.

朱金, 周豹, 刘文文, 等, 2019. 湖北随州天河口—历山地区 1:5 万矿产地质调查成果报告(2016-2018 年). 武汉: 武汉地质调查中心.

AMELIN Y, LEE D C, HALLIDAY A N, et al., 1999. Nature of the Earth's earliest crust from hafnium isotopes in single detrital zircon. Nature, 399: 252-255.

BOWES D R, 1967. The petrochemistry of some Lewisian granitic rocks. Mineralogical Magazine and Journal of the Mineralogical Society, 36(279): 342-363.

CARSWELL D A,COMPAGNONI R, 2003. Introduction with review of the definition,distribution and geotectonic significance of ultrahigh pressure metamorphism//CARSWELL D A, COMPAGNONI R. Ultrahigh pressure metamorphism. Budapest: Eotvos Lorand University Press: 3-9.

CAWOOD P A,ZHAO G,YAO J, et al., 2018. Reconstructing South China in Phanerozoic and Precambrian supercontinents. Earth-Science Reviews, 186: 173-194.

CHAPPELL B W, 1999. Aluminium saturation in I- and S-type granites and the characterization of fractionated haplogranites. Lithos: 46: 535-551.

CHEN K, GAO S,WU Y, et al., 2013. 2.6~2.7 Ga crustal growth in Yangtze craton, South China. Precambrian Research, 224: 472-490.

CHEN X, BERGSTRÖM S M, ZHANG Y D, et al., 2010. The base of the middle ordovician in china with special reference to the succession at hengtang near Jiangshan,Zhejiang Province, Southern China. Lethaia, 42(2): 218-231.

COLEMAN R G, 1977. Ophiolite-Ancient Oceanie Lithosphere. Berlin: Springer.

COMPSTON W, WILLIAMS I S, KIRSCHVINK J L, et al., 1992. Zircon U-Pb Ages for the Early Cambrian Time Scale. Journal of the Geological Society, 149: 171-184.

DEFANT M J, DRUMMOND M S, 1990. Derivation of some morden arc magmas by of young subducted lithosphere. Nature, 347: 662-665.

DENG Q, WANG J, WANG Z, et al., 2013. Continental flood basalts of the Huashan Group, northern margin of the Yangtze block-implications for the breakup of Rodinia. International Geology Review, 55(15): 1865-1884.

DENG Q, WANG J, CUI X,et al., 2016. The Type and evolution of Neoproterozoic Sedimentary Basin in the Dahongshan Region, Northern Margin of the Yangtze Block: An insight from sedimentary characteristics of the Huashan Group. Acta Geologica Sinica, 9(5): 1917-1918.

DONG Y P, LIU X M, SANTOSH M, et al., 2012. Neoproterozoic accretionary tectonics along the northwestern margin of the Yangtze Block, China: Constraints from zircon U-Pb geochronology and geochemistry. Precambrian Research, 196-197(Supplement C): 247-274.

DONG Y P, ZHOU M F, ZHANG G W,et al., 2008. The Grenvillian Songshugou ophiolite in the Qinling Mountains,Central China: Implications for the tectonic evolution of the Qinling orogenic belt. Journal of Asian

Earth Sciences, 32: 325-335.
DOUCE A E P, 1997. Generation of metaluminous A-type granites by low-pressure melting of calc-alkaline granitoids. Geology, 25: 743-746.
EIDE E A, LIOU J G, 2000. High-pressure blueschists and eclogites in Hong'an: A framework for addressing the evolution of high- and ultrahigh-pressure rocks in central China. Lithos, 52: 1-22.
ERNST W G, 2010. Subduction-zone metamorphism, calc-alkaline magmatism, and convergent-margin crustal evolution. Gondwana Research, 18(1): 8-16.
GARCIA M O, LIU N W K, MUENOW D W, 1979. Volatiles in submarine volcanic rocks from the Mariana Island arc and trough. Geochimica et Cosmochimica Acta, 43(3): 305-312.
GILL J B, 1976. Composition and age of Lau Basin and Ridge volcanic rocks: Implications for evolution of an interarc basin and remnant arc. Geological Society of America Bulletin, 87(10): 1384-1395.
HACKER B R, RATSCHBACHER L, WEBB L, et al., 2000. Exhumation of ultrahigh-pressure continental crust in east central China: Late Triassic-early Jurassic tectonic unroofing. Journal of Geophysical Research: Solid Earth, 105(B6): 13339-13364.
HAFIZULLAH A A, 2018. Petrogenesis and Tectonic Implications of Peralkaline A-TypeGranitesand Syenites from the Suizhou-Zaoyang Region,Central China. Journal of Earth Science, 29(5): 1181-1202.
HAWKESWORTH C J,LIGHTFOOT P C,FEDORENKO V A, et al., 1995. Magma differentiation and mineralisation in the Siberian continental flood basalts. Lithos, 34(1): 61-88.
HESS H H,1938. A primary peridotite magma. American Journal of Science, 35: 321-344.
HONG D W,WANG S G,HAN B F, et al., 1996. Post-orogenic alkaline granites from China and comparisons with anorogenic alkaline granites elsewhere. Journal of Southeast Asian Earth Sciences, 13(1): 13-27.
LE BAS M J, LE MAITRE R W, STRECKEISEN A, et al., 1986. A chemical classification of volcanic rocks based on the total alkali-silica diagram. Journal of Petrology, 27(3): 745-750.
LI H C,XU Z W, LU X C, et al., 2012. Constraints on the timing and origin of the Dayinjian intrusion and associated molybdenum mineralization at the western Dabie orogen,central China. International Geology Review, 54: 1579-1586.
LI J, ZHANG Y, DONG S,et al., 2013. Structural and geochronological constraints on the mesozoic tectonic evolution of the north Dabashan zone, South Qinling, Central China. Journal of Asian Earth Sciences, 64(5): 99-114.
LI R, CHEN J, ZHANG S, et al., 1999. Spatial and temporal variations in carbon and sulfur isotopic compositions of sinian sedimentary rocks in the Yangtze platform, South China. Precambrian Research, 97(1/2): 59-75.
LI Z X, EVANS D A D, HALVERSON G P, 2013. Neoproterozoic glaciations in a revised global palaeogeography from the breakup of Rodinia to the assembly of Gondwanaland. Sedimentary Geology, 294(15): 219-232.
LIU X C, JAHN B M, LIU D Y, 2004. SHRIMP U-Pb zircon dating of a metagabbro and eclogites from Western Dabieshan(Hong’an Block),China,and its tectonic implications. Tectonophysics, 394: 171-192.
LIU Y Q, GAO L Z, LIU Y X, et al., 2006. Zircon U-Pb dating for the earliest Neoproterozoic mafic magmatism in the southern margin of the North China Block. Chinese Science Bulletin, 51(19): 2375-2382.

MANIAR P D, PICOOLI P M, 1989. Tectonic discrimination of grantoids. Geological Society of America Bulletin, 101(5): 635-643.

MCCARTHY T S, HASTY R A, 1976. Trace element distribution patterns and their relationship to the crystallization of granitic melts. Geochimica et Cosmochimica Acta, 40(11): 1351-1358.

MCDONOUGH W F, SUN S S, 1995. The composition of the earth. Chemical Geology, 120(3/4): 223-253.

MENG Q R, ZHANG G W, 1999. Timing of collision of the North and South China blocks: Controversy and reconciliation. Geology, 27(2): 123-126.

MESCHEDE M, 1986. A method of discriminating between different types of mid-ocean ridge basalts and continental tholeiites with the Nb-Zr-Y diagram. Chemical Geology, 56: 207-218.

MIYASHIRO A, 1974. Volcanic rock series in island arc and active continental margins. American Journal of Science, 274: 321-355.

MUENOW D W, LIU N W K, GARCIA M O, et al., 1980. Volatiles in submarine volcanic rocks from the spreading axis of the East Scotia Sea back-arc basin. Earth and Planetary Science Letters, 47(2): 272-278.

PEARCE J A, 1982. Trace elements characteristics of lavas from destructive plate boundaries//THORPE R S. Andesites: Orogenic andesites and related rocks. New York: Wiley: 525-548.

PEARCE J A, 1996. A user's guide to basalt discrimination diagrams. Geological Association of Canada, Short Course Notes, 12: 79-113.

PEARCE J A, ERNEWEIN M, BLOOMER S H, et al., 1994. Geochemistry of Lau Basin volcanic rocks: Influence of ridge segmentation and arc proximity. Geological society, London, Special Publications, 81(1): 53.

PEARCE J A, HARRIS N B W, TINDLE A G, 1984. Trace element discrimination diagrams for the tectonic interpretation of granitic rocks. Journal of Petrology, 25: 956-983.

PECCERILLO A, TAYLOR S R, 1976. Geochemistry of Eocene cale-akaline volcanic rocks from the Kastamonu area, Northern Turkey. Contributions to Mineralogy and Petrology, 58(l): 63-81.

QIU X F, LING W L, LIU X M, et al., 2011. Recognition of Grenvillian vocanic suite in the Shennongjia region and its tectonic significance for the South China Craton. Precambrian Research, 191(3/4): 101-119.

QIU Y M, GAO S, MCNAUGHTON N J, et al., 2000. First evidence of >3.2 Ga continental crust in the Yangtze Craton of South China and its implications for Archean crustal evolution and Phanerozoic tectonics. Geology, 28(1): 11-14.

SALTERS V J M, WHITE W M, 1998. Hf isotope constraints on mantle evolution. Chemical Geology, 145: 447-460.

SHI Y R,LIU D Y, ZHANG Z Q, et al., 2007. SHRIMP Zircon U-Pb Dating of Gabbro and Granite from the Huashan Ophiolite, Qinling Orogenic Belt, China: Neoproterozoic Suture on the Northern Margin of the Yangtze Craton. Acta Geologica Sinica, 81(2): 239-243.

SHI Y, LIU D, ZHANG Z, et al., 2007. SHRIMP Zircon U-Pb dating of Gabbro and Granite from the Huashan Ophiolite, Qinling Orogenic Belt, China: Neoproterozoic suture on the Northern Margin of the Yangtze Craton. Acta Geologica Sinica, 81(2): 239-243.

SHU L S, WANG J Q, YAO J L, 2019. Tectonic evolution of the eastern Jiangnan region,South China: New findings and implications on the assembly of the Rodinia supercontinent. Precambrian Research, 322: 42-65.

SHU L S, ZHOU X M, DENG P, et al., 2009. Mesozoic tectonic evolution of the southeast China block: New insights from basin analysis. Journal of Asian Earth Science, 34: 376-391.

SKJERLIE K P, JOHNSTON A D, 1992. Vapor-absent melting at 10 kbar of a biotite- and amphibole-bearing tonalitic gneiss: Implications for the generation of A-type granites. Geology, 20(3): 263-266.

SUN S S, MCDONOUGH W F, 1989. Chemical and isotopic systematics of oceanic basalts: Implications for mantle composition and processes, in Magmatism in the Ocean Basins. Geological Society, London, Special Publications, 42(1): 313-345.

VERVOORT J D, PACHELT P J, ALBAREDE F, et al., 2000. Hf-Nd isotope evolution of the lower crust. Earth and Planetary Science Letters, 181: 115-129.

WANG C Y, ZENG R S, MOONEY W D, et al., 2000. A crustal model of the ultrahigh-pressure Dabie Shan orogenic belt, China, derived from deep seismic refraction profiling. Journal of Geophysics Resources, 105(5): 10857-10870.

WANG K, CHATTERTON B D E, WANG Y, 1997. An organic carbon isotope record of Late Ordovician to early Silurian marine sedimentary rocks, Yangtze Sea, South China: Implications for CO_2, changes during the Hirnantian glaciation. Palaeogeography, Palaeoclimatology, Palaeoecology, 132(1/4): 147-158.

WANG L, GRIFFIN W L, YU J, et al., 2013. U-Pb and Lu-Hf isotopes in detrital zircon from Neoproterozoic sedimentary rocks in the northern Yangtze Block: Implications for Precambrian crustal evolution. Gondwana Research, 23(4): 1261-1272.

WANG X L, ZHOU J C, GRIFFIN W L, et al., 2007. detrital zircon geochronology of Precambrian basement sequences in the Jiangnan orogen: Dating the assembly of the Yangtze and Cathaysia blocks. Precambrian Research, 159(1/2): 117-131.

WANG Z, WANG J, DENG Q, et al., 2015. Paleoproterozoic I-type granites and their implications for the Yangtze block position in the Columbia supercontinent: Evidence from the Lengshui Complex, South China. Precambrian Research, 263: 157-173.

WEBB L E, HACKER B R, RATSCHBACHER L, et al., 1999. Thermochronologic constraints on deformation and cooling history of and ultrahigh-pressure rocks in the Qinling -Dabie orogen, eastern China. Tectonics, 18(4): 621-638.

WHALEN J B, CURRIE K L, CHAPPELL B W, 1987. A-type granites: Geochemical characteristics discrimination and petrogenesis. Contributions to Mineralogy and Petrology, 95: 407-419.

WILSON M, 1989. Igneous petrogenesis. London: Springer.

WINCHESTER J A,FLOYD P A, 1977. Geochemical discrimination of different magma series and their differentiation products using immobile elements. Chemical Geology, 20: 325-343

WU Y B, GAO S, ZHANG H F, 2008a. Timing of UHP metamorphism in the Hong'an area, western Dabie Mountains,China: Evidence from zircon U-Pb age, trace element and Hf isotope composition. Contribution to Mineralogy and Petrology, 155: 123-133.

WU Y B, GAO S, ZHANG H F, et al., 2012. Geochemistry and zircon U-Pb geochronology of Paleoproterozoic arc related granitoid in the Northwestern Yangtze Block and its geological implications. Precambrain Research, 200-203: 26-37.

WU Y B, ZHENG Y F, GAO S, et al., 2008b. Zircon U-Pb age and trace element evidence for Paleoproterozoic granulite-facies metamorphism and Archean crustal rocks in the Dabie orogen. Lithos, 101(3/4): 308-322.

XU Y, YANGKG, POLAT A, et al., 2016. The similar to 860 Ma mafic dikes and granitoids from the northern margin of the Yangtze Block, China: A record of oceanic subduction in the early Neoproterozoic. Precambrian Research, 275:310-331.

XUE F, ROWLEY D B, TUCKER R D, et al., 1997. U-Pb zircon ages of granitoids rocks in the North Dabie complex, Eastern Dabie Shan, China. Journal of Geology, 105: 744-753.

ZHANG Y, WANG Y, GENG H, et al., 2013. Early Neoproterozoic (~850 Ma) back-arc basin in the Central Jiangnan Orogen(Eastern South China): Geochronological and petrogenetic constraints from meta-basalts. Precambrian Research, 231(231): 325-342.

ZHANG Z, MA G, HUAQIN L, 1984. The chronometric age of the Sinian-Cambrian boundary in the Yangtze platform, China. Geological Magazine, 121(3): 175-178.

ZHAO Z F, ZHENG Y F, WEI C S, et al., 2007. Post-collisional granitoids from the Dabie orogen in China: Zircon U-Pb age, element and O isotope evidence for recycling of subducted continental crust. Lithos, 93: 248-272.

ZHENG Y F, 2008. A perspective view on ultrahigh-pressure metamorphism and continental collision in the Dabie-Sulu orogenic belt. Chinese Science Bulletin, 53(20): 3081-3104.

ZHOU J, WILDE S A, ZHAO G, et al., 2018. Nature and assembly of microcontinental blocks within the Paleo-Asian Ocean. Earth Science Reviews, 186: 76-93.

ZHU X Y, CHEN F K, LI S Q, et al., 2011. Crustal evolution of the North Qinling terrain of the Qinling Orogen, China: Evidence from detrital zircon U-Pb ages and Hf isotopic composition. Gondwana Research, 20(1): 194-204.

附　　图

附图 1　层管藻化石

40 倍，单偏光，大悟县徐家咀

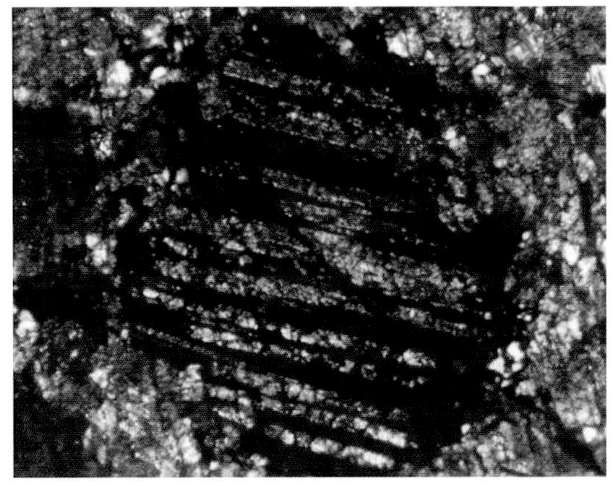

附图 2　海百合茎类生物化石碎片

40 倍，正交偏光，大悟县门口岭

附图 3　腕足类生物化石碎片

100 倍，单偏光，大悟县双峰尖地区

附图 4　腕足类生物化石碎片

100 倍，正交偏光，大悟县双峰尖地区

附图 5　腕足类生物化石碎片

40 倍，单偏光，广水市北黑虎庙

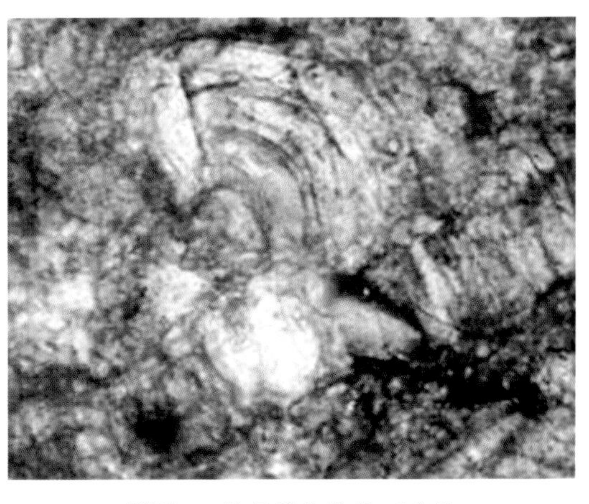

附图 6　腕足类生物化石碎片

40 倍，单偏光，广水市北黑虎庙

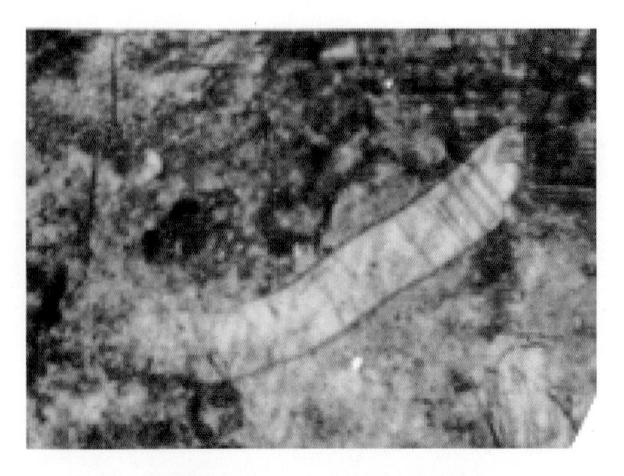

附图 7　三叶虫化石碎片
21 倍，单偏光，随州市枣林岗

附图 8　腕足类生物化石碎片
21 倍，单偏光，随州市枣林岗

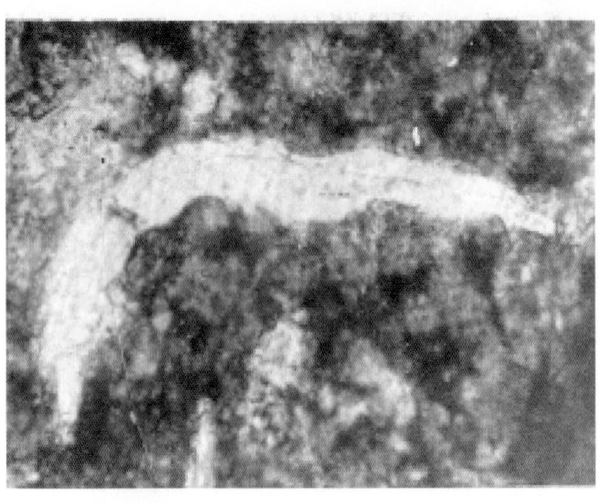

附图 9　腕足类生物化石碎片
53 倍，单偏光，随州市枣林岗

附图 10　有孔虫类（旋壳）化石
53 倍，单偏光，荆州市枣林岗

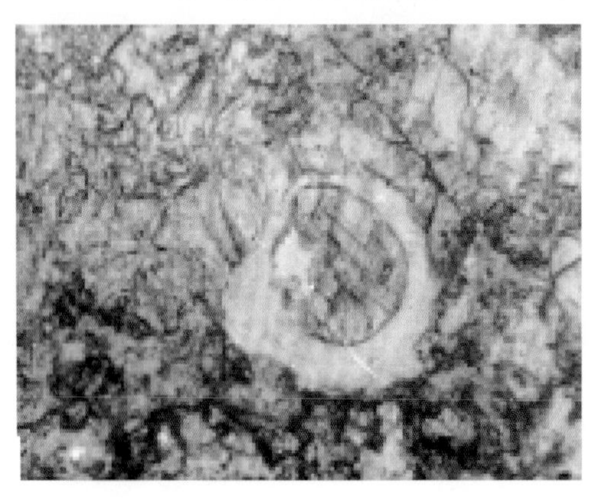

附图 11　有孔虫类（球形）化石
53 倍，单偏光，随州市枣林岗

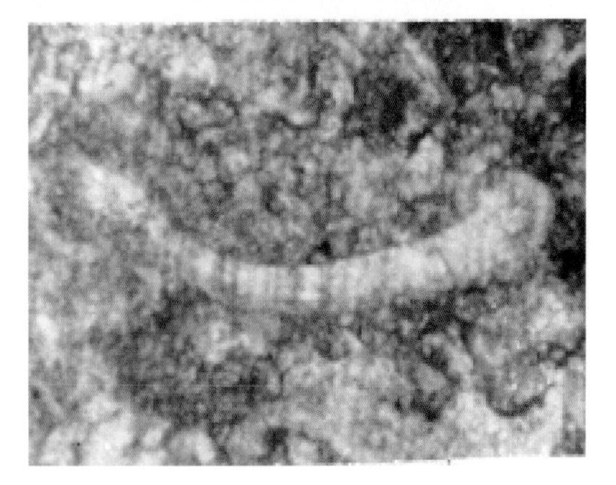

附图 12　有孔虫类（直管状）化石
53 倍，单偏光，随州市枣林岗